U0301396

东北文化丛书

总主编　邵汉明　刘信君

东北建筑文化

张俊峰　著

社会科学文献出版社
SOCIAL SCIENCES ACADEMIC PRESS (CHINA)

关于边疆民族文化特色化发展的思考

——《东北文化丛书》序

马大正

吉林省哲学社会科学基金重大委托项目《东北文化丛书》皇皇十二卷，付梓在即，丛书总主编之一邵汉明院长嘱我书序。想到吉林省社会科学院多年来对我研究工作的支持，汉明院长也是与我相知多年的研友，因此为丛书出版盛事写几句感悟也在情理之中。思之再三，斗胆妄论陋见如下。

文化是民族的血脉，是人民的精神家园。文化价值集中表现在民族素质的形成和国家形象的塑造上。文化具有超越时空的稳定性和极强的凝聚力，一个民族的文化模式一旦形成，必然会持久地影响社会成员的思想和行为。在人类历史发展进程中，同一民族通常具有共同的精神信仰、价值取向、心理特征和行为模式。人们正是通过这种共同的文化，获得了认同感和归属感。因此，文化始终是维系社会秩序的精神"黏合剂"，是培育社会成员国家统一意识的深层基础。国家统一固然取决于强大的政治、经济、军事实力，但文化却是物质力量无法替代的"软实力"，是一种更为基础性、稳定性、深层次的战略要素。

中华文化因环境多样性而呈现丰富多元状态。自春秋至战国，各具特色的区域文化已经大体形成。秦汉以后，华夏族群继续与周边民族文化交往、交流、交融，经唐、宋、元、明、清历代发展，终于奠定中国辽阔领土，为中华民族及其文化的繁衍生息提供了广阔天地。历史上，在中原和周边多种经济文化之间，不断通过迁徙、聚合、战争、和亲、互市等进行经济文化互补和民族融合。不同类型经济文化的交流、交往、交融，最终形成气象恢宏的中华文化。由于地理差异和区域经济文化发展不平衡，中华文化内部呈现南北、东西差异。在中国五千多年文明发展史上，中华各族共同创造了悠久的中国历史和灿烂的中华文化。秦汉雄风、盛唐气象、康乾盛世，是各民族共同铸就的辉煌。多民族文化是中国的一大特色，也是中国发展的一个重要动力。

在当前文化大发展大繁荣的形势下，边疆民族文化的特色化发展面临极好的机遇，也面临形色各异的挑战。为抓住机遇，应对挑战，我认为正确处理好如下三个辩证关系，对边疆民族文化的特色发展极为必要。

1. 正确处理整体与局部的关系

我们这里讲的整体，首先是指由统一多民族的中国和多元一体的中华民族所创造的中华文化，也就是说中华文化是由 56 个民族共同创造的；其次是指构筑在中国文化版图上的各个地域文化共同组成了中华文化这一个文化共同体的概念和实体。相对于上述中华文化的整体和全局，边疆民族文化则是一个局部。今天中华人民共和国各民族文化和各地域文化，包括边疆民族文化，都是中华文化的有机组成部分。各民族文化和各地域文化，包括边疆民族文化，在长期历史发展过程中，互相学习、互相交流、互相促进、互相补充，造就了中华文化源远流长、博大精深、多姿多彩的宏大气象，显示了中华文化多样性、包容性、互补性和创新性的特色。

作为中华文化重要组成部分的边疆民族文化，除了上述多样性、包容性、互补性和创新性特色外，还具有鲜明的地域性和鲜活的民族性。边疆民族文化的存在和补充，使中华文化出现争奇斗艳、绵绵不绝的奇观，让每一位中华儿女增添了无限的文化自信和文化豪情。

如果在现实生活中忘却整体，或将整体和局部倒置，必然造成将因存在地域性和民族性而产生的差异性置于中华文化主体之上。若如此，在政治上是有害的，对文化发展本身也是无益的。

2. 正确处理传承与创新的关系

生活在边疆地区的诸多民族，在长期的历史发展进程中形成了自身的文化传统、文化特色。对此，今人面临如何传承和如何创新的任务。所谓传承，即继承和发扬边疆民族文化的优良传统。所谓创新，一是对传统文化不能墨守成规，要与时俱进；二是对传统文化的糟粕要摈弃、要改造。须知尊重文化传统的最高境界，是使文化传统有活力、不断创新。

在创新时，要注意如下两个问题。其一，对任何文化，包括边疆民族文化的价值不能只说好，而要指出其不足。对民族文化价值的讨论也是这样。美国著名学者塞缪尔·亨廷顿曾说："尽管种族主义和种族歧视的一些现象继续存在，但在半个世纪后，再利用种族主义和种族歧视来解释黑人的成就不足，已经说不过去了。"其二，对边疆民族文化的改进与创新，必须依靠本民族群体的共同努力，自下而上地有序推进，切忌迷信行政权力的强制推行和非本民族力量的介入，若此，效果必然适得其反，甚至出现强烈反弹。当然国家的指导、相关政策的引导和现代文化的引领是必不可少的，是十分重要的。

3. 正确处理文化认同与国家认同的关系

文化认同是国家认同的基础，文化认同对维护国家统一具有以下几个特殊功能。

一是标识民族特性，塑造认同心理。文化是一个民族和国家区别于其他民族和国家的基本特质和身份象征。在一定民族地域内形成和发展起来的共同文化传统，塑造了该民族成员的共同个性、行为模式、心理倾向和精神结构，并表现为一定的民族心理或我们通常所说的国民性。中华文化是中华民族身份认同的基本依据，"崇尚统一"是这个文化价值体系中最显著的特征之一。数千年来，国家统一一直被视为国家的最高政治目标和民族的最高利益，一切政治活动通常都以国家统一作为核心价值和行为准则。这种民族心理沉积于中国社会和价值系统的最深处，主导着中国的政治法律制度、经济生活方式和主流价值观念。中国历史上虽然有分有合，但不论是割据时期还是统一时期，中华民族都有一个共同的思想意识，这就是国家统一的意识。中华文化这种强烈的国家认同意识，为遏制割据倾向、凝聚统一意志、消除政治歧见提供了最坚固的精神堤防。

二是规范社会行为，培育统一意识。在社会通行的准则规范和行为模式中，通常总是潜隐着一整套价值观念体系，这一系统始终居于民族文化体系的核心部位，自觉或不自觉地支配着人们的思想和行为。每个民族成员都生活在特定的文化背景之中，世代相传地承受着同一文化传统，个人的价值观念就是在这种文化传统的耳濡目染中构建起来的。不仅如此，人们在文化的内化过程中，还会把民族共同的价值观转化为自己的内在信念，从而在特定的民族文化传统中获得认同感和依赖感。"大一统"是中华文化的主流意识之一，是中华民族世代相承的基本社会理念和普遍的价值取向。正是这种追求统一的价值取向，使中华民族的文化认同始终如一，从未出现过文明断层的历史悲剧。在中国历史进程中，统一的文化理念主导着统一的实践，"大一统"的政治实践反过来又强化着人们追求统一的信念。因此，历代统治者无不高度重视"大一统"政治秩序的巩固与维护，无不致力于探索天下分合聚散的规律与对策。在这种文化背景下，军事战略最重要的价值取向就是维护国家安全统一，文化认同不仅为维护国家安全统一提供了强有力的精神支撑，而且为军事等物质力量发挥作用奠定了坚实平台。

三是凝聚民族精神，强化统一意志。中华文化的价值意识具有强烈的感情色彩，内聚性、亲和性和排异性的特征十分明显。这一特性决定了每当国家存亡、民族兴衰的关键时刻，民众都会激发出强大的国家意识和民族精神。"天下兴亡，匹夫有责"，这正是中华民族大多数成员所认同的道德规范。民族精神是民族文化的精华，也是国家认同心理的深层源泉。爱国主义就是这一精神的集中反映。中国历经治乱分合而始终以统一为主流，正是得益于以国家统一为核心价值追求的民族精神。数千年来，无论是庙堂之上的统治者，还是江湖山野间的老百姓，都普遍认为唯有实现"大一统"，国家才能获得最大的安全，民族才能得到应有的尊严，天下才可能实现长治久安。正因为如此，中国历史上虽然多次出现过割据局面，但是在古代典籍中几乎找不到任何一个主张割据分治的学派，反而都把"天下一统"作为政治斗争的原则与旨归。尤其是每次统一战争爆发之前，社会上总会出现一股势不可挡的统一潮流，每当国家遭受外敌入侵的时刻，社会内部总会产生一种捐弃前嫌、同仇敌忾的强大意志。中华文化所拥有的这种统一意志，为维护国家统一奠定了坚韧无比的精神国防。离开这种精神的支撑，政治、军事上的统一是难以持久的。

文化认同的上述功能，在由多民族构成的国家内显得异常重要。中国是一个多民族的大国，文化认同始终是政治家维护国家统一的战略主题。《周易》早就有"观乎人文，以化成天下"的认知，南朝萧统提出过"文化内辑，武功外悠"的治国方略，龚自珍发出了"灭人之国，必先去其史"的警告。所有这些都体现了中国政治注重"文化立国"的历史传统。正是这种将文化认同作为民族认同、国家认同和政治认同基础的价值取向，为中国数千年来的政治统一奠定了坚实的信念和基础。纵观历史，当统一形成共识然而阻力重重时，文化认同的力量更能显示出"硬实力"不可替代的特殊作用。可以说，文化认同就是政治，文化认同就是国防，政治上、军事上的统一只有有文化认同的基础，才能更加稳固与持久。归之为一就是文化认同是国家认同的基础，没有牢固的文化认同，国家认同便是脆弱的；只有将文化认同的基础工作做扎实，国家认同才能经得住风浪的考验。

无须讳言，在边疆地区，特别是在一些与中华文化存在较大差异的边疆民族文化地区，实际上存在着如下四个值得警示的倾向：第一，地缘政治方面带有孤悬外逸的特征；第二，社会历史方面带有离合漂动的特征；第三，现实发展方面带有积滞成疾的特征；第四，文化心理方面带有多重取向的特征。

一旦认识不正确，随之处理不当，这些倾向就将对国家的向心力、民族凝聚力产生消极影响。历史上是如此，现实生活中何尝不是如此！

国家、民族、文化是三个相互联系的领域，也是国家社会构成的三个基本层面。

国家的统一取决于国民的凝聚力、向心力，归根到底取决于国民对国家的"高度认同"；或者说，没有国民对国家的认同，就没有国家的统一，也就没有一个国家立足于世界的基础。国家的认同，从根本上体现在民族的认同上。这里的"民族"，不是单一族裔的"族群"，而是整合于一体的国家民族，在中国就是中华民族。中华民族的认同，归根到底是56个民族对中华文化的认同。从中国稳定社会主义建设大局和高度出发，还应包括全民对社会主义道路的高度认同。新疆维吾尔自治区提出"四个高度认同"，即统一多民族中国的高度认同、中华民族的高度认同、中国文化的高度认同、社会主义道路的高度认同，并开展"四个高度认同"思想工程是具有战略意义的。

回顾这些年我们走过的历程，如果说"三个离不开"活动致力于杂居一地的不同族群感情上的融合，如果说"五观"教育引导各族人民对民族大团结的理性认识，那么，这种感情和理性的升华经过"高度认同"思想工程，将最终导入更深层次即心理上的认同，使边疆各族人民正确认识民族和国家的关系，自觉维护国家最高利益，自觉维护祖国统一、民族团结和社会稳定，不断增加国家意识、法律意识和现代意识，尊重各民族的文化和风俗习惯，推动各民族和睦相处、和衷共济、和谐发展。

在任何国家，国家认同的建设都是一个长期艰苦的事业，中国也不例外。我们还是需要两方面的努力。一方面是体制上的。国家认同、国家制度的建设、国家制度与人民的相关性，这其中存在着很大关联。国家制度必须能够向人民提供各种形式的公共福利，使人民在感受到国家权力存在的同时，获取国家政权所带来的利益。同时，人民参与国家政权的机制也必须加紧建设。如果人民不能成为国家政权或者政治过程的有机部分，人民的国家认同感就会缺少机制的保障。另一方面就是"软件"建设，即国家认同建设。没有一种强有力的国家认同感，中国就很难崛起。

应当指出的是，国家认同建设与民族主义相关，但它并不等于狭隘的民族主义。狭隘的民族主义反而会阻碍中国真正崛起。中国是一个多民族国家，民族的融合是大趋势，容不得任何一个民族走狭隘民族主义路线。再者，在全球化的今天，各国的依赖性越来越强。狭隘的民族主义最终会是一条孤立路线，它已经被证明是失败的。

如何在推进全球化的同时避免狭隘的民族主义？如何在加紧民族国家建设的同时迎合全球化的大趋势？如何在强调人民参与政治的同时维持中央政府的权威？这是中国在走向现代化过程中，必须认真对待的问题。

《东北文化丛书》以东北农耕、渔猎、游牧、宗教、服饰、饮食、建筑、民俗、文学、流人、移民、域外文化诸题立卷，对独具地域特色与民族特色的东北地域文化，运用历史学、人类学、民族学、文化学、地理学等多学科的理论与研究方法，从源流、内涵到形成演变的历史过程，以及历史地位、社会价值，进行了全方位、多维度、深入系统的阐论，充分展现了东北地域文化在东北边疆，乃至东北亚历史发展进程中的作用，充分体现了东北地域文化之于中华文化的统一性和共同性，及其自身的多元性和独特性。

综观丛书各卷，其特色有如下五端。

一是体例上的正确选择。丛书选择了中国传统志书的体例，采用"横排竖写、事以类从"，"以时为经、以事为纬"的形式展开。从不同文化横向和纵向视角观察中，选择了横向的视角，即对每一选题分立若干子项目、子选题，每一个层面构成每一卷的章和节，坚持了传统志书的体例，避免写成不同类别的诸如东北宗教史、东北服饰史、东北移民史、东北流人史、专门文化等等，体现了主编的意图、丛书的特色。

二是宏观与微观的结合。宏观把握起到引领作用，通过微观叙论以印证。宏观是对各类别文化整体的把握和宏观的概括，同时又将整体的把握、宏观的概括和评议，建立在微观的论述、微观的阐释基础上，二者之间的关系是以宏观为统领，以微观阐释为重心。

三是共性与个性的结合。东北地域文化是东北多民族共同创造的，地域性和民族性既有交融，又有不同。研究东北地域文化，共性和个性问题不容回避。这里的所谓共性是指中华民族文化，所谓个性是指东北地域文化，包括东北各民族的民族文化。丛书在强化共性、同一性的阐论基础上，正确阐释个性的特色，做到了突出共性、阐释个性。

四是自然地理与人文历史的结合。"一方水土养一方人"，东北的黑土地养育了东北人。人文历史的演进、东北地域文化的形成和演变，离不开地理环境的因素，但东北地域文化的形成还是人的因素是第一位，精神文明的创造人的因素才是第一位的。这个主次关系必须把握好。

五是学术性与知识性相结合，以学术性为主。丛书立足学术，坚持学术性、知识性兼具的原则，并在大众化上颇下功力。丛书做到了叙事通畅，雅俗共赏，还根据各卷内容特色，将具有地域特色的服饰、饮食、建筑、民俗诸卷配发彩色图版，在图文并茂上做到精益求精。

拉杂写来，自感所言诸项仅仅是有感而发，错谬之处，还望专家和读者大众指正。

权充序，愧甚矣！

2018 年 2 月 25 日　草成于北京自乐斋

总前言

　　广义的文化是人类在社会历史发展过程中所创造的物质财富和精神财富的总和。狭义的文化是在历史上一定的物质生产方式的基础上发生和发展的社会精神生活形式的总和，包括能够被传承的一个国家或民族的历史、地理、价值观念、思维方式、行为规范、文学艺术、生活方式、风土人情、传统习俗等，是人类之间进行交流的普遍认可的一种能够传承的意识形态。

　　地域文化是在一定自然地理范围内，经过长期历史过程形成的，为当地人民所熟知、所认同，带有地方文化符号特点的物质文化与非物质文化。其包括历史遗存、文化形态、生产生活方式、社会习俗等诸方面。地域文化首先在于它具有明显的地域性。由于地理环境不同、古代交通不便和行政区域的相对独立性，各地的文化形态具有各自不同的风格和特点，从而使中华民族的文化呈现丰富多彩的多样化。地域文化划分的标准具有多重性，如以地理相对方位为标准划分，则分为东方文化、西方文化、南方文化、北方文化、东北文化、西北文化等；如以地理环境特点为标准划分，则分为黄河文化、长江文化、珠江文化、松辽文化、运河文化、大陆文化、高原文化、草原文化、绿洲文化、岭南文化、海疆文化、长城文化、丝路文化、红山文化等；如以行政区划或古国疆域为标准划分，则分为齐鲁文化、中原文化、三秦文化、三晋文化、燕赵文化、关东文化、巴蜀文化、湖湘文化、荆楚文化、吴越文化、闽台文化、八桂文化、黔贵文化、青藏文化、西域文化、徽文化、赣文化等。正因为有丰富多彩、独具特色的地域文化，中华民族才拥有了光辉灿烂的优秀文化，从而屹于世界民族之林。

　　中国地域文化研究的历史非常悠久，特别是改革开放以来，随着地域史研究和文化研究热潮的兴起，地域文化的研究也逐渐展开。主要体现在以下三个方面。

一是成立了众多地域文化研究的专门机构。如燕赵文化研究中心（河北省社会科学院）、华夏文明研究中心（山西省委宣传部）、晋学研究中心（山西师范大学）、西北民族研究中心（陕西师范大学）、西北少数民族研究中心（兰州大学）、西夏学研究中心（宁夏大学）、草原文化研究所（内蒙古社会科学院）、草原文化遗产研究中心（内蒙古大学）、西域文化研究院（塔里木大学）、齐鲁文化研究院（山东师范大学）、河南省河洛文化研究中心（河南省社会科学院）、殷商文化研究所（郑州大学）、楚文化研究所（湖北省社会科学院）、荆楚文化研究中心（长江大学、荆州博物馆）、中国地域文化研究所（武汉大学）、湖湘文化研究中心（湖南省社会科学院）、湖南省湖湘文化研究基地（湖南大学岳麓书院）、徽学研究中心（安徽大学）、江淮文化研究所（合肥学院）、赣鄱文化研究所（江西省社会科学院）、赣学研究院（南昌大学）、江南文化研究中心（浙江师范大学）、浙江省越文化研究中心（绍兴文理学院）、岭南文化研究中心（华南师范大学）、巴蜀文化研究中心（四川师范大学）、中国藏学研究所（四川大学）、茶马古道文化研究所（云南大学）等。

二是开展了对各地域文化发展史和文化现象、文化特征的梳理工作，出版了一大批地域文化研究成果。出版的全国性地域文化丛书有：《中国地域文化丛书》24 卷（辽宁教育出版社，1995～1998），《中国地域文化大系》6 种（上海远东出版社，1998），《中华地域文化研究丛书》5 种（学林出版社，1999），《中国地域文化通览》34 卷（中华书局，2013），《客家区域文化丛书》12 卷（广西师范大学出版社，2005），《中国北方地域文化》（吉林文史出版社，2014），《中国南方地域文化》（吉林文史出版社，2014），《中国海洋文化丛书》14 卷（海洋出版社，2016）；出版的某一省市或某一地域文化丛书有：《浙江文化史话丛书》4 种（宁波出版社，1999），《楚文化知识丛书》20 种（湖北教育出版社，2001），《荆楚文化研究丛书》8 种（湖北人民出版社，2003），《徽州文化全书》20 卷（安徽人民出版社，2005），《巴蜀文化研究丛书》（巴蜀书社，2002），《齐文化丛书》22 卷（齐鲁书社，1997），《魅力长治文化丛书》10 卷（北京燕山出版社，2005），《东港文化丛书》6 卷（中国文联出版社，2006），《山西历史文化丛书》20 册（山西出版集团、山西人民出版社，2009），《中原文化记忆丛书》18 卷（河南科学技术出版社，2011），《人文肇庆系列丛书》9 册（广东旅游出版社，2012），《湖湘文库》702 册（岳麓书社，2017），《沅陵历史文化丛书》10

册（中国文史出版社，2014），《陕西历史文化遗产丛书》3 册（陕西旅游出版社，2015），《邵阳文库》201 种 218 册（首批 41 种）（光明日报出版社，2016），《代县人文丛书》4 种 16 卷（三晋出版社，2016），《佛山历史文化丛书》第一辑 10 种（广东人民出版社，2016），《佛山历史文化丛书》第二辑 10 种（广东人民出版社，2017）。此外，《岭南文库》350 种、《岭南文化知识书系》300 种，《闽南文化研究丛书》14 册、《闽南文化百科全书》14 卷也在陆续出版。此外，还出版了数百种专著、专书。

三是创办了一批专门发表地域文化研究方面文章的刊物，发表了数以千计的学术论文。如《地域研究与开发》（河南省科学院地理研究所 1982 年创办）、《东南文化》（南京博物院 1985 年创办）、《西域研究》（新疆社会科学院 1991 年创办）、《中国文化研究》（教育部、北京语言文化大学 1993 年创办）、《中华文化论坛》（四川省社科院 1994 年创办）、《地方文化研究》（江西科技师范大学 2013 年创办）、《中原文化研究》（河南省社科院 2013 年创办）、《地域文化研究》（吉林省社科院 2017 年创办）。此外，《社会科学战线》《学习与探索》《北方论丛》《边疆经济与文化》《学术月刊》《江海学刊》《江汉论坛》《广东社会科学》《福建论坛》《齐鲁学刊》《东岳论丛》等刊物也设有研究地域文化的专栏，发表了大量的学术论文。

就东北地区而言，成果亦十分丰硕，主要体现在三个方面。一是成立了地域文化研究方面的机构：东北文化研究院（吉林师范大学）、萨满文化与东北民族研究中心（长春师范大学）、东北建筑文化研究中心（吉林建筑大学）、萨满文化研究中心（长春大学）、满族语言文化研究中心（黑龙江大学）、东北历史文化研究中心（哈尔滨师范大学）、东北少数民族历史与文化研究中心（大连民族大学）等。这些研究机构，对于深入研究东北文化起到重要作用。二是出版了一批有关整个东北地域文化研究的丛书或专著。有关整个东北地域文化的代表作有：《东北各民族文化交流史》（春风文艺出版社，1992），《满族民俗文化论》（吉林人民出版社，1993），《关东文化》（辽宁教育出版社，1998），《东北文学文化新论》（吉林文史出版社，2000），《中国古代北方民族文化史》（黑龙江人民出版社，2001），《松辽文化》（内蒙古教育出版社，2006），《东北三省革命文化史》（黑龙江人民出版社，2003），《中国东北草原文化丛书》第一辑、第二辑（长春出版社，2015）等；分省、市文化丛书或专书的代表作有吉林省的《松原蒙满文化系列丛书》（吉林人民出版社，2011），《中国地域文化通览》吉林卷（中华书局，2013），《吉林文学通史》（吉林人民出版社，2013），《松原历史文化研究》（人民出版社，2013），《吉林历史与文化研究丛书》17 卷（吉林人民出版社，2015～2017），《通化历史文化研究》（人民出版社，2018）。辽宁省的《中国地域文化通览》辽宁卷（中华书局，2013），《沈阳地域文化通览》（沈阳出版社，2013），《鞍山文化丛书》18 册（春风文艺出版社，2015），《沈阳历史文化丛书》10 册（沈阳出版社，2017）。黑龙江省的《中国地域文化通览》黑龙江卷（中华书局，2014），《黑龙江历史与文化研究》首批66 种（黑龙江人民出版社，2015～2017）。《辽河地域文化系列丛书》《牡丹江地域文化丛书》正在陆续出版中。此外，出版了一批资料性很强的书籍和工具书，如《长白丛书》百余卷（吉林文史出版社，1987～2018），《东北历史与文化论丛》（吉林文史出版社，2007），《满族口头遗产传统说部丛书》（吉林人民出版社，2007），《关东文化大辞典》（辽宁教育出版社，1993），《吉林百科全书》（吉林人民出版社，1998）等。三是发表了数以百计的学术论文。

综上可知，全国包括东北在地域文化研究方面，已经有了较深入的研究，研究领域不断拓展，成果丰硕。但也存在许多不足，如研究力量分散，各自为战，自说自话，缺乏整合；地域文化之间的互动、交融明显滞后，缺乏比较研究；研究成果粗线条的较多，高质量的精品力作较少。

就东北地域文化而言，也有许多问题值得深入研究、思考。首先，就研究机构而言，成立的专门研究东北文化的机构并不多，许多有实力的大学，如吉林大学、东北师范大学、辽宁大学等没有设立专门的研究机构，东北三省社会科学院也见不到相关机构。至于创办的研究文化的专门刊物，也只有吉林省社会科学院的《地域文化研究》，这不能不说是一个很大的缺憾。

其次，关于东北地域文化的命名问题，很不统一。最常见的有"东北区域文化""东北文化""关东文化""松辽文化""松漠文化""辽海文化""辽河文化""长白山文化""龙江文化"等。东北地区文化名称的不统一，反映了学者们认识上的差异，实则是存在分歧。鉴于后五种称谓地域狭小，有以偏概全之嫌，故舍弃不论。前四种称谓中，"东北区域文化""东北文化"是以地理相对方位为标准命名的，"关东文化"是以古代行政区划和历史沿革为标准命名的，"松辽文化"是以地理环境特点为标准命名的。我们采用了"东北文化"之名称，主要考虑当代人们对"东北"的习惯性称呼，且比"东北区域文化"之称更简捷。

再次，关于东北文化研究，还存在许多薄弱之处。如东北文化理论阐释长期得不到重视，既缺乏研究，也很少讨论；研究的方法比较单一，很少运用新的研究方法——计量、比较、社会、心态等史学、文学或文化学方法；档案资料的挖掘与利用远远不够，确切地说只是冰山之一角；断代文化研究还有空白之处，关于夫余文化、高句丽文化、渤海文化、辽金文化、元明清文化还没有进行深入研究，缺乏高质量的精品力作；当代东北文化的研究还没有广泛开展，尤其是为现实经济社会发展服务的当代文化缺乏系统的研究。东北老工业基地要振兴，文化软实力不可缺少，东北的曲艺文化、影视文化、大学文化、冰雪文化、会展文化、汽车文化都亟须加强研究。

最后，目前还没有一套比较全面地反映东北文化的丛书，只有宏观的相关论述，缺乏系统研究，尤其是缺乏专题性的研究。

有鉴于此，我们决定编写《东北文化丛书》（下简称"丛书"）。

丛书最早设定 19 个专题，后经过反复酝酿、科学论证，最后确定为 12 个专题，即《东北农耕文化》《东北渔猎文化》《东北游牧文化》《东北文学文化》《东北宗教文化》《东北流人文化》《东北移民文化》《东北服饰文化》《东北饮食文化》《东北建筑文化》《东北民俗文化》《东北域外文化》。这些专题已经基本涵盖东北文化中的主要方面，同时可为今后丛书的续编留有余地。

丛书的编写宗旨在于从 12 个侧面，对独具地域、民族与历史特色的东北地域文化的源流、内涵、发展及历史地位、社会价值进行全方位、深入系统的研究。值得高度重视的是，在研究、继承东北优秀地域文化的同时，也应注意阐释其时代价值。正如习近平同志所阐释的那样："培育和弘扬社会主义核心价值观必须立足中华优秀传统文化。牢固的核心价值观，都有其固有的根本。抛弃传统、丢掉根本，就等于割断了自己的精神命脉。"习近平的讲话高屋建瓴，充分肯定了中华优秀传统文化的价值。我们在具体落实中，结合东北优秀文化不同的地域、不同的民族传统和风俗习惯，充分展示东北文化在中国乃至东北亚历史进程中的地位与作用，满足人们日益增长的物质与精神文化生活的需要，增强东北优秀文化的软实力，并为东北老工业基地振兴和全面建成小康社会服务。这也是东北地域文化研究方兴未艾、持续发展的重要前提和基础。

丛书编写总体要求：一是自然地理与人文意识兼顾，侧重人文历史。"一方水土养一方人。"东北的水土养育了东北人，东北文化与黑土地是息息相关的，离不开自然地理。但是我们不主张地理环境决定论，而是将自然地理与人文历史相结合，尤其侧重人文历史，以人文历史为重心。二是共性与个性兼顾，阐明共性，突出个性。东北文化是东北多民族共同创造的，从地域性和民族性上既有交融又有不同。在研究东北文化时，共性和个性问题不容回避，要把共性和个性阐释清楚，既要阐明共性，又要突出个性，重心放在突出个性、差异性上。三是宏观与微观兼顾，侧重微观。宏观是从整体和专题上都应该有整体的把握和宏观的概括。整体的把握、宏观的概括和评价，一定要建立在微观的论述、微观的阐释基础上。二者之间的关系应该是以宏观为统领，以微观阐释为重心。四是纵向和横向兼顾，以横向为主。丛书不是编写文化史。每一个专题都可以写一部史，比如东北服饰史、东北饮食史、东北宗教史、东北建筑史等。我们要摈弃写成文化史，而要从文化的角度，在每一个选题中分出若干子专题，每一个重要的层面构成选题的每一章、每一节，将重心放在子专题上，围绕子专题展开研究。纵向要对历史的脉络和发展做出初步的、粗线条的勾勒。因此在横向和纵向的问题上，横向是重心。五是学术性与知识性兼顾，侧重学术性。丛书编写的效果最好能达到雅俗共赏，即对专家而言具有学术借鉴作用，对普通读者来说也能受益。二者的重心放在学术性上，不能倒向知识性，做成通俗的作品。六是图文并茂，以文为主。丛书要求图文并茂，每一部书、每一个专题都要选一些代表性的图作为辅助，阐释文意，以增强视觉效果，但总体上以文字（论述）为主。六是篇幅适中，不宜太长。每部书的篇幅30万字左右，这样的篇幅可以增加读者面，社会影响力能广一点。

丛书最早策划于2010年，真正启动于2016年3月，至2018年9月完成出版，历时两年半。就作者队伍而言，集中了辽宁、吉林、黑龙江三省研究东北文化方面的学者。他们专业功底深厚，知识积累广博，治学态度严谨，研究成果丰硕，是名副其实的"专业队"。就写作过程而言，其间召开了一次组委会，具体讨论了编写体例与编写大纲；召开了四次作者会，及时解决撰写过程中出现的问题，督促写作进度，检查学术质量，为丛书的按时保质出版打下了坚实的基础。

为了保证良好的学风，丛书进行了严格的学术不端检测。凡是重复率高的著作，一律进行修改，直至达到学术标准为止。为了保证学术质量，我们聘请了学术专家进行外审，按丛书书序他们分别是：衣保中、程妮娜、武玉环、张福贵、杨军、李治亭、赵英兰、郑春颖、曹保明、曲晓范、赵永春、郑毅先生。他们以严谨治学的态度、一丝不苟的精神，在百忙之中审阅了书稿，提出了许多宝贵意见。在此，我们表示诚挚的谢意！

本丛书为吉林省哲学社会科学基金重大委托项目。在课题立项过程中，吉林省社科规划办领导给予了大力支持；在出版经费方面，省财政厅鼎力相助；在项目管理方面，丛书编写办公室的同志们，包括吉林省社会科学院科研处、财务处的同志，付出了艰苦的劳动；在出版方面，社会科学文献出版社的领导和编辑高度重视，兢兢业业，体现了良好的专业素质。对此，我们致以崇高的敬意！

丛书是一个卷帙浩大、洋洋 400 万言的大项目。由于时间紧迫，水平有限，错漏之处在所难免，敬请广大读者批评指正。

编　者

2018 年 5 月

目　录

绪　论

　　"东北"作为专用名称，是近代以来对中国大陆东北部广大区域的简称。这一区域泛指现在的辽宁省、吉林省、黑龙江省和内蒙古自治区东部的赤峰市、通辽市、呼伦贝尔市、兴安盟等三市一盟（简称"东四盟"）构成的地理范围。①

　　东北地区历史文化悠久，自古以来就是我国多民族聚居的重要区域。历史上东北地区的民族大体可以分为世居民族、迁入民族两大类。世居民族主要有满族、蒙古族、赫哲族、鄂伦春族、鄂温克族和锡伯族等，迁入民族主要有汉族、朝鲜族、回族等。在漫长的历史进程中，在这片土地上繁衍生息的东北各族人民，齐心协力，用勤劳和智慧共同创造了底蕴丰厚、绚丽多彩的历史和文化。

一

　　地域文化是指具有地域特色的文化传统和文化形态。地域文化在形成过程中受到地形地貌、气候条件等自然地理环境，以及历史传承、社会制度、经济文化、宗教信仰、民俗习惯、民族构成和人口迁徙等社会人文因素的共同影响。

　　东北地区的文化就是在相对稳定的时空环境中，经历了特定的历史阶段而逐步沉积形成的，具有典型的地域文化特征，属于一种地域文化体系。

　　东北地域文化是中华五千年文化的重要组成。东北地区历史及文化的起源发展是悠久的，而且是连续不断的。在发展过程中，东北地区内部不同地

---

①　东北地区虽然包括辽宁省、吉林省和黑龙江省以及内蒙古自治区"东四盟"，但从现实情况来看，人们对"东北"的认识，更多的是指辽宁、吉林和黑龙江三省。

区的文化交流及其与中原地区的文化交流，也是连续不断的。东北地区的古代文化，为我国古代文明的产生和传统文化的发展做出了重要贡献。①

早在旧石器时代，东北地域文化就已经起源。从奴隶社会到封建社会，附着在这片土地上的人类文明就一直持续地向前发展着。秦汉以来，东北少数民族建立的地方政权曾经主导过这块土地上文化发展的脉络，从夫余、高句丽、渤海国到辽金及以后时期从未间断。高句丽是中国历史上延续时间最长的地方政权，统治鸭绿江中游和浑江流域广大区域长达七个多世纪。史称"海东盛国"的渤海国疆土广阔，虽然是中原唐朝的附属国但也是相对独立的，当时辖内很多地区已进入封建社会。辽朝已拥有包括中国北方地区的广袤疆域。金朝鼎盛时期的统治范围更是超过辽朝。蒙古族建立的元朝则是横跨亚欧大陆的大一统帝国，控制了东北全境。明朝对东北的管辖力虽较前朝要弱，但仍有辽东都司管理东北事务。清朝是继蒙古族建立元朝后，东北地区少数民族再一次入主中原建立大一统政权。然而，即使是在大一统的元朝和清朝，东北地区的文化也并未形成持久、强势的发展态势，总体上看，仍处在中华文化的边缘区。②

东北地域文化是在自然地理与人文意识，地域性和民族性，差异性与同一性，共性与个性等矛盾共同作用下，在呈现整体交融、区域内略有差异的历史演变中发育成长起来的。简单地讲，东北地域文化主要是在游牧文化与农耕文化相互交流、相互融合中发展演变而来，这种交融是在历史的漫长进程中，通过迁徙、互市、战争和通婚等途径完成的。近代以来东北地域文化还受到过外来文化的冲击与影响。这一切都使得东北地域文化具有开放性、可塑性、复杂性、包容性等基本特征。

东北地域文化的开放性和可塑性。特殊的地理位置、民族构成与变迁，使得东北地区缺乏成熟的文化传统。东北没有成熟的文化根基（如儒家文化），接受的往往是那些表层的、物质技术层面的文化，而对高层次的、精神层面的文化则不敏感，缺乏理性的文化思考能力和更高层次的精神追求，因而难以有持续的、原生性的内在推动力。③ 东北地域文化在很大程度上是

---

① 魏存成：《东北地区古代文化举要》，《第一届地域文化学术研讨会论文集》（会议主办：吉林省高句丽渤海研究会、吉林师范大学历史文化学院、《东北史地》杂志社），2016，第 21 页。
② 郭恩章：《东北地区城市建筑的发展与特色》，《时代建筑》2007 年第 6 期。
③ 刘国平、杨春风：《当代经济社会发展视界中的东北地域文化》，《社会科学战线》2003 年第 5 期。

一种被动的、接受型的文化，它的文化发展演变很大程度上取决于和外来文化的接触。正因为如此，东北地域文化具有明显的开放性。开放性决定东北地域文化对待外来文化的态度是以接受为主，这导致其文化必然具有一定的可塑性。

东北地域文化的复杂性和包容性。东北地域文化是在多种文化的碰撞与交融过程中演变而来的，多元文化自然也就成为其文化类型的主要特征。历史上东北地区社会经济长时间处于游牧、渔猎与农耕并存的状态，如果与同时期中原地区以农业为主的自然经济社会相比的话，其发展水平则相对较低。这种社会经济环境使得各民族之间的文化相互借鉴、相互影响，最终在保留本民族特色的基础上，产生了一种趋同性，形成适应地域环境的共同传统。[1] 同时，东北地区历史上不同代次的政权更替、民族交融，特别是近代以后的民族融合以及殖民统治的影响，使得本土文化不断吸收外来文化的养分。东北的地域文化由于受到各种不同文化的影响，具有明显的复杂性和包容性。

二

建筑文化是人类物质文明和精神文明活动的过程与结果。看得见的房屋是物质文化，反映出来的理论、宗教、艺术、科技是精神文化。建筑文化作为人类文明的标志，既是一定社会、一定时代承载、容纳其他文化的重要物质载体，又是特定社会文化环境下产生的一种以物化形态为表象的文化类型。这是建筑文化的两个基本特点。

东北建筑文化是指在东北地域范围内产生、引进及演变的建筑文化。东北建筑文化是东北特殊的自然地理环境和独特的社会人文环境共同作用的产物，它与所有同类文化一样，是人类社会历史实践进程中所创造的建筑物质财富和精神财富的总和。

从建筑文化构成的范畴来说，东北建筑文化由东北各个历史时期的建筑文化构成，主要由东北古代建筑文化、近现代建筑文化和当代建筑文化集合而成。

---

[1] 陈伯超、刘大平等主编《辽宁　吉林　黑龙江古建筑》上册，中国建筑工业出版社，2015，前言第 1 页。

东北古代建筑文化是指 1840 年鸦片战争爆发前，在东北地区产生、形成和发展的建筑文化。东北古代建筑文化是中国古代建筑文化的组成部分。它在形成和发展过程中受到自然地理环境、社会人文因素的共同影响，其中社会人文因素尤以中原主流文化以及人口迁徙和民风民俗等的影响为大。今天我们把生活在东北地区的各族人民共同创造的具有显著地域和民族特征的、优秀的东北古代建筑文化，称为东北传统建筑文化，就文化遗存现状而论主要包括高句丽、渤海国、辽金元和明清等各历史时期在东北地区地理范围内产生演变的建筑文化。

东北近现代建筑文化主要是指鸦片战争爆发中国历史进入近代时期后，在近现代化进程中殖入或引入并逐步吸收的源自西方的建筑文化。这种建筑文化代表了世界范围内建筑文化的发展趋势，导致了千年来沉积的传统建筑文化向现代的转型。近现代建筑文化的产生标志着承传已久的传统建筑文化的分解和新的融合了西方先进文化的建筑体系的诞生。[1] 近现代建筑文化不论是建筑技术和材料，还是设计理念、艺术审美等都对东北地区的建筑文化发展产生了直接而深远的影响。按建筑风格来区分的话，主要有新艺术风格、新古典主义、折中主义和早期现代主义建筑等。当然，近代以来具有传统形态表象的建筑文化仍然持续不断地在东北的土地上发展着，虽然他们属于近现代时期的，但我们认为应该归于东北传统建筑文化之列。

东北近现代建筑文化的演进与国际社会的发展趋势是基本同步的。一方面，不论是建筑文化的发展、转型，还是文化类型、艺术风格，都走在了同时期中国其他地区的前列；另一方面，不论是建筑技术和材料，还是设计理念、艺术审美等都对东北当代建筑文化的发展产生过直接而深远的影响。

在东北，今天我们能感受到的西方宗教建筑文化虽然不能归类到上述"近现代建筑文化"之中，但由于它们或是随外国传教士的传教，或是随"水路""铁路"进入到近代东北地区的，在一定程度上丰富了这一时期的建筑文化，故此，我们将之纳入东北近现代建筑文化的多元化发展的范畴来考量。

东北建筑文化还包括当代建筑文化。东北当代建筑文化是指 1949 年中华人民共和国成立以来的东北建筑文化。20 世纪五六十年代的建筑文化，直接承接了东北传统建筑文化和近现代建筑文化，具有划时代的意义。

---

[1] 戴有山：《文化战争》，知识产权出版社，2014，第 143 页。

从建筑文化特征的角度来说，东北建筑文化具有地域性、民族性、多元性、稳定性、时代性和整体性等基本特点。

东北建筑文化具有多民族特征与多元文化内涵，是带有鲜明特色的中国传统建筑文化。东北地区是一个多民族聚居的区域，历史演变过程中大体可分为世居民族和迁入民族两大类，随着各民族之间文化的交流、融合以及外来文化的不断加入，产生出来具有多民族特征与多元文化内涵的东北建筑文化。可以说，东北建筑文化的形成是自然地理环境、社会人文因素共同影响的结果。东北建筑文化在发展演变过程中，不仅继承了各民族各地区共同创造的建筑文化精髓，而且根据特殊的地理位置与时代需要对其进行了利用和改造，充分体现了我国北方寒冷地区的地域文化特点[①]，在多元一体的中国建筑文化体系中，具有独特的地位，其覆盖面广，影响深远。同时，东北建筑文化的重要组成部分近现代建筑文化的演进与国际社会的发展趋势是基本同步的。这一时期的东北建筑文化不论是建筑文化的发展、转型，还是文化类型、艺术风格，都走在了同时期中国其他地区的前列。

从建筑文化演进的层面来说，高句丽时期、渤海国时期、辽金元时期、明清时期、晚清至民国等历史时期对东北建筑文化的影响最大。这些历史时期涵盖了东北古代建筑文化和近现代建筑文化发展演变的各个阶段。

高句丽时期的文化，是东北地域文化与民族文化的一个亮点。高句丽建筑的发展演变一方面吸收了中原北朝的建筑文化，另一方面与夫余、百济、新罗及日本的建筑文化有着千丝万缕的联系。高句丽以石材为建筑结构材料的石构建筑，在中国古代以木构建筑为主的建筑体系中，独具特色。高句丽石构建筑经过长时期发展演变，吸收绘画、雕刻、工艺美术等造型艺术的特点，创造出形式多样的艺术形象，形成独具特色的石构建筑艺术。高句丽石构建筑艺术，丰富了中国建筑艺术和文化的样式和内容，留下了丰富的物质、非物质文化遗产。渤海国建筑体系在产生、发展过程中直接受到过唐朝建筑文化的影响。渤海国建筑风格虽然多有模仿唐朝，但是借鉴之余亦有所差异，反映了渤海文化与唐朝文化的相互融合。辽金时期及元朝的建筑文化就是在多元融合的时代背景下发展演变的，呈现出新的、独特的文化特征。就历史分期而言，辽金时期为我国古代建筑鼎盛时期——唐宋建筑文化的延

---

① 韦宝畏、许文芳、刘新星：《中国东北地区民居建筑文化述论》，《吉林建筑工程学院学报》2010 年第 2 期。

续。宏观上来看，辽金建筑更多地继承了宋代秀丽、绚烂、柔美的特点。然而在辽金政权的发祥地东北地区，这一时期的建筑文化总体上仍是处于相对滞后的状态。这也反映出游牧文化在当地根基深厚的基本特征。元朝及明清时期为我国古代建筑文化的保持期。清朝定都北京以后，对其"龙兴之地"的东北地区实行封禁政策。这一时期东北境内大部分地区的建筑活动受到严重影响。晚清，随着"开禁"及移民的增多，各地的建筑活动开始活跃。

1911年，辛亥革命爆发，清朝统治土崩瓦解。这之后，直到1949年中华人民共和国成立前，东北建筑文化在不同程度上受到了西方欧美各国与东方邻国文化的影响，开始了从传统到近现代的历史演变。总体来看，近代东北建筑发展的趋势与"关内"是一致的，本土的传统建筑已经开始接受外来建筑文化。但有其独特之处。一是随着中原地区移民的持续增加，带来传统的木构架建筑技术和手工施工方式，加大了中原传统建筑文化对东北地域文化的影响，在当时，传统样式的房屋仍是广大乡镇建筑的主体形式。二是随着外国势力的涌入、"中东铁路"的建设，西方各种建筑流派与思潮几乎在第一时间就被引入。在租界、附属地等处，内容、形式多样的"西方"样式建筑拔地而起，这些建筑的类型、结构、材料、设备和施工技术都是前所未有的。三是在较大的城镇特别是开埠各市的商埠地里，新兴的民族工商业迅速崛起，在西方建筑样式的冲击下，顺应时代潮流，主动吸收外来文化，在民族资本的主导下也修建了一批"中西杂糅"的近代建筑。这一时期对东北近现代建筑发展更为重要的影响是，伪满洲国成立以后，殖民政治、殖民文化成为影响东北近代建筑文化发展的强势因素。总体来说，近现代建筑文化的多元化发展，使得东北建筑文化发生了根本性的变化。这一时期在东北土地上建造的各种建筑，包括古典的、折中的、现代样式的建筑，客观上促进了东北地区近现代建筑文化的发展，也为当代建筑特别是新中国成立初期的建筑奠定了基础。

三

东北地区传统建筑遗存总体上来说，主要分为两大类。一类是古代城市的遗址、遗存，包括历朝各代的都城、皇城以及各种城邑、军事要塞（军镇）等。另一类是功能各异的建筑物，这些建筑物按照使用性质划分的话是非常丰富的，主要包括礼制建筑、宗教建筑、宫殿建筑、居住建筑四种建筑类型。除此之外，还有文化教育类建筑，如书院、会馆及藏书楼；娱乐建筑如戏台；衙署建筑；市政建筑及设施；防御性城垣、城楼（门楼和角楼）、墩台等。[①]

东北地区城镇的出现，大约始自战国中后期，是伴随着郡县的设置、长城的修筑以及一些屯戍之所的开辟同步出现的。明代以前的东北城市大多是由少数民族政权兴建，但这些城市往往是随政权建立而出现，政权衰亡而毁弃，例如，渤海国、辽金时期所建城邑，绝大部分在蒙古汗国征金之初被摧毁。目前，东北地区保存最为完好的古代城邑当属明清时期的"兴城古城"。

礼制建筑是为祭祀礼仪服务的建筑及举行礼仪活动的场所。早在红山文化时期，东北地区就已有成规模的礼制建筑。东北地区现存的礼制建筑包括，礼制类的祠庙、陵墓建筑以及牌坊、灯幢等。礼制类的祠庙主要有祭山为主的山神庙，祭祀祖先为主的太庙，祭祀各方圣贤的庙宇如文庙、关帝庙，满族"堂子"等。"堂子"是满族极富民族特色的萨满"堂子祭祀"的场所。祭堂子是满族最重要的信仰和祭祀典礼，具有浓厚的原始宗教色彩。陵墓建筑是一种特殊的祭祀类礼制建筑，东北地区现存最重要的陵墓建筑当属高句丽时期的王陵和清朝入关前的"盛京三陵"。

宗教建筑涵盖的范围很广，既包含供奉神灵、举行宗教仪式所需的建筑，也包含为宗教教职人员提供的各类用房与设施，以及相关的建筑、场地与环境，如雕塑、塔、园林等。东北地区的传统宗教建筑主要包括佛教建筑、道教宫观和伊斯兰教清真寺等。

宫殿建筑是指古代帝王为巩固统治地位，突出皇权至上，满足精神和物质享受而建造的建筑物。这些建筑组成的建筑群规模巨大、气势雄伟，集中体现着中国古代建筑的最高成就。在东北境内，尚存有规模宏大的秦代宫殿建筑群遗址。该建筑群为秦始皇东巡时所建。较早且成规模、体系的宫室遗址是高句丽时期的。在五女山城、国内城和丸都山城遗址中都已确认了宫室遗址。可惜的是，这些宫室遗址已无法直观地反映出高句丽宫殿建筑的形象，倒是在相关墓葬的壁画中尚能捕捉到一些影像，如龙冈大墓、麻线沟1号墓壁画中的建筑图像。目前，保存完好的是清朝初期在奉天创建的宫殿群，即沈阳故宫。

[①]　陈伯超、刘大平等主编《辽宁　吉林　黑龙江古建筑》下册，中国建筑工业出版社，2015，第11页。

居住建筑是供人们日常居住生活使用的建筑物。东北地区传统的居住建筑主要有普通民居和大型宅院、府邸两类。其中民居是居住建筑的最主要类型，主要指普通百姓的居所，是其长期安居、生活的地方。按照民族来划分的话，东北地区的传统民居主要有满族民居、朝鲜族民居、汉族民居、蒙古族民居和回族民居等，其中尤以朝鲜族、满族等少数民族的传统民居最具特色。

四

东北地区近现代建筑类型非常丰富，大体上可以分为四大类。

第一类是按照中国传统样式营建的建筑。主要有"传统"的宗教建筑、祭祀建筑以及大量的传统样式的居住建筑（民居）。东北地区现存的佛教寺院、道教宫观等许多都是近代以来修建的，而数量最多的传统民居绝大多数也是这一时期修建的。

第二类是源自西方的各种功能或不同样式的建筑。从功能方面来说，包括西方宗教建筑，近代工业建筑，民用建筑（公共建筑、居住建筑等）；从建筑风格样式来说，包括西方古典建筑风格（这在教堂建筑中反映最为明显），近现代西方建筑潮流中产生的建筑样式，如新艺术风格、装饰艺术运动风格、古典主义风格、折中主义风格、巴洛克风格和早期现代主义风格等。

第三类是日本殖民统治时期的建筑。这一时期的建筑，从类型到形式都极为丰富，虽然延续了源自西方的各种功能或不同样式的建筑，但在伪满洲国"首都"长春及相关城市，建筑更多地成为殖民政治、经济及文化的产物。从这个角度来说，殖民时期的建筑大体上可分为官厅与纪念性建筑、民间建筑、军事建筑与设施、工业与城市公共基础设施等四类。官厅与纪念性建筑中最具时代特征的是"满洲式"建筑，而"日系住宅"则是民间建筑中最有殖民文化内涵的案例。

第四类是民族主义建筑思潮下产生的建筑。民族主义建筑思潮是在中国民族文化与心理推动下产生、发展的，它是推动近代中国建筑发展的一个重要环节。20世纪初，在西方近现代建筑潮流的影响与冲击下，民族主义思潮风起云涌。在外来文化和传统文化的碰撞下，催生了一种极具时代特征的"民族形式"的建筑样式，其大致分为两大类，即传统复兴式和新民族形式。

这些建筑的普遍特点是：在建筑技术方面，采用钢筋混凝土结构体系与各类新型材料及施工工艺建造；在建筑艺术方面，通过中国传统建筑"大屋顶"及柱、梁、额枋雕饰与斗拱等构件表达民族特色。在东北，虽然"传统复兴式"建筑思潮的发展远无"关内"各主要城市，如北京、南京、上海等地的规模与程度，但也受到影响，产生了一些优秀的建筑作品。新民族形式的建筑亦称"传统主义新建筑"，与"传统复兴式"建筑在外观上模仿中国古代宫殿建筑等不同，这种建筑的平面组合、空间体量、构图造型等都与西方现代建筑保持一致，只是在局部，如檐口、门窗、入口等部位使用了一些中国古代建筑部件细部、装饰构件和图案纹样等作为建筑构图符号，体现民族特色。这是一种以装饰主义为特征的传统主义。梁思成先生主持设计的，坐落在吉林市的原吉林大学教学楼，就是这类建筑的典型代表。

五

世界遗产是指珍贵的、目前无法替代的财富，是全人类公认的具有突出意义和普遍价值的文物古迹及自然景观，包括文化遗产和自然遗产。建筑遗产作为文化遗产的重要构成部分，是指不同历史时期"具有历史、美学、考古、科学、文化人类学与人类学价值"的重要遗迹、遗址等，以及在"建筑式样、分布均衡、与环境景色结合方面"具有突出的普遍价值的单体建筑或建筑群等。

随着改革开放的持续深化，保护文化遗产、自然遗产已经成为中国政府和社会各界的共识。1985 年 12 月 12 日，我国加入《保护世界文化和自然遗产公约》缔约国后，全面启动了文化遗产的保护工作。目前，我国是拥有世界遗产类别最全的国家之一，截至 2016 年 7 月，我国大陆地区经联合国教育、科学及文化组织（即"联合国教科文组织"）审核被批准列入《世界遗产名录》的世界遗产有 50 项，其中 35 项为文化遗产、11 项为自然遗产、4 项为文化与自然双重遗产，而我国拥有的世界文化与自然双重遗产的数量在世界各国中也是最多的。

东北地区入选的世界文化遗产项目集中在辽宁、吉林两省，都属于建筑文化遗产的范畴。辽宁省境内的世界文化遗产包括，水上长城（九门口长城）、沈阳故宫、盛京三陵（清永陵、清福陵、清昭陵）和五女山山城等；吉林省境内的世界文化遗产集中在集安市境内，包括国内城、丸都山城、十四座王陵、二十六座贵族墓葬等。它们与辽宁省境内的五女山山城统称为高句丽王城、王陵及贵族墓葬世界文化遗产。这些遗产的入选时间分别是 2002年 11 月（水上长城）、2004 年 7 月（沈阳故宫、盛京三陵和高句丽王城、王陵及贵族墓葬）。

今天，作为东北地域文化的记忆方式和重要载体的许多风格各异、特色鲜明的建筑文化遗产，以及各类建筑遗址遗存、文物与历史建筑等，业已成为中国古代、近现代建筑文化历史的重要组成部分，不可或缺。同时，东北建筑文化又与农耕、渔猎、游牧文化，宗教、文学、民俗文化，流人、移民、域外文化，服饰、饮食文化等，不同的形式、不同种类的文化，一同凝结在东北地域文化体系之中，共同构成了东北地区独具地方魅力的城乡风貌与文化气质。

享有"塞外小江南"之美誉的高句丽故都集安，"一朝发祥地，两代帝王城"的清朝"盛京"沈阳，"北国江城"吉林，充满异国情调的哈尔滨，伪满洲国"国都"长春等作为中国历史文化名城，其建筑文化无不从不同侧面展示着东北地域文化的特色，无不以不同方式成为这些城市的文化名片。

第一章

东北地区建筑历史与文化源流

建筑作为人类生存能力与智慧的产物，从人类学会掌握工具开始就一直是社会活动的主要内容，不论何时，每座建筑都不单单是建筑材料、技术的体现，还是不同时期的历史与文化的反映。可以说，东北地区的建筑历史实际上就是一部东北各族人民在不同历史时期所创造文化的发展史。

一　东北建筑文化形成与演进的主要历史时期

早在旧石器时代，东北地区就已产生了建筑文化意识。从奴隶社会到封建社会直至当代，随着社会生产力的日益提高，东北地区的建筑形式呈现出多样化特征。与此同时，东北建筑文化的发展一路前行，从未间断过。

从建筑文化传播的路径与影响来看，高句丽时期、渤海国时期、辽金元时期、明清时期、晚清至民国五个时期，在东北地区建筑历史与文化演进过程中最为重要。在这个五个时期中，来自中原王朝的文明与东北地区特有文化的交流最为频繁，从而形成了具有独特文化特征的东北地区建筑文明。从历史纵向角度来看，它们不仅仅对东北建筑文化的形成意义深远，且时至今天，这五个时期的建筑历史、文化及其遗存仍对东北地区产生着不可低估的影响。

（一）高句丽时期（前 37 ~ 668 年）

高句丽是我国古代东北地区少数民族建立的地方政权。高句丽于汉建昭二年（前 37）正式立国。据考，当时的夫余国王子朱蒙为避祸南逃至卒本川（今辽宁省本溪市桓仁满族自治县域），联合当地貊人，以纥升骨城为都城，建立高句丽政权。西汉元始三年（3），迁都国内城（今吉林省集安市内），北魏始光四年（427）又迁平壤（今朝鲜民主主义人民共和国平壤市）。在其存在的时间内，高句丽势力范围包括鸭绿江两岸及长白山一带，远达吉林市一带，户三万。唐总章元年（668），为唐所灭。

高句丽不仅是地方政权，还是高句丽族的族名。高句丽是起源于我国东北地区的三大族系中的古老民族之一，属于濊貊族系，在有的史书中，又被记作"高勾骊"。关于其族源，《后汉书》曾记载"为扶余别种，故言语法则多同"。言下之意，高句丽出自扶余一族。这种看法广为当今学界采纳。"高句骊"一词最早见于《汉书·地理志》，书中两处提及高句丽，分别为"高句骊，莽曰下句骊，属幽州"，"玄菟、乐浪，武帝时置，皆朝鲜、濊貊、句骊蛮夷"。

多种文化元素的交流、冲击，以及周边政权政治态势的变动，对于高句丽建筑文化的形成都产生过重大影响。

对高句丽文明影响最为深远的是与其一直保持封贡联系的中原汉族文明，无论高句丽政权所处的我国东北地区还是今天朝鲜半岛北部地区，自商周时期就与中原保持着密切联系。民国时期，有学者经研究指出，建立商朝的民族即出自东北地区。尽管这一结论尚且存在许多争议，但是东北地区与中原的联系发展较早这一事实已经毫无异议。自箕子东迁起，随行的商朝移民将汉族文明大量带入东北地区以及朝鲜半岛，同时也促进了当地的文化启蒙。东周末年、秦朝末年、东汉末年均发生大规模战乱，许多汉民为了逃避战争的侵害，举家举族迁往东北地区，这在很大程度上促进了汉族文明的输入。高句丽政权立国于此，将与中原交流的传统完整地继承了下来，在诸多方面的联系中，汉文字与佛教是双方交往中比较显著的文化要素。通过文化传播的重要载体——汉文字也可看出高句丽和中原文化联系的密切程度。高句丽通行汉字，无论是在故都集安，还是其新城平壤，目前保存下来的印件、碑刻、铭文都是由汉字书写的。集安"好太王碑"碑文就是明证。

好太王碑是高句丽第 19 代王广开土境平安好太王陵碑的简称，东晋义熙十年（414），即高句丽长寿王二年，高句丽第 20 代王长寿王巨连在好太王故去的第三年立此碑。该碑由一整块角砾凝灰岩石稍加修凿而成，重约 37 吨。该碑呈方柱形，高 6.39 米，四面幅宽不等，底部宽 1.34 ~ 1.97 米，顶部宽 1.00 ~ 1.60 米，第三面（西北面）的最宽处达 2 米。碑面不平，无碑额，碑的四面均凿有天地格，而后再施竖栏。碑文镌刻在竖栏内，四面环刻汉字，自右至左竖刻，共44行，满行41字，除去行文及碑石缺损空刻，上面共有文字1775个，其中可识别的约1600字。碑文字体为隶书，少波磔，部分似篆书和楷书。字高宽一般为9~10厘米和10~12厘米，书法方严厚重。碑文涉及高句丽政权传说、好太王功绩等诸多内容（见图1-1）。1927年当时的集安工商各界集资为好太王碑修建双层六角攒尖顶木构碑亭，1976年拆除原碑亭，1982年修建了一座钢筋混凝土结构的四角攒尖顶亭式建筑，用以保护好太王碑。2003年在碑亭12颗立柱间设置了通高玻璃隔断墙体，对好太王碑进行围合保护（见图1-2）。

图1-1 好太王碑局部

图 1-2　好太王碑碑亭

　　清光绪三年（1877），桓仁设县发现好太王碑之后，对其文字的研究应为高句丽研究之始。

　　汉文字的传播，为以后儒家学说、佛教等在高句丽的传播特别是普及奠定了初步的基础。儒家学说以及中原佛教、道教都对高句丽的方方面面产生过巨大影响。

　　儒家学说对于高句丽政权的影响主要体现在政治制度建设方面。高句丽政权仿照汉族政权建立了中央官制，确立了首都，并且完善了地方建制。与此相配合地是开始了都城和各级地方治所的建设，以及城市内部官署的兴建。其都城形制、规划布局等均参考汉制。

儒学的进入以及传播对高句丽文化形成和发展的影响表现突出。据《三国史记》卷第十八《高句丽本纪第六·小兽林王》记载，小兽林王二年（372），高句丽"立太学，教育子弟"。这是高句丽从国家角度正式推广儒学的开始。当时儒学在高句丽已相当普及，据《旧唐书·东夷·高丽》记载："子弟未婚之前，昼夜于此读书习射。其书有《五经》及《史记》、《汉书》、范晔《后汉书》、《三国志》……"南北朝时，更多的儒家经典和史书传入高句丽。除贵族接受教育外平民百姓也成为受教育的对象。这不仅有利于高句丽本民族教育水平以及文化水平的提高，也加快了中原文化在高句丽的传播，密切了中央政权和地方政权各方面的联系。

早在4世纪初期佛教就传入高句丽，起初只是在民间流传。小兽林王二年中原佛教正式传入高句丽。道教大约在7世纪传入高句丽，虽然晚于佛教但也得到极大地推崇。

佛教勃兴主要是因为受到高句丽统治者的重视而发生，民间的传播所产生的社会影响较小。高句丽接受佛教实发端于前秦对东北地区的控制，亦即东晋太和五年（370）①，据《三国史记》卷第十八《高句丽本纪第六·故国原王》记载："（故国原王）四十年秦王猛伐燕，破之。太傅慕容评来奔，王执送于秦。""秦王苻坚遣使及浮图顺道送佛教、经文……始创肖门寺，以置顺道，又创伊弗兰寺，以置阿道，此海东佛法之始。"②可见佛教是在高句丽向前秦示好后，通过前秦传入高句丽的。③佛教的发展为高句丽王朝的政权统治提供了有力的思想文化支撑，符合其政治需要和治国理念。据《三国史记》卷第十八《高句丽本纪第六·故国壤王》记载，故国壤王九年（392）"三月下教：崇信佛法求福。命有司立国社，修宗庙"。从而确立佛教为国家宗教的地位。佛教在高句丽统治阶级的大力提倡下迅速发展起来。这时的佛教以现世"求福"等功利性目的为主，不少人到中原地区求法。不仅学习佛经，还学习中原地区各种先进的文化知识，并带回高句丽，促进了相互文化交流。可见，高句丽统治阶级对吸收中原文化是非常重视的。

从中原佛教传入伊始，高句丽即建有肖门寺、伊弗兰寺。故国壤王九年，为崇信佛法求福命有司立国社修寺庙，次年，广开土王于平壤创建九

---

① 东晋太和五年（370），即高句丽故国原王四十年。
② 肖门寺和伊弗兰寺均修建于现在的集安市内。在集安丸都山城中有八角形建筑址，据推测很可能与佛教有关。
③ 韩昇：《南北朝隋唐时代东亚的"佛教外交"》，《佛学研究》1999年第8期。

寺，497 年文咨王又在平壤创建金刚寺。金刚寺的布局体现了早期佛教的特点。其规模在所建寺院中最大，是高句丽寺院建筑的顶峰。① 佛教建筑成为佛教传播的重要标志。

道教在 7 世纪由中原地区传入高句丽。643 年，莫离支②渊盖苏文向宝藏王建议，"三教譬如鼎足，阙一不可。今儒释并兴，而道教未盛，非所谓备天下之道术者也。伏请遣使于唐，求道教以训国人"。于是唐太宗"遣道士叔达等八人"来高句丽传道，"兼赐老子道德经"③。渊盖苏文的"三教譬如鼎足，阙一不可"的主张，反映了高句丽统治阶级对三教采取兼容并蓄的方针，以巩固封建统治的意图。④ 从集安市周边的高句丽遗址可以看出道教文化兴起的遗存，反映出道教在高句丽有过盛传和广泛的影响。

据史料记载、考古及遗存现状，高句丽的建筑水平较高。有学者将高句丽的建筑分为地上和地下两大类。地上部分包括城邑，以及宗教活动场所、宫殿、衙署和居住建筑等。高句丽地下建筑部分则以墓葬建筑为主。

高句丽城邑有山城和平原城两种，平原城、山城相结合形成完整的城防体系。"在山上筑城，是古代东北少数民族共有的文化特征，军事防卫目的十分明显，易守难攻，化解敌强我弱劣势，符合政权初建的形势要求。但是，山城不便于人们生产和生活，仅是权宜之计。随着政权的巩固，必然会在平原地区另辟新城，作为王都，而原有的山城作为平原城的卫城。"⑤

有记载的高句丽都城包括，早期的纥升骨城（五女山山城）、中期的国内城和丸都山城、后期的平壤城和长安城。

在地上部分，高句丽宫殿遗址较有代表性。而地下部分则以墓葬建筑遗存最为典型。高句丽人十分重视丧葬，其墓葬建筑的特点是，"数量巨大，分布广泛，尤其以当时政治、经济、文化活动的中心区域如都城周围最为集中。从目前的调查情况看，高句丽墓葬主要分布在中国的集安、桓仁以及朝鲜的平安南道、黄海南道和慈江道等地。仅集安地区就发现古墓群 71 处，

---

① 谷长春主编《中国地域文化通览　吉林卷》，中华书局，2013，第 62 页。
② 简单说，莫离支是高句丽后期才有的一种官职，相当于宰相，但权力更大似摄政。
③ 资料来源：《三国史记·高句丽本纪》。
④ 王国良：《朝鲜朱子学的传播与思想倾向》，《安徽大学学报》（哲学社会科学版）2001 年第 6 期。
⑤ 谷长春主编《中国地域文化通览　吉林卷》，中华书局，2013，第 81 页。

总数达 12358 座，其中绝大多数为高句丽古墓"。① 高句丽墓葬在中国古代墓葬形制中独具个性。高句丽墓葬按照修筑材料分为石墓和土墓两种类型。另外，目前发现的高句丽壁画基本上都在石室封土墓中。其壁画的内容与技法基本上与汉魏两晋南北朝时期相似。②

高句丽建筑主要是以石材为建筑结构材料的石构建筑体系，这在中国古代以木构建筑为主的建筑体系中，独具特色。考古发掘表明，中原殷商遗址虽已发现有石质柱础，秦汉以后石构建筑也得到了一定程度的发展，但远没有高句丽石构建筑成熟。在高句丽王朝中晚期，砌石技术已高度发达。现存的高句丽城墙具有石块砌体横平竖直、缝隙均匀、石面统一向外凸出的严谨垒砌风格。③ 高句丽石构建筑经过长时期发展演变，吸收绘画、雕刻、工艺美术等造型艺术的特点，创造出形式多样的艺术形象，形成独具特色的石构建筑艺术。高句丽石构建筑艺术，丰富了中国建筑艺术和文化的样式和内容，留下了丰富的物质、非物质文化遗产。现高句丽建筑遗存都应属于石构建筑的范畴，如城邑城墙、墓葬等。

（二）渤海国时期（698～926 年）

渤海国是唐朝时期以靺鞨七部之一的粟末部为主，联合其他靺鞨部及部分高句丽族人在东北地区所建的地方政权。

靺鞨族属于东北四大族系之一的肃慎族。著名东北史学者金毓黻先生曾认为肃慎人的祖先是来自山东半岛的夷人。但是当代学者多倾向于肃慎族为东北原住民。中原与肃慎的交流至少可以追溯到春秋时期，曾经有人拿着一只被射落在庭院里的鸟询问孔子，鸟身上的"楛矢石砮"来自何处。孔子回答说，他曾在国库肃慎族的贡品中见过这种武器。这个故事未必是真实的，但是从被当时人记录在文献中这一事实可以看出，早于孔子的时代，肃慎族就有过向中原政权献纳贡品的行为，也就是说当时已经建立了官方联系。根据现存的历史文献记载，肃慎族系的历史传承非常清晰，两汉魏晋之际称原

---

① 金旭东主编《丸都山城——2001～2003 年集安丸都山城调查试掘报告》，文物出版社，2004，第 69 页。

② 谷长春主编《中国地域文化通览 吉林卷》，中华书局，2013，第 67～69 页。

③ 朴玉顺、张艳峰：《高句丽建筑文化的现代阐释——从桓仁"五女山城"到"五女新城"》，《沈阳建筑大学学报》（社会科学版）2012 年第 1 期。

肃慎族为挹娄，南北朝时期称之为勿吉，隋唐时期称靺鞨。[①]

唐初，在东北地区设置营州都督府，羁縻统治契丹、奚等东北地区的少数民族。696年，营州都督赵文翙与治下的契丹部落首领发生激烈矛盾，激起兵变。渤海人在首领乞乞仲象等人的带领下，参与到反唐战争中来。战争失败后，渤海人举部北迁，并在天门岭战役中重创追击的唐军，并且借助契丹族对于唐朝军事力量的牵制，在我国东北地区站稳脚跟。

渤海国于698年建立政权，鼎盛时期版图范围包括我国东北地区及朝鲜半岛北部地区，史称"海东盛国"。渤海国于926年为辽所灭。

渤海国的建立者在建国之前即长期与中原政权保持密切的联系，甚至有学者怀疑，建立渤海国的乞乞仲象及其子大祚荣来自唐太宗时期内迁中原的白山靺鞨部。由于深入交流的机会较多，其对中原文明的兴趣之大要远远超过之前东北地区的居民。纵观渤海有国228年间，除了大武艺在位时期，与唐朝关系紧张外，其他渤海国王均与唐王朝保持了良好的关系。国王即位，都曾得到唐朝的册封，每年向唐朝派遣使节，祝贺唐王生辰、正旦。除此之外，渤海国还派遣大批留学生，赴唐学习先进的汉文化。在此背景下，渤海国无论是国号、国都形制、地方建置都模仿唐朝，也因此获得了"象限唐朝"的美誉。

渤海国初称震国，唐先天二年（713），唐玄宗册封大祚荣为左骁卫员外大将军、渤海郡王，又设置忽汗州，授大祚荣为忽汗州都督，始称"渤海"。渤海初都旧国（今吉林省敦化市）。关于旧国的位置，有考古证明敦化市敖东城遗址和远郊的城山子山城遗址就是当年大祚荣渤海旧国所在地。

渤海国实行京府、州、县三级管辖的行政体制。渤海国效仿唐朝，设五京[②]，下辖十五府，六十二州。渤海五京分别是上京龙泉府（今黑龙江省宁

---

① 然而，当下的考古学研究显示，肃慎、挹娄、勿吉、靺鞨、女真等传统史书中前后相继的不同称呼的同一民族，其在考古学中并未呈现出严格的连续性特征。本文认为，尽管考古学以其科学性著称，但是在确认某一遗址属于何种文明之际，难免存在疏漏。自肃慎到女真，前后延续近千年，人们不断迁徙，后来者与先到者的文明很难明确区分，以此来界定所属此文明之人未必完全准确。因此，我们在研究古代民族之时，应该充分尊重古人的看法。故本文依然采用文献上的说法，认为肃慎族谱系是连续完整的。
② 关于渤海国五京制度的渊源，学界主要有两种观点。一是渤海的五京制度继承了高句丽的五部制。持此观点的主要为韩国学者韩圭哲，见其论文《渤海西京鸭渌府研究》，李东源译《东北亚考古资料译文集系列丛书（3）高句丽、渤海专号》，北方文物杂志社，2001。二是五京制度源于唐朝的影响。这是目前学术界的主流看法。本文采用第二种观点。

安市)、中京显德府(今吉林省和龙市)、东京龙原府(今吉林省珲春市)、南京南海府(今朝鲜咸镜南道北青郡境内)、西京鸭渌府(今吉林省白山市)。其中上京、中京、东京曾经为王都。

渤海国仿照唐朝的政治、经济等制度立国,汉文为通用语言。汉文汉字的使用为渤海向唐朝学习奠定了基础。渤海文化的繁荣离不开唐中原文化的直接影响。

渤海国时期儒家思想融入到社会各个方面,中原的《四书》《五经》等典籍业已成为渤海国人学习的教科书。儒家思想也作为渤海国政权治国安民的指导思想,形成尊卑有序的封建等级制度,忠孝有节的道德规范,使渤海封建统治基础更牢固。[1]

佛教在渤海国盛传。渤海建国前已有一部分靺鞨人信奉佛教。唐开元元年(713),"遣王子朝唐,十二月至长安,奏请就市交易,入寺礼拜,玄宗许之"[2]。可见渤海立国初期已经有礼佛习俗。各地兴建了许多寺院。不少渤海僧人远赴中原求取佛教经典并带回渤海,使得唐时期佛教文化在当地产生了深远影响。据统计,在上京、中京、东京城内外考古发现的佛寺遗址就有34座之多。上京城内外发掘的9座佛寺遗址规模都较大。

除佛教外,唐时期道教思想对渤海国也产生过一定影响。道教在渤海国没有佛教那样显赫的地位,在文献上几乎看不到在渤海国内有道教建筑的记载,但是20世纪60年代,在上京城内出土的文物中,人们发现了一块圆形铜饰,上面刻的是"城隍庙路北"五个字,城隍庙"为护城之庙,所供奉之神,是道家所传守护城池之神"[3]。这证明渤海国确曾有道教建筑存在。

渤海国与周边各国联系紧密,既有通唐朝的营州道和朝贡道,通契丹的契丹道,也有通日本的日本道,通新罗的新罗道。渤海国在与周边各国不同文化的交融、碰撞中,形成了灿烂的渤海文化。从文化传播的角度来看,有学者认为,日本接受的唐中原文化大多是通过渤海国传播的。

渤海国的建立极大地推动了东北地区建筑的发展。例如,黑龙江境内在渤海建国之前几乎没有地面建筑。

在《中国地域文化通览 吉林卷》(上编)中是这样描述渤海国建筑风

---

[1] 谷长春主编《中国地域文化通览 吉林卷》,中华书局,2013,第90页
[2] 《册府元龟》卷971"外臣部·朝贡四",中华书局,1982,第1405页。
[3] 朱国忱、金太顺、李砚铁:《渤海故都》,黑龙江人民出版社,1996,第183页。

格的:"文治武功的建筑风格,一是指渤海城邑以山城与平原城相结合,往往在军事要塞附近的山上构筑城堡,以驻屯重兵,扼守津要,具有明显的易守难攻作用,成为附近平原城的卫城,彰显一文一武之势,既可抵御来犯之敌,又可退入山城避难。二是指渤海靠武功创下基业,以文治走向繁荣富强,其建筑物规模宏大,美轮美奂,技艺精湛,气势磅礴,一派盛国气象。"从渤海国上京龙泉府、东京龙原府遗址即可管窥其貌。考古发掘证明,宫殿建筑代表了渤海国建筑营造的最高水平。上京、东京以及中京城内宫殿规模宏伟,高大壮美,"呈现出高超的技术水平,尽显文治武功风姿"①。

(三) 辽金元时期 (916～1368 年)

10～13 世纪,由契丹族建立的辽朝,女真族建立的金朝,先后出现在中国北方地区。

1. 辽国

辽国是由崛起于今西拉木伦河与老哈河交汇处的契丹族所建立的中国古代北方地区政权。

契丹既是族名又为国名。契丹族属于东胡族系,为鲜卑族后裔。初兴之际,与奚人并称为"二胡"。彼时,漠北草原上突厥族占统治地位,契丹弱小,在中原王朝和突厥之间隙中艰难生存。突厥势力强劲则臣服突厥,中原王朝势力强大则服从中原王朝的统治。隋唐之际,中原王朝以数位公主下嫁契丹主,试图以姻亲关系笼络契丹。然而,和亲政策并未取得明显效果,反而成为契丹效忠突厥的工具,契丹屡屡以杀害公主向突厥表忠心。唐末五代时期,中原扰攘,藩镇之间为争夺地盘、粮食以及正统地位屡兴兵革,再加上突厥族衰落,赐予了契丹族发展壮大的良好契机。契丹首领耶律阿保机在逃入契丹的汉人的支持下趁机统一各部,并于 907 年即可汗位,916 年称帝建国,国号契丹,建元神册,建都皇都 (今内蒙古自治区赤峰市巴林左旗林东镇东南郊)。阿保机尊号大圣大明神烈天皇帝,史称辽太祖。947 年改国号为辽 (983～1066 年间重称契丹),国都为上京。1125 年为金所灭。

契丹于天显元年 (926) 征服渤海国,正式将我国东北地区纳入辽朝政权的版图。渤海国灭亡后,辽太祖耶律阿保机并未彻底改组原有的政权组织形式,只是将其改名为东丹国,以长子耶律倍为国王进行统治。辽太祖死

① 谷长春主编《中国地域文化通览 吉林卷》,中华书局,2013,第 86、87 页。

后，耶律德光在述律后的支持下以次子身份继承皇位，是为辽太宗。但是，耶律德光对于耶律倍始终耿耿于怀，担心长兄威胁他的皇位。于是，采取迁徙辽阳豪族、派遣亲信担任东丹国中台省丞相等措施来削弱耶律倍的政治势力。辽天显五年（930），耶律倍出走后唐，东丹国名存实亡。[①] 耶律倍的出走引起了辽太宗的不满，在原东丹国内大量启用契丹籍官员，随之契丹人大量涌入我国东北地区。于是，以契丹族为代表的草原文明大规模进入东北地区。

辽朝设五京，即上京、中京、东京、西京和南京。除辽上京临潢府外，其他四京的位置：中京大定府位于内蒙古赤峰市宁城县，东京辽阳府位于辽宁省辽阳市，南京析津府位于北京市，西京大同府位于山西省大同市。契丹族为典型的游牧民族，一年四季逐水草而居，在草原与森林的交界处游徙。草原民族习惯上以部落为单位划分放牧区域。在本部区域内，又分为春、夏、秋、冬四个草场，在对应的季节中向某一固定的草场迁徙。这一方面保持草场的养护，另一方面也能让牲畜食用更加丰美的水草。[②] 以耶律阿保机为首领的契丹族核心部落的游牧区在今天内蒙古自治区通辽、赤峰附近。即使开国建号，契丹本族的游牧习俗依然被完整地保留了下来，契丹主虽称皇帝，但是并不是像汉族政权皇帝那样，固定居住于都城之内，而是采取一种"四时捺钵"的形式，巡游各地。所谓"四时捺钵"，是指皇帝在其亲卫队——斡鲁朵的陪同下，率领满朝文武大臣，在春水、秋山、冬夏捺钵之间循环往复。[③] 只有在接待宋朝使节时，皇帝才到上京城或中京城，举行两国之间交往的仪式。现代考古报告显示，辽上京城内没有发现寝殿基址。这个发现证实了辽上京并非辽朝皇帝久居之地的结论。京城尚且如此，其他四京作为陪都，其政治作用可想而知。所以，在辽朝"四时捺钵"体制下的五京，其象征意义远大于实际政治意义。

"澶渊之盟"对辽朝的发展具有里程碑意义，它标志着南北双方结束了战争对立的局面。促使辽朝逐步走向政权稳定和国家富强。并且在"澶渊之

---

① 关于东丹国何时灭亡，史无明文，因此学界也存在较多异议。有学者认为耶律倍出走，即宣告东丹国灭亡。有的学者认为东丹国一直存在至辽景宗朝。参见舒焚《辽史稿》，湖北人民出版社，1984。

② 对游牧民族生活习性的论述，本文参考了台湾学者王明珂先生的观点，见氏著《游牧者的抉择》（广西师范大学出版社，2008）。

③ 傅乐焕先生对辽朝"四时捺钵"的研究最早，也最为深入，见氏著《辽代四时捺钵考》（《辽史丛考》，中华书局，1984）。

盟"后，辽王朝与北宋王朝在经济、文化等方面的交往频繁，经济、文化水平得到迅速提高。

早在唐朝末年，为躲避战乱，许多汉人迁入契丹境内以躲避战乱。耶律阿保机能够在诸部酋长中脱颖而出，与其获得汉人的鼎力支持是密不可分的。契丹建国后，在"因俗而治"的二元政治体制下，大批中原汉人保留了其固有的生活习惯，并通过不懈的努力推动了契丹农耕、渔猎、宗教和文学、艺术、建筑等诸多领域的发展。

辽朝与高句丽、渤海国不同，在文字使用方面很有特点，既使用汉字又有自己的契丹字，一方面汉字仍在大量使用，另一方面，又创造性地发明了契丹大小字。神册五年（920），太祖阿保机下令由耶律突吕不和耶律鲁不古等人创制契丹大字。后由太祖弟耶律迭剌结合回鹘文对大字进行了改造形成契丹小字。大字表意，小字表音。契丹大小字主要用于碑刻、墓志、符牌，著诸部乡里之名以及写诗译书等项。这两种文字，"开我国东北少数民族创制文字之先河，以后的女真文字、蒙古文字、满族文字无不直接或间接受它的影响"①。大量的中原儒家经典、经文、文史名著和医学书籍等被翻译成契丹文字，促进了契丹社会的封建化进程和政治、经济、文化、科技等方面的进步。②

辽朝契丹统治者从建国伊始就对儒家学说和佛教、道教采取包容的态度。神册三年（918），太祖"诏建孔子庙、佛寺、道观"③。

儒家学说在辽代被契丹统治者所尊奉，并居正统地位，孔子受到朝野上下的尊崇。契丹立国之初，太祖阿保机就令在全国范围内修建孔庙。神册四年（919），太祖亲谒孔子庙。辽景宗时期儒学发展迅速，在朝野上下得到广泛传播，成为各阶层奉行的道德标准和行为准则。大量的儒家经典著作被翻译成契丹文字广为传播。

佛教信仰是随着日益加深的中原汉文化影响而传入辽国的。开始是在契丹贵族阶层中间流行。世宗、穆宗和景宗朝（947～982）期间佛教逐步发展起来的。兴盛时期当属辽圣宗、兴宗和道宗朝（982～1101）。圣宗朝以后，佛教进入全盛期，史称圣宗对"道释二教，皆洞其旨，尤留心释典"。

---

① 谷长春主编《中国地域文化通览　吉林卷》，中华书局，2013，第112页。
② 林声、彭定安主编《中国地域文化通览　辽宁卷》，中华书局，2013，第114页。
③ 《辽史·太祖纪上》，中华书局，1974，第13页。

　　辽太宗耶律德光继承皇位后，将佛教作为辽朝国教。从辽太宗开始，各代皇帝对佛教的尊崇有增无减，不仅研究佛教经典，主持礼佛、饭僧等宗教活动，由于有帝室权贵的支持、施舍，佛教盛行，各地兴建了大量的佛教寺院和佛塔。金代官员王寂巡视辽东时，在其《辽东行部志》中记录了辽代修建的 11 所佛寺。① 其中比较典型的是辽圣宗之女燕国长公主槊古舍宅所建的懿州宝严寺。② 除宝严寺这类皇家贵族兴建的寺院外，民间也建造有许多佛教寺院。王寂这样描写在浑河边见到的民间寺院："水边野寺，旧无名额，殿宇寮舍虽非壮丽，然萧洒可爱。"③ 可见即使是民间兴建的佛寺，各种功能的房屋都已俱全。

　　佛教寺院建筑已成为当时主要的建筑类型之一。在现存的辽代佛教寺院建筑遗构中不难看出其当年的"繁华"景象。例如，规模宏大的辽宁省锦州市义县奉国寺大雄殿就是其典型代表。大雄殿不但是东北地区现存最重要的辽代地上建筑，还是东北地区唯一的一座辽代佛教寺院建筑物（见图 1-3）。

图 1-3　义县奉国寺大雄殿

　　辽朝时道教在东北地区的地位比渤海国时期有所上升，虽然现在已经找不到辽代的道观遗存，但从文献记载中仍可以找到相关记载。如上京建有天长观。

---

① 由于目前流传于世的《辽东行部志》是原著的残本，故东北地区的佛寺数量远远不止文中所记。

② 据考，宝严寺址位于大连市瓦房店复州城东南，现复州永丰塔即应为宝严寺塔。

③ （金）王寂：《辽东行部志》，载金毓黻主编《辽海丛书》第四册，辽沈书社，1984，第2532 页。

辽朝统治过我国北方包括燕云十六州在内的大部分地区。它曾经把东北与中原在政治、经济和文化等方面联系在了一起，历史上对我国多民族国家的建设、发展，以及东北的开发都发挥过重要的作用。

自辽朝起，东北地区不再作为一个被中原统治阶层视为蛮荒之地的角色登上历史舞台。

2. 金国

辽朝末年，东北地区的女真族日益强盛。女真族的前身是黑水靺鞨①，辽太祖耶律阿保机北征女真，并将女真族豪族大姓几千家迁徙到辽东京附近。"女真"也由此进入中原政权的视野。辽朝统治者将徙居辽东的女真人称为"熟女真"，地处其北部、未系辽籍者称为"生女真"。"生女真"又分为若干部落，较大的有数千户，规模较小的不到一百户。定居于按出虎水的完颜部即为"生女真"的一支。完颜部崛起之前，"生女真"各部群雄鼎立，互不服从，部落之间经常因为争夺粮食、马匹，或者因为杀人、盗窃等纠纷发生战争。自完颜部昭祖石鲁开始，以"条教"约束各部，不服从的部落即采用武力征服的方式迫使其服从。鉴于完颜部在"生女真"内的强大，辽朝封完颜部首领为节度使，女真人称之为"都太师"，授予其统领各部的权力。完颜部也趁机吞并临近部落，扩大自己的势力范围。经过景祖、世祖、穆宗、肃宗、康宗等几代人的努力，至完颜阿骨打时，按出虎水完颜部已经基本上完成了对"生女真"各部的统一。

女真人原受辽朝的统治，为避辽兴宗耶律宗真之讳，将女真改写为"女直"，故又称女直。辽天庆四年（1114），饱受辽朝欺凌的女真人在其首领完颜阿骨打的带领下起兵反辽，1115 年元旦，阿骨打称帝建国，国号大金，建元收国，建都会宁（金上京，黑龙江省哈尔滨市阿城区城南 2 公里），同年十二月，加号大圣皇帝，史称金太祖。1117 年改年号为天辅。金天会三年（1125）灭辽，四年（1126）灭北宋。先后迁都中都（今北京市）、开封等地。天兴三年（1234）在蒙古和宋联合进攻下灭亡。

女真族建立的金朝政权是东北历史上第一个"扬眉吐气"的政权。在此之前，无论是夫余、高句丽，还是渤海国，都被中原王朝视作藩属政权。金

---

① 中国台湾学者李学智认为，女真并非出自靺鞨，而是室韦族的一支。见其论文《释女真》，《大陆杂志》第一辑第五册，1958，第 174～178 页。这个观点遭到大陆学者的激烈反对，本文采用目前学界比较主流的看法，认为女真为黑水靺鞨转变而来。

国由于强大的军事实力，攻灭北宋，将钦徽二帝掳到东北，并迫使南宋称臣纳贡。这是我国历史上中原王朝首次向边疆政权承认政治地位低下。金朝和南宋的政治关系对中国历史的发展产生了重大影响，不仅促使人们重新审视汉族与少数民族的关系，更是引发了对于政权"正统性"的深入思考。同时，随着南宋逐年向金朝纳贡，汉地的茶叶、丝织品、银钱大量涌入金国，为东北地区的发展掀开了新篇章。

金朝是建立在辽和北宋基础之上的，其政治、经济、文化各个方面都受到二者的深刻影响。金国中央政权初期采用"勃极烈"制度，大贵族联合执政。至金熙宗时，改行"三省六部制"，海陵王即位后，废除中书省和门下省，仅保留尚书省。其后诸位金朝皇帝，沿袭为改。地方行政建置从上到下依次为路，府，州，节镇，县，镇，乡，村，里，社。女真人则被编入猛安谋克内，称之为猛安谋克户。契丹人在金朝建国初期，曾受到女真人的重用。但是经过耶律余睹叛乱等政治事件，地位有所下降。海陵末年，兴兵伐宋，契丹人起兵反抗，历时数年才被完全镇压。至此，女真统治者将建国初期封授的契丹人猛安谋克全部废除，将契丹人编入女真人猛安谋克中。

金朝沿袭辽的五京建制。金五京之制，时间较短，完整存在仅熙宗、海陵两朝。熙宗时期金五京为上京（今黑龙江省哈尔滨市阿城区）、东京（今辽宁省辽阳市）、中京（今内蒙古自治区赤峰市宁城县大明镇）、西京（今山西省大同市）、北京（今内蒙古自治区巴林左旗林东镇）。海陵王迁都，废上京之号，此时五京分别为中都（今北京市）、东京、西京、北京（今内蒙古自治区赤峰市宁城县大明镇）、南京（今河南省开封市）。

金建国后实行"移民实内"政策，将辽西、华北及中原地区大批汉人迁徙过来。这不仅增添了大量劳动力，也带来了先进的农业生产技术。农业发展提供的物质资源，加上移民中"百工伎艺人"的人力资源，促进了东北地区大量城镇的出现。[①]

金朝统治时期，女真人进入中原，其经济、文化受到中原的影响。儒家学说和经、史等都得到广泛传播。金朝灭辽克宋，在文化上依然选择了儒家学说作为支撑国家和国民精神生活中的重要依托。

金朝建立之前的女真族只有自己的民族语言而没有文字。灭辽克宋后，太祖令懂契丹字和汉字的完颜希尹、完颜耶鲁负责创制女真人自己的文字。

---

① 谷长春主编《中国地域文化通览 吉林卷》，中华书局，2013，第139页。

天辅三年（1119），金颁行自创的文字。女真文字也分大小字两种。随着教育发展，金朝设立了科举制度。金代的教育和科举制度促进了以儒家学说为代表的汉文化的传播，提高了东北地区尤其是金源地区女真人的文化水平，加速了各民族间的文化融合，培养、选拔了一大批高素质人才，为巩固金朝统治，推动金代封建化进程做出了重要贡献。① 除此之外，在女真人中间，还涌现了一批文学家。其中的典型代表为金朝皇室成员完颜璹，他的诗文被我国著名文学家元好问大力赞誉，并收入其编著的《中州集》中。另外，蒙古灭金后，忽必烈曾向一位原金国文士询问"辽以释废，金以儒亡"是否准确。这个提法自然不能完全概括金朝灭亡原因，但从侧面可以看出儒学在金国传播的程度之高。

女真人信奉萨满教②。除萨满教外，佛教、道教也是当时主要的宗教。女真人是在汉人、契丹人的影响下信奉佛教的。女真人攻破北宋汴梁城后，主要将领曾派人专门邀请城内有名望的高僧到军中讲经说法。金军北返，在大批被掳掠的中原人中即有数量众多的僧侣。在此之前，金人在追击辽天祚帝时，曾将许多回鹘人掠夺至燕京等地，回鹘人中间，信奉佛教之人众多，女真人往往请回鹘佛教徒帮助他们祈求保佑，久而久之，许多女真人在回鹘人的影响下也皈依佛教。据文献记载，女真统治阶层接受佛教开始于金太宗在位期间。

女真人在占领辽、宋地区后，不仅大力保护佛教寺院③，而且佛教建筑也出现在金国都城之内。皇统三年（1143），熙宗在上京城皇城内宫殿之侧专门为僧人海会修建了储庆寺。这种在宫殿之侧修建皇家的专门佛教寺院的做法，说明佛教已经被女真皇室全面接受，并十分盛行。④ 金世宗为其母李氏在辽阳修建垂庆寺，后又建清安寺。总的来说，金朝统治者对佛教的态度虽远没有辽代诸帝狂热，常常采取利用与限制并重的策略，但对佛教传播却也是支持的。据史料记载，金代辽宁地区的寺院很多。王寂在《鸭江行部

---

① 林声、彭定安主编《中国地域文化通览　辽宁卷》，中华书局，2013，第127页。

② 萨满教是一种原始的民间信仰，在世界各地许多地方都有，但无统一的教义和宗教模式，进行的宗教活动常常是跳神祭祀的形式。在中国东北、西北边疆地区使用阿尔泰语系满－通古斯语族、蒙古语族、突厥语族的许多民族中多有流行。萨满教对这些少数民族的生产、生活和社会习俗等各个领域产生过重大影响。20世纪50年代初，生活在东北地区的鄂伦春族、鄂温克族、赫哲族和达斡尔族尚有萨满信仰。

③ 谷长春主编《中国地域文化通览　吉林卷》，中华书局，2013，第149页。

④ 王禹浪、王宏北：《女真族所建立的金上京会宁府》，《黑龙江民族丛刊》2006年第2期。

志》《辽东行部志》有比较详细的记载。道教在金代虽然没有佛教的影响大，但也受到了崇重，大道教、全真教和太一教等道教新派别，对金朝的统治产生重要影响。① 除一般的道教宫观外，"关帝庙""东岳庙""城隍庙"也成为金代道教庙宇主要类型。

今天，通过山西岩山寺壁画我们仍能感受得到金代的城市与建筑风格。

3. 元朝

金朝末年，北方的蒙古族兴起，继而建立起了中国历史上重要的中央集权大帝国——元朝。1260 年，成吉思汗②的孙子忽必烈即汗位，建元中统，史称元世祖。至元八年（1271），忽必烈改"蒙古汗国"国号为"大元"。1272 年迁都燕京（元大都，今北京市）。1279 年灭南宋，统一中国。1368年为明朝所灭。

元朝结束了唐末、五代时期政权割据，宋、辽、金、西夏各个地方政权对峙的局面，实现了大一统，疆域空前辽阔。它在政治、法律、军事、经济、教育、宗教等方面都取得过辉煌的成就。

元朝中央政治制度主要以中书省、枢密院、御史台为中心，中书省总揽政务，枢密院掌军权，御史台行监察职能。地方制度以上述三机构派生出来的行中书省、行枢密院及行御史台为主体，职能相同。中书省最高长官为中书令，通常以储君担任，实为虚职，基本不理政务，中书省事务由宰执负责。宰执由右丞相、左丞相、平章政事（以上为宰相）、右丞、左丞及参知政事（以上为执政官）组成。元世祖及元武宗时期，曾为解决理财问题而成立尚书省，中书省一度大权旁落，其职能基本上由尚书省代替。尚书省后被废除，没有成为常态。宰执之下分吏户礼兵刑工六部，具体处理不同领域的事务。地方最高行政单位为中书省派生机构行中书省，简称行省。其渊源可以追溯到魏晋南北朝时期的行台，近可以追及金朝末期的行尚书省。行省长官与中书省的官员设置相同，两者的品秩也是相同的。行省以下的单位为路府州县等。枢密院为元朝最高军事机关，长官繁多，主要有枢密副使、签书枢密事、同知枢密院事等。行枢密院有：西川行院，后又立东川行院，后两行院合并，改称四川行院；江南行院，包括扬州、岳州、沿江及江西行院，后归入行省；甘肃行院，后为行省丞相提控，罢；河南行院，天历元年罢；

---

① 李联盟主编《中国地域文化通览　内蒙古卷》，中华书局，2013，第 164 页。
② 成吉思汗，即孛儿只斤·铁木真，蒙古汗国可汗，尊号"成吉思汗"，史称元太祖。

岭北行枢密院，天历二年置。御史台是中央最高监察机构，职位设置为御史大夫、御史中丞、侍御史及治书侍御史。地方有：江南诸道行御史台，官员设置及品秩同内台，监江浙、江西等十道提刑按察司；陕西诸道行御史台，统汉中、陇北、四川、云南四道提刑按察司。提刑按察司后改肃政廉访司，除上述廉访司隶行台外，山东、河东等八内道隶内台。

在蒙古汗国与金朝战争的过程中，契丹人耶律留哥率军队叛金倒向蒙古汗国，耶律留哥对蒙古汗国非常忠诚，后来有属将劝其割据自立，他也不为所动。耶律留哥降蒙为蒙古汗国对东北地区的征服打下了一枚"楔子"。随后，金朝将领蒲鲜万奴叛金自立，建立东夏国，十几年后东夏为蒙古汗国所灭。最终歼灭金朝在东北统治、扫清东北大大小小不同势力的是木华黎对东北（主要是辽西、辽东）的经略，木华黎的经略基本稳固了蒙古汗国对东北的统治。

成吉思汗在划分"家产"的时候，将蒙古汗国本土以东分给了诸弟，这就是东道诸王。东道诸王初期活动的范围大致在今蒙古国本土东部以及我国额尔古纳河、大兴安岭一带，东限在嫩江流域。在获取分封领地及民户的同时，东道诸王还不断向南向东扩张，与蒙廷在东北的统治发生矛盾，但元世祖朝以前双方的矛盾并没有激化。

元世祖即位后，中统元年（1260）立十路宣抚司，其中的北京宣抚司就是为了加强对东北控制所设。但该宣抚司的实际作用较为有限，1263年其为北京宣慰司所取代。北京宣慰司并非与北京宣抚司毫无关系，两者其实是前身与后身的关系。至元七年（1270）设东京行省，以应对高丽局势变动。至元八年（1271）罢北京宣慰司，设北京行省。一系列措施严重制约了东道诸王在东北势力的扩张。至元二十四年（1287），东道诸王乃颜领导其他诸王发生叛乱，叛乱于当年被平定，残余势力最终在至元二十九年（1292）被清除。叛乱平定后，元朝政权在东北再次设立行省——辽阳行省，辽阳行省的设立标志着元朝对东北统治的稳定。

元朝中后期，元朝政权以辽阳行省统治东北。其一方面发挥着镇戍、发展东北地区的作用，同时还肩负着安抚和监视东道诸王的任务，可以说起到了重要的双重作用。元成宗、仁宗、英宗时期，政治方面，辽阳行省内部机构也进行了一定的调整；军事方面，为更有力地控制东道诸王的势力，元廷在东北设置蒙古、高丽、女真等军万户府，进行镇戍和屯田。

元朝末年，在红巾军起义的同时，东北的吾者野人及水达达路的女真人也发生了叛乱。起义遭镇压后，至正十九年（1359），红巾军又以迅雷不及掩耳之势进入高丽及辽阳行省境内，元朝政权随即调兵遣将应对。1368 年，明军进入大都，元朝在中原的统治宣告覆灭，东北的局势随后也为明朝所控制。

元文化具有蒙、汉等多民族文化相互包容，草原文化与农耕文化交汇融合的多元色彩[①]。

蒙古文字的创制对推动蒙古族文化的发展起到了极为重要的作用。蒙古族早期没有民族文字。立国之后，以回鹘字为基础，借鉴其他民族文字，创立了回鹘式蒙古字，但这种文字在拼写外来语词时有一定的缺陷。元世祖至元五年（1268），忽必烈命西藏喇嘛八思巴创制了新的文字即八思巴字，称"国字"，不过八思巴字未得到广泛使用。后又由搠思吉斡节尔把回鹘式蒙古字进行了改革，成为蒙元时期的官方文字。

在大一统的元朝，"中原文化在边疆民族地区得到广泛传播，儒家经典著作被翻译成蒙古文出版，漠北、云南等偏远地区首次出现了传授儒家文化的学校"。"儒家文化的社会地位进一步提高。孔子在元代被封为'大成至圣文宣王'，使其美誉达到无以复加的程度。孟子等历代名儒也获得了崇高的封号；元朝在中国历史上首次专门设立'儒户'阶层，保护知识分子，'愿充生徒者，与免一身杂役'。元代的民众普及教育超过了前代，书院达到400 余所，州县学校的数量最高时达到 24400 余所。对元代儒家文化的发展，陈垣先生是这样评价的：'以论元朝，为时不过百年。……若由汉高、唐太论起，而截至汉唐得国之百年，以及由清世祖论起，而截至乾隆二十年以前，而不计乾隆二十年以后，则汉、唐、清学术之盛，岂过元时！'"元朝是"中国封建历史上唯一明确提出宗教信仰自由的王朝，当时世界上所有的主要宗教在中国都有活动场所和信徒"，虽然藏传佛教是元朝的国教，但对汉传佛教、道教、伊斯兰教、基督教等宗教都不排斥，而是采取宽容姿态。"这在当时的整个欧亚大陆恐怕是绝无仅有的文化现象"。[②]

元朝建立以后，继承了金朝在东北地区的统治。平定乃颜叛乱后，为加强对东道诸王分地的有效统治，通过设立辽阳行省统辖东北大部分地区。这一时期，位于辽阳行省中南部的广大地区社会发展很快。此时，儒家学说、

---

① 林声、彭定安主编《中国地域文化通览 辽宁卷》，中华书局，2013，第 134 页。
② 乌恩：《元朝在中国文化史上的地位和影响》，《光明日报》2006 年 9 月 4 日。

蒙古学、医学、阴阳学等逐渐兴盛，佛教、道教以及女真、蒙古等民族的萨满信仰在辽宁广泛传播，基督教、天主教也在辽宁的宗教舞台上占有一席之地。[1]

元初，佛教信徒开始修复被战火毁坏或年久失修的佛教寺院。锦州义县奉国寺就是大德七年（1303），由驸马宁昌郡王和普颜可里美思公主施舍钱财进行彻底翻修的。有元一代，以奉国寺为核心，形成义州"在城下院"和"在乡下院"两大佛教寺院群。"在城下院"包括奉国寺、宝胜寺、大觉寺、弥陀院、胜福院等；"在乡下院"包括城外的音城王泉寺、刘司徒寨弘教寺、桑园颐云岩寺、国哥寨弘法寺等。[2] 其他各地大多如此。

道教全真教在蒙元初年，得到了成吉思汗的大力支持。于是辽阳行省辽海地区的道教全真派便在地方政府扶持下快速发展起来。至元二十三年（1286），全真派弟子杨志谷来到广宁府（今北镇），在单家寨创建了一座玄真宫，它成为这一地区道教传播的重要基地。道教的发展与普及，也使得与道教相关的其他各类庙宇得到大规模修建或修葺。其中，修建较多者当属"关帝庙"。其他的还有"东岳庙""城隍庙"等。[3]

东北地区的伊斯兰教也是在元朝随着当时西北及中亚地区一些民族东移而传入的。

辽金元时期是中国古代北方少数民族与中原汉族冲突、融合最为显著的历史时期。辽朝建国之后，特别是"澶渊之盟"后，统治了包括燕云十六州在内的中国北方大部分地区。这期间，辽朝积极参与中原事物，从而把东北地区与中原在政治、经济、文化上联成一个整体。金朝建国后，先是灭辽朝，后又对北宋发动战争，"靖康之变"北宋灭亡，宋室皇族在江南建立南宋政权，与金国秦岭淮河为界形成对峙局面。客观上来说，战争推动并加强了北方少数民族与汉族的交流。元朝先后灭亡金朝、南宋，进而统一中国。元朝存在的时间虽然不足百年，但在中国历史上却有着特殊的地位。它建立起的中央集权大帝国对中国历史影响巨大而深远。在多民族共同组成的元朝政权下，民族融合进一步加深，中华文化日趋多元化。

辽金元时期的建筑文化是在多元融合的时代背景下发展演变的，呈现出

---

① 林声、彭定安主编《中国地域文化通览 辽宁卷》，中华书局，2013，第112页。
② 林声、彭定安主编《中国地域文化通览 辽宁卷》，中华书局，2013，第143页。
③ 林声、彭定安主编《中国地域文化通览 辽宁卷》，中华书局，2013，第141、142页。

新的、独特的文化特征。就历史分期而言，这一时期为我国古代建筑鼎盛时期——唐宋建筑文化的延续。宏观上来看，辽金元建筑更多地继承了宋代秀丽、绚烂、柔美的特点。然而在辽金政权的发祥地东北地区，这一时期的建筑文化总体上仍是处于相对滞后的状态。这也反映出游牧文化在当地根基深厚的基本特征。

（四）明清时期（1368～1840 年）

1. 明朝

明朝（1368～1644 年），是我国古代历史上由中原汉民族建立的最后一个大一统王朝。

明朝是继汉唐之后古代中国的又一个黄金时期。这一时期，最重要的社会发展趋势是，手工业和商品经济繁荣，已出现资本主义的萌芽。

明朝初年，游牧文化、渔猎文化与农耕文化在东北地区冲击与融合持续不断。明朝对东北地区的统治始于明太祖朱元璋置辽东都指挥使司[①]经营辽东时。辽东都司初设时管辖东北全境，永乐七年（1409）置奴尔干都司[②]以后，辽东都司管辖"东至鸭绿江、西至山海关、南至旅顺海口、北至开原"的广大地区。"明初，在辽东设有少数民族聚居城并开设马市等，对推进农耕文化、促进民族进步都有相当作用。"[③]

永乐元年（1403），明成祖朱棣派人到黑龙江、乌苏里江流域招抚女真部落。永乐九年（1411）正式设奴儿干都司，治所驻奴儿干城（今为俄罗斯境内的尼古拉耶夫斯克特林）。这期间，明朝恢复了元代时已有的奴儿干通内地的驿站，复通的驿传密切了奴儿干同明廷的政治、经济联系，促进了各民族人民间的友好关系，推动了当地社会经济的发展。万历年间（1573～1620），奴儿干都司辖区内卫所增至 384 个。16 世纪末，以努尔哈赤为首的建州女真兴起，逐渐取代了明朝对这一地区的统治。

从明朝设置辽东都司设置起，儒家学说就在辽东地区得到相当程度的传

---

① 辽东都指挥使司（简称辽东都司），是明朝在辽东地区设立的军政机构，在建制上属于山东承宣布政使司（简称山东行都司）。

② 奴儿干都司，全称奴儿干都指挥使司，是明朝在黑龙江、阿速江（今乌苏里江）、松花江以及脑温江（今嫩江）流域设立的军政机构。洪武年间，黑龙江下游奴儿干地区的元代故臣多归降明政府。永乐九年（1411），正式开设奴儿干都司，为明政府管辖黑龙江口、乌苏里江流域的最高地方行政机构。都司的主要官员初为流官，后为世袭。

③ 林声、彭定安主编《中国地域文化通览 辽宁卷》，中华书局，2013，第 148 页。

播。除儒学外，"道教的传播也颇为突出，并有划时期的意义"。崇祯三年（1630），道教龙门派第八代传人郭守真开创东北道教龙门派的历史。使得道教从辽宁向吉林、黑龙江广泛发展。"道教龙门派在辽宁并扩及吉林、黑龙江两省的广泛传播与发展，影响了辽宁乃至东北地区的宗教生活和世俗风习，也影响了辽宁乃至东北地区的文化发展。"① 另外，佛教也得到了发展。在明政府的推行下，吉林省境内的女真人开始信奉佛教。如在黑龙江下游的奴儿干城修建了永宁寺。

明代初年，为抵御北部蒙古族、女真族的侵袭，加强东北地区的防务，开始在辽东地区修筑长城（明时称边墙），史称辽东边墙。辽东边墙是中国北方"九镇"边墙防御体系中的重要组成部分和东起点，沿线防务由"九边"中最早开设的辽东镇管辖。②

辽东边墙的修筑经历了四个阶段。第一阶段是永乐至正统年间，为蒙防御古兀良哈诸族的侵扰，开始修筑北镇至开原的辽河流域的边墙；第二阶段是正统七年（1442）开始修筑山海关至北镇的辽西边墙；第三阶段是为抵御日渐强大的建州女真势力，在成化十五年（1479）开始修筑的开原至鸭绿江的辽东东部边墙；第四阶段是万历初年（1573）至万历四年（1576）将辽河东边墙延至宽甸六堡。万历三十七年（1609）在辽东经略熊廷弼的主持下，对边墙进行过重新整修。

辽东边墙东起鸭绿江右岸的丹东市宽甸县虎山南麓，西至绥中县锥子山下，接山海关。边墙经丹东、本溪、抚顺、铁岭、沈阳、营口、盘山、锦州、兴城等地，全长将约1000公里。边墙整体走向呈"凹"字形，沿途设有城堡、边堡等，并驻扎军队。边墙按建筑材料来分，包括土墙、石墙、山险增、木墙和砖墙五种。

万历年间，明朝势力衰弱，东北防线内移，辽东边墙逐渐被废弃。

晚明时期，后金崛起并逐渐取代了明朝对东北的统治。正统年间，因东部蒙古兀良哈诸族南移，明朝渐失辽河套地区（今辽河中游两岸地）；天启元年（1621）至崇祯十五年（1642），辽东全境逐步为后金所兼并。

2. 清朝

清朝是中国历史最后一个封建集权王朝，是由女真人（满族）联合蒙、

---

① 林声、彭定安主编《中国地域文化通览 辽宁卷》，中华书局，2013，第151页。
② 明朝推翻元朝后，先后修建了辽东、宣府、蓟州、大同、太原、榆林、宁夏、固原、甘肃等"九镇"边墙，史称"九边"，"九边"东起鸭绿江，西止嘉峪关。

汉少数贵族阶层建立的大一统王朝。

明初，东北地区的女真人渐分为建州、海西、东海三部。明万历十一年（1583）努尔哈赤起兵并统一建州各部，之后又兼并海西、征服东海，统一了分散在东北地区的女真各部。努尔哈赤统一女真各部后，设立了八旗制度，部落之间开始有了交流并形成了统一的文化意识，女真族逐渐形成。明万历四十四年（1616）正月，努尔哈赤登汗位，自称英明汗，国号沿用大金（史称"后金"），建元天命，都城设于赫图阿拉。天命七年（1622）努尔哈赤迁都辽阳（东京城），天命十年（1625），迁都沈阳城。后金天聪八年（1634）皇太极改称沈阳为"盛京"，尊赫图阿拉为"兴京"。

天聪九年（1635）十月十三日，皇太极改族名女真为满洲。从此，满洲的名称正式出现。天聪十年（1636）四月五日，皇太极在盛京城正式即皇帝位，改国号为清，改元崇德元年，国都盛京。

努尔哈赤"亲自指点学者额尔德尼、噶盖用蒙古字母拼写满语，创制满洲文字"。皇太极继位后，"坚决推行满语、满文，把不使用满族的语言文字与违法犯罪联系在一起，以国法来保护满语、满文"。皇太极令达海改进老满文，改进后的满文为"新满文"，并使之"成为清代二百多年所通行的文字"。①

皇太极即位后废止努尔哈赤的"戮儒"政策。② 皇太极以"参汉酌金"为基本纲领创建新制度。政治上，加强中央集权，仿明制设立六部等行政机构直接听命于帝，同时为巩固满族贵族特权保留议政王大臣会议制，另外还设有蒙古衙门以处理蒙古事物。这体现出外来文化和本土文化的结合。"参汉酌金"还是清文化改革政策的指南。如改制新满文，开设文馆重用儒臣，办学校开科举，尊崇孔子。金天聪三年（1629），皇太极令改建沈阳孔庙，开始崇祀孔子。通过尊孔传播儒家思想。在"参汉"外仍注意保持本民族文化传统以避全盘汉化。③

女真人普遍信奉萨满教。除此之外也信奉佛教、喇嘛教以及道教等宗教。早在明万历四十三年（1615），女真人就在赫图阿拉"城东阜上建佛寺、玉皇庙、十王殿共七大庙，三年乃成"。从一个侧面证明佛教、道教等在女

---

① 林声、彭定安主编《中国地域文化通览 辽宁卷》，中华书局，2013，第154、156页。
② 林声、彭定安主编《中国地域文化通览 辽宁卷》，中华书局，2013，第156页。
③ 谷长春主编《中国地域文化通览 吉林卷》，中华书局，2013，第166、167页。

真的传播。在清代，佛教、道教在东北地区的发展都很快，仅吉林市就修建了40余座大型佛教寺院与道教宫观等。这些宗教建筑不仅数量多、规模大，且风格各异，颇具特色，确非当时他省城市所能比拟。① 特别是到了嘉庆朝后，由于吉林地方开始驰禁，流入的汉族人口逐年增加，农村聚落日渐增多，原有村落不断扩大，修建佛佛教寺院、道教宫观之风大盛。②

顺治元年（1644）③，清朝定都北京以后，对其"龙兴之地"东北地区实行了"封禁"。雍正年间，为防止日渐增多的内地汉人以及朝鲜、蒙古人等进入封禁地采摘、狩猎、垦殖，清政府开始设立隔离边墙，并以边墙为界划分边内、边外。边墙采用挖沟为壕、垒土成堤的方式修筑，壕沟底宽5尺、上宽8尺，深8尺，沟内引入水。挖沟取出的土沿着壕沟的内边缘垒筑成宽、高各3尺的土堤，堤上"布柳结绳，以成屏障"，具体做法是，在堤上插植三排柳条，横向也用柳条联结，但柳条之间仍有空隙能过人，形成的所谓"屏障"只是边墙的标志而已。这一特殊形式的边墙称柳条边（简称"柳边"）。今天我们看到的柳边上大多长有柳树。柳边根据其建造年代分为"老边""新边"。"老边"是顺治年间开始设立的，1661年完成，由盛京将军管辖。老边南起辽宁凤城，北至开原，再折向西南至山海关，修成约1000公里，基本上是以明代辽东边墙为基础设立的。"新边"是康熙九年至二十年（1670～1681）期间设立的，由宁古塔将军（后更名"吉林将军"）管辖。新边南起开源威远堡，经吉林市舒兰，北至吉林市法特的东亮子山，全长约700里。柳条边初设21个关卡，后改为20个。

柳边是东北境内"边墙"的重要组成部分。与明代辽东边墙不同的是，柳边没有军事防御功能，仅仅只是一种封禁界线。为了加强对封禁地的管理，乾隆、嘉庆年间，清政府更是规定所有需要进入边外禁地者，则必须持限时、限人的"印票"（即其所在地方官府发放的有效通行证明）方可出入。至乾隆年间，管理废弛，柳条边形同虚设。

清朝入主中原后，对"龙兴之地"东北实行的这种封禁政策，客观上无疑是保护了"龙兴之地"的生态环境。但从建筑活动的频率与强度来看，

---

① 刘刚、王悌：《吉林市寺院道观建筑的布局及特色》，《社会科学战线》1990年第3期。
② 张利明：《论道教在吉林省的历史传播及发展特点》，《中国道教》2012年第5期。
③ 1644年，农历甲申年（猴年），中国正值明、大顺、大西、清政权交替。这一年的年号有四：明思宗崇祯十七年，清世祖顺治元年，李自成"大顺"国的大顺永昌元年，张献忠"大西"国的大西天命元年。

"封禁"使得这期间东北境内人口极为稀缺，与前朝相比东北大部分地区的城市建设与建筑发展水平处于停滞状态。这之后在东北大地上发生的"闯关东"大移民现象则为东北地区建筑发展的走向提供了新的路径。

今天，学界一般认为，元至明清时期为我国古代建筑文化的保持期，特别是明清时期把中国古典建筑艺术的审美价值推到了顶峰。明清时期的建筑成就更多地集中体现在宫殿和园林艺术上。在中国现有的宫殿建筑群中，除最完整、最宏伟、最典型，且保存最好的明、清皇宫——"北京故宫"外，仅有"沈阳故宫"。

（五）晚清至民国时期（1840～1949 年）

1840 年爆发的鸦片战争①，是中国由独立的封建主权国家变为半殖民地半封建国家的转折点。在东北，辽东半岛首先受到英国的侵犯。第二次鸦片战争期间，英国海军舰艇频繁登陆半岛。战争结束后，俄国首先将东北地区划为其势力范围，后又有日本势力侵入。

通观东北近代历史，东西方列强的入侵客观上刺激了该地区近代化的产生。可以说，东北地区近代化是由水路、铁路等交通业以及近代工业而引发的。

1860 年后，清政府逐渐取消了对东北的封禁政策。但总体上来说，东北的发展仍处在较为落后的状态中。随着"弛禁"，"流民"增多，以及清政府发展实业的奖励措施的实施，传统手工业得到了很大的发展。油坊业、烧锅业、制粉业、纺织业、砖瓦业等与人民生活生产息息相关的手工业如雨后春笋般地兴办起来。② 油坊业、烧锅业、制粉业等行业经过西方机器的改造，逐渐由传统的家庭手工业发展为"近代的三大民族工业"。③

东北地区近代化的进程源自口岸的开埠、铁路的开通。咸丰八年（1858）中英签订《天津条约》后，营口成为中国东北近代史上第一个对外开埠的口岸。营口地处辽东半岛中枢，渤海东岸，辽河入海口处。顺治八年（1651），清政府为"龙兴之地"不致荒芜，颁令开垦辽东。先是山东、直隶一带农民纷纷来此垦荒，后有登州、荣城、天津等地渔民也来此处落户。这些渔民最

---

① 鸦片战争：第一次鸦片战争时间为 1840～1842 年，第二次鸦片战争为 1856～1860 年。
② 谷长春主编《中国地域文化通览 吉林卷》，中华书局，2013，第 216 页。
③ 林声、彭定安主编《中国地域文化通览 辽宁卷》，中华书局，2013，第 183 页。

初在辽河南岸的潮沟旁定居，也有少部分移民在北岸定居，但栖身之所都是窝棚、茅草房之类简易房屋，随着人口的增多渐渐地形成了小渔村。这些窝棚和茅草房远远望去好似一排排兵营，故得名"营子"。因营子地处辽河入海口，涨潮时河水把潮沟淹没于水中，故称没沟营。咸丰八年中英签订的《天津条约》"增设牛庄、登州、台湾、潮州、琼州开埠为通商口岸"。但因牛庄海口水浅，大船难以出进，无法作为口岸开埠通商，而牛庄辖管的没沟营不仅水深河阔、距海口近，而且码头紧靠城镇，宜于开埠通商，因此，咸丰十一年（1861）经清政府同意，没沟营代替牛庄开埠成为口岸。

开港后，"辽河在历史上第一次成为黄金水道"[①]，营口也迅速从小渔村发展成为规模较大的新兴城市，并成为东北地区最早接受近代西方工业文化的城市。开港后，英国、德国、瑞典、日本、俄国、法国、美国、荷兰等七国在营口开设了领事馆。在外国人的"租借地"内，欧洲风格的各类建筑一栋栋建立起来。随着营口开港，近代西方工业文明借着"黄金水道"，便利而迅速地传入辽东半岛。之后，大连的开放及中东铁路的建设加快了东北的近现代化进程，近代城市开始产生并得到发展。这时东北地区的传统文化开始受到近代西方文化的强烈冲击。

随着中东铁路的开工建设，俄国、日本先后在铁路沿线建设了"中东铁路附属地"和"南满铁路附属地"（即满铁附属地）。作为应对措施，清政府在各大城市开发建设了大小不一的"商埠地"。"开埠"后东北各地的城市数量增加，城市结构、面貌及管理等方式都发生了变化，特别是随着商埠经济的快速发展，促进了东北地区的城市化和近代化进程。这一时期，东北地区人口特别是城市的人口急剧膨胀，随着各种人口的大量迁入，东北地区的近代城市化发展进程加快，土地得到大面积开发。各地的建筑活动开始活跃。

1911 年，辛亥革命爆发，清朝统治土崩瓦解。1912 年 1 月 1 日，中华民国宣布立国。同年 2 月 12 日，清朝末代皇帝溥仪逊位，隆裕太后接受优待条件，清帝颁布了退位诏书，清朝从此消亡。

民国期间，北洋政府沿袭清制，东北全境仍由奉系军阀张作霖管辖，并以沈阳为中心。1928 年皇姑屯事件之后，张学良"东北易帜"，服从国民政府领导。1931 年"九一八"事变，东北沦为日本帝国主义的殖民地。1932

---

① 林声、彭定安主编《中国地域文化通览 辽宁卷》，中华书局，2013，第 172 页。

年，伪满洲国宣告"成立"，以长春为"国都"并名"新京"。

从 1840 年开始，直到 1949 年中华人民共和国成立前，东北建筑文化在不同程度上受到了西方欧美各国与东方日朝两国文化的影响，开始了从传统向近现代的历史演变。

二 中原主流建筑文化在东北地区的传播

以汉文化为主的中原主流文化是东北传统文化最主要的来源之一。

商周时期的辽西青铜文化受到过中原文化的重大影响。"箕子东迁"对辽海地区文化发展产生了相当于文化启蒙的重要影响。战国时期燕国对东北地区的开发已经达到相当高的程度。在燕长城线上和线外存在的长期定居从事农业生产的典型燕文化遗址甚至城址分布，都充分表明当时在这一地带多民族文化相互交融的情景。① 这种融合促进了东北地区的发展。

这之后，从秦汉至隋唐，从两宋到明末，中原汉文化一直持续不断地影响着东北地区。

（一）中原主流建筑文化传播的主要阶段

1. 汉唐时期

秦汉至隋唐，中原汉文化对东北地区的影响意义深远。东北地区较早受到中原汉文化影响的是辽海地区。在当时的辽海地区，以儒家思想道德观念为核心的汉文化以及源自中原的先进生产技术、工艺等得到广泛传播。考古研究表明，辽宁省境内的秦汉遗址、墓葬，不论是建筑技术、材料、装饰纹样、风格，还是墓葬形制、随葬制度、随葬品及其组合等方面，都与中原地区相一致。三国、两晋、南北朝，是辽宁地区民族迁徙最为频繁、民族关系最为复杂的时期。研究表明，这一时期，遍布辽东郡治所襄平周边的大量汉魏晋的墓葬，对高句丽和辽西地区的墓葬都产生很大的影响。②

隋唐时期是中国古代文明发展的一个高峰期，统治者采取文明开放、兼容并包的政策，广泛吸收各民族的文化因子，并且积极输出本国文化，从而对各属国、属部以及周边国家都产生了巨大影响。隋朝（581～618），是中

① 林声、彭定安主编《中国地域文化通览 辽宁卷》，中华书局，2013，第77、78 页。
② 林声、彭定安主编《中国地域文化通览 辽宁卷》，中华书局，2013，第86、87、93 页。

国历史上承南北朝下启唐朝的大一统王朝，历三帝，享国 37 年。581 年杨坚以禅让的方式夺得政权，建立隋朝；589 年统一中国；618 年，隋朝被李渊推翻。唐朝（618~907），是继隋朝之后的大一统王朝，共历二十一帝，享国 289 年，是中国历史上最强盛的时代之一。唐朝建立后，承袭隋朝的社会制度与文化，吸取隋朝灭亡教训，大力发展生产，巩固统一。实行开明的民族政策，加强民族交流；对外开放，中外经济、文化交流频繁，积极吸收外来文化。在几代帝王的努力下，唐朝空前强盛，成为经济繁荣、文化昌盛的王朝。

隋唐时期特别是唐朝，不仅继承了两汉以来的建筑成就，而且积极接纳外来建筑文化，逐渐形成完整的中国古代建筑体系。这时的城市格局尤其是都城规制已定型，建筑群体规模恢宏，建筑类型完善，宫殿建筑、寺院建筑、居住建筑等的群落布局和单体形式等也基本定型。例如唐长安城布局鲜明，错落有致。整个城市如同一个大棋盘，坊区、市区、皇城井然有别。皇城位于城市北部，宫城位于皇城内部偏北方。宫城以南，沿中轴线东西两侧，各个官署依次排开。唐朝的都城布局对后世产生了深远影响，中轴线、皇城和民居的严格界限都被后世所遵循。

这一时期还出现了专门从事城市规划和建筑工程设计的"技术人才"。最具代表性的人物是隋朝的宇文恺。宇文恺（555~612），字安乐，祖先为鲜卑族，朔方夏州（治所在今陕西省靖边县境内）人，后徙居长安，官至工部尚书。宇文恺是中国古代历史上最接近现代意义的城市规划和建筑工程专家。他设计和督造的工程中，以大兴城（今陕西省西安市）、东京洛阳城和广通渠最有影响。大兴城与洛阳城的营建及规模为后代王朝所仿效，对后世都城建设影响巨大。

隋唐时期的营州柳城（今辽宁省朝阳市境内），是中原王朝统治东北地区少数民族的桥头堡，同时也是中原文化在辽海地区的传播中心。唐时，营州府学的设立，培养了一大批熟悉汉文化的本地人，对中原文化在东北地区的传播起了很大作用。

（1）高句丽与汉文化。

高句丽是东北地区接触汉文化最早和接受程度最深的古族。[1] 高句丽时期，东北地区与中原建立有较频繁文化交流，因而受到中原汉文化的重大影

---

[1] 林声、彭定安主编《中国地域文化通览 辽宁卷》，中华书局，2013，第 105 页。

响。官方的使者往来、人员的迁徙、有目的的学习、书籍的传入等是高句丽和中原地区文化交流的几个重要途径。早期高句丽与辽东的公孙氏频繁的交往，使高句丽对汉文化的接受得到进一步加深。汉武帝朝将高句丽纳入玄菟郡高句丽县管辖后，汉文化得以广泛传播。

高句丽文化既有中原地区的文化特点，又有本民族和地方的文化特色。高句丽的文化发展与东北地区许多边疆民族一样，都有"趋同汉制"的共性。最能反映其"趋同汉制"的是汉文字的使用及墓葬样式的演变。高句丽没有本民族文字，而是把汉字、汉文作为书面文字来使用，例如著名的好太王碑就是用汉字铭写的。高句丽墓葬更是"趋同汉制"的生动反映。从辽东早期"积石为封"的地上式积石墓或积石石盖墓，向中期积石石圹墓、封石石室墓的演变，最后发展为封土石室墓（多有壁画）的形制，是其最初接受汉魏辽阳等地页岩石板墓的影响，最后到普遍接受儒家文化和佛教东传的文化因素，在葬式、葬俗上的重大文化变异。[①] 例如，壁画的"四神图"（朱雀、玄武、青龙、白虎）以及莲花纹、忍冬纹瓦当都源自中原文化。

（2）"唐风"与渤海建筑文化。

唐朝时期的文化博采众长，开启了古代中国独特的文明之风，是为唐风。今天我们所盛赞的"唐风"一般是指盛唐[②]风格，它是一种相对开放的文化，其表现是以外向、粗放、宏大为特色。唐风建筑具有气势恢宏、高大雄壮、粗犷简洁、色彩朴实的形象特征（见图1-4）。这是因为唐代的建筑一方面继承前朝各代的传统，另一方面融合外来元素，形成自己独具特色的建筑风格。唐风建筑形成的独特体系，对其属国渤海国建筑体系产生了直接而深远的影响，而且通过文化往来远播东北亚地区。例如，唐代高僧鉴真和尚兴建的，位于日本奈良的唐招提寺就极具"唐风"（见图1-5）。

唐朝建筑最显著的特点是规模宏大、形体壮丽。在大体量建筑营造的主观要求和科技进步的客观情形下，这一时期的建筑技术有了巨大进步，开始向规范化方向发展。晚唐时期，规范化最明显的是木构建筑，由原来的多样性、自由化组合开始向模数化发展。

---

① 林声、彭定安主编《中国地域文化通览 辽宁卷》，中华书局，2013，第107页。
② 盛唐，指从唐高宗继位到唐宪宗元和年间，具体是高宗永徽元年（650）到宪宗元和十五年（820）这一时期。这时的唐朝国家统一，经济繁荣，政治开明，文化发达，对外交流频繁，社会充满自信，不仅是唐朝的高峰，也是中国封建社会的鼎盛期。

图 1-4　五台山南禅寺大殿

图 1-5　日本奈良唐招提寺

渤海国建筑体系在产生、发展过程中直接受到过唐朝建筑文化的影响。唐朝时期,东北为渤海国所占据。鉴于此,有学者认为探讨"唐风"对这一时期东北建筑文化的影响实际上就是探讨"唐风"对渤海建筑文化形成、演变的影响。

唐风对于渤海建筑文化显著的影响反映在渤海都城建设上。有学者认为,自文王迁都中京始,唐朝的都城规划制度便传入渤海国,尤其是立都时间最长,建设最为完备的渤海国上京城,完全可以说是一座规模低一等级的长安城。① 渤海国都城建设发生的这三个阶段的变化，是学习唐中原制度文化，受到隋唐长安城②影响的结果，这在国内外学术界早有定论。③

上京龙泉府、中京显德府、东京龙原府等三京，都曾经做过渤海国的都城。近年来上京城、东京城发掘的建筑构件和遗址资料都证明其仿效"唐风"。④

上京城规划布局采用了中原都城中轴对称布局形式。从城市的整体规划形制到内城及宫禁都模仿了长安城模式，同时也吸取了东都洛阳城的营造经验。史料记载，长安城先筑宫城，次筑皇城，次筑外城郭。⑤ 上京城的修筑顺序与长安城一致，也是先宫城，然后内城（皇城），最后外城及规模更大的园林。

渤海国是唐朝的属国，上京城在整个唐朝政权中的地位相当于州府级别城市，按照唐朝制度，只有都城才能开设 12 座城门，普通州郡城市只能开 10 座城门。但是上京城外城却设有 12 座门，数量与长安城相同。之所以这样，是因为在渤海人看来，上京是其政权都城，并不能等同于中原州郡。为此，渤海人在外城北城墙不显眼处多开设了 2 城座门，以突出上京城的特殊地位，这使得北城门数量多于南墙，与长安城的做法一样。上京城的内城南城门和宫城城门也明显受到唐朝的影响。内城南门是沟通官署办公地与外界的重要通道，其门外为佛寺、市场、居民区等。其布局正好与长安城兴庆宫"勤政务本楼"遗址相似。⑥ 上京城宫城城门的形制与唐朝一致，只开两门。宫城正门及其门内宫殿功能，同样效仿唐宫城。唐长安城的宫城为太极宫，正门为承天门，门内为太极殿，左右两侧分别为中书省、门下省、史馆、舍人院等机构。⑦ 在唐朝，承天门是皇帝听政的地点之一，史载："若元正、冬至大陈设，燕会，赦过宥罪，除旧布新，受万国之朝贡，四夷之宾客，则御承天门以听政"⑧。渤海国上京宫城正门的位置、规划、布局皆如承天门，其

① 魏存成：《渤海考古》，文物出版社，2008，第 41 页。
② 隋曰大兴城，唐改长安城，一般统称为隋唐长安城。
③ 魏存成：《渤海都城的布局发展及其与隋唐长安城的关系》，载朱泓主编《边疆考古研究》第 2 辑，科学出版社，2004，第 288、289 页。
④ 李百进：《唐风建筑体系浅谈》，《古建园林技术》2003 年第 4 期。
⑤ （清）徐松撰，李健超增订《增订唐两京城坊考》，三秦出版社，1996，第 3 页。
⑥ 魏存成：《渤海都城的布局发展及其与隋唐长安城的关系》，载朱泓主编《边疆考古研究》第 2 辑，科学出版社，2004，第 283 页。
⑦ （清）徐松撰，李健超增订《增订唐两京城坊考》，三秦出版社，1996，第 5 页。
⑧ （唐）李林甫等撰，陈仲夫点校《唐六典》卷 7，中华书局，1992，第 217 页。

功能想必亦如承天门。上京城内的宫殿布局、形制也受到唐长安城太极宫、大明宫的影响。

有研究认为，上京城虽然受到唐长安城太极宫、大明宫的影响，但是并未完全推翻其初创的宫城格局，而是将二者有机结合起来，形成独特的渤海国宫城建筑风格。

除上京城外，中京城、东京城也做过都城。它们与上京城的城市形状大小相似，内城和宫城均整齐划一，坐北朝南。这种形制明显受到唐朝的影响。

总体上看，渤海建筑风格以模仿唐朝为主。除城市设计、宫城整体构架仿唐外，渤海国宫殿建筑也具有明显的唐朝特点，虽然渤海国建筑的原貌已无从考见，但是从上京城现存的五处宫殿基址的柱网布置来看，其殿堂布局与中原相同[①]，应是模仿唐宫殿[②]。渤海国的宫殿建筑在平面布局上就传承了唐朝时期以永巷间隔朝寝两区的特点。"前朝后寝"是中国古代宫殿建筑布局的主要特色，由南到北，按照建筑功能——仪典、理政、起居来依次排列，这种布局成为宫殿建筑的固定模式。自魏晋南北朝开始，在朝寝两区中间，修建一条横贯宫城的街道，以此作为两区的分界线。隋唐时期，这条空间分界线日渐明显，唐朝人称这条街为永巷。永巷北侧，是皇帝、皇后居住的寝宫。南侧则为皇帝听理政事的场所。

源自中原地区的"减柱法"已被用来扩大大型建筑殿堂内的活动空间，如宫殿、庙宇等。

除了建筑主体外，在一些建筑装饰和园林设计上也都随处可见中原的传统装饰图案和雕刻手法，如瓦当的纹样、建筑外墙的装饰纹样和屋脊的设计等，无不流露着中原的设计风格。有些建筑构件使用了砖制雕刻，局部构件还有彩画。在园林设计方面，效仿唐代，设有亭、台、楼、阁，并在园林中开凿池塘、搭建假山、设置奇花怪石，以增添诗意。[③]

唐风对于渤海建筑文化影响的另一个显著表现为佛教建筑。渤海国时期佛教盛行，佛教寺院规模大且数量多。从已考古发掘的上京城、中京城等地的佛寺来看，渤海国佛寺的布局与唐朝中原地区相同。据统计在上京城内外

---

① 魏存成：《渤海考古》，文物出版社，2008，第41页。
② 赵虹光：《渤海上京城考古》，科学出版社，2012，第220页。
③ 周潇：《唐代渤海国上京龙泉府建筑文化的探究与思考》，《华章》2012年第9期。

共发掘 9 座佛寺，它们的规模都较大，如东城西起第一列北数第二坊西部佛教寺院遗址，由主殿、穿廊和东西二室三部分组成，三者台基连为一体。主殿东西 23.68 米、南北 20 米。东西室为方形，台基每边 9.23 米。

作为佛教建筑标志性的装饰——莲花纹图案，也在渤海国得到广泛应用。莲花在佛教中以其出淤泥而不染的高洁品格，成为佛教推崇的偶像，被教徒赋予了神圣的意思。莲花图案也成为佛教艺术中不可或缺的原材料，印度的佛教建筑一直以来都采用莲花纹作为其装饰。魏晋时期，莲花纹图案开始出现在我国佛教建筑中。隋唐时期，莲花纹图案使用非常广泛，石窟、佛像、庙宇、浮屠都开始采用莲花纹作为装饰。从出土的渤海遗存来看，以莲花纹为装饰的瓦当、砖、石灯、佛像大量出现，反映了此时渤海佛教建筑受到了唐朝佛教的影响，并且应用广泛，规模庞大，独具特色。花瓣的形状具有明显的地方特色，当心为一乳钉，有的当心乳钉外有凸弦纹一周，但在外围则没有高句丽瓦当有的凸弦纹。渤海瓦当当心乳钉外有凸弦纹和稀疏的莲子各一周，莲瓣间饰以枣核形纹。渤海地区的瓦当边轮与主体莲花纹之间都没有凸弦纹带和连珠纹带。当面主体纹饰基本上都是复瓣带廓莲花纹，莲瓣多为六瓣，莲瓣的形状基本上呈叶形。[①]

渤海建筑文化除了受到过中原汉文化的强烈影响外，还受到高句丽文化的许多影响。有人说渤海建筑文化是唐文化和高句丽文化相融形成的又一支唐风建筑体系的支系，不无道理。

渤海建筑文化以及建筑风格类型，虽然受到唐中原地区的影响，但是我们也不能忽视渤海人对建筑的创造和改进，无论是出于对自身地位的认识，还是东北地区独特的精神因素影响，渤海人并没有一成不变的照搬唐朝的建筑风格和理念，而是在其基础上，结合自身少数民族风格特点，形成了独特的渤海建筑文化。

2. 两宋时期

唐朝末年，藩镇割据。[②] 后周显德七年（960）正月，后周归德军节度使、检校太尉赵匡胤（宋太祖）发动陈桥兵变，夺后周政权改国号为"宋"，建元建隆。随后，宋发兵攻南唐收江南，后又灭北汉。史学界把这一

---

① 董智、宗兰：《浅析唐代渤海国建筑装饰图案的特点》，《江苏建筑》2015 年第 5 期。

② 藩镇割据是指安史之乱后，唐朝设置了许多节度使，而节度使管辖的地区称为"藩镇"。唐中央政权本以为通过藩镇来平定一些叛乱，但外地将领拥兵自重，不受中央政府控制。这种中央集权削弱、藩镇强大、互相争战的局面，持续了百多年直至唐朝灭亡。

时期称为北宋（960~1127）。靖康二年（1127），"靖康之变"，金兵俘徽、钦二宗北去，北宋至此灭亡。同年五月初一日，徽宗九子康王赵构，在南京应天府（今河南省商丘市）称皇，为了延续宋朝皇统和法统，国号仍定为"宋"，其后迁都临安（今浙江省杭州市），史称南宋（1127~1279），赵构为南宋第一位皇帝。1279年为蒙古人所灭。北宋与南宋合称宋朝，又称两宋。

宋与辽、金、西夏时期，整体来看是一个多政权对峙的时代。

宋朝在政治上虽然极其软弱，但从文化视角来看，宋朝达到了中国古代社会发展的最高点。

宋文化是一种相对封闭的文化，具有内倾、淡雅、精致等表现特色。陈寅恪先生认为，"华夏文化，历数千载之演进，造极于赵宋之世"①。同样，在建筑艺术和文化方面，宋朝创造了中国古代建筑史上的又一个辉煌时期，甚至超越了唐朝。由于生产技术的发展进步，宋代的城市建设和建筑都取得了辉煌的成就。随着商业的发展，城市结构从里坊制向坊巷制转变，出现了繁华的商业街道。木构建筑（宫殿建筑、寺院建筑等）的三种结构形式，殿堂式、厅堂式、柱梁作都已成熟。园林（包括皇家园林和私家园林）在享乐之风盛行下，不论是规模还是建筑艺术处理手法方面都有了非常大的提升。

总体上说，宋代建筑一改唐风建筑具有恢宏、雄壮、简洁、朴实的风格，呈现出秀丽、绚烂、柔美而富于变化的形象特征。

（1）《营造法式》。

对中国古代建筑而言，宋朝最重要的贡献是刊行了第一部完整的建筑著作，即《营造法式》。通过《营造法式》可以看到这一时期建筑具有的标准化、定型化水平相当之高。

《营造法式》是由北宋将作监李诫②主持编纂、崇宁二年（1103）颁布并发行的一部建筑法典。书中根据建筑工程管理需要，对建筑施工所需的人力、材料做限额规定，并对建筑技术编著制度，使施工者有据可依。

《营造法式》是我国古代第一部以官方名义刊行的、最为系统完整的营

---

① 陈寅恪：《邓广铭〈宋史·职官志考正〉序》，载《金明馆丛稿二编》，上海古籍出版社，1980，第245页。

② 李诫，字明仲，管城（今河南郑州）人，出身于官吏世家。生年不详，卒于北宋大观四年（1110）二月。元祐七年（1092），他进入将作监任职，直到逝世前的两年离职。李诫的官场生涯，有17年在将作监，从最下层的官员升到将作监的总负责人，其主要精力付于将作。

造规范典籍。此书将人文思想和建筑技术融为一体，是我国建筑理论发展史上的一座丰碑。《营造法式》的主要内容包括总释、总例，是对中国古代文献中所涉及的建筑理论、经验和实例的总结，以及本书编纂的原则；诸作制度，为建筑行业各工种的操作规程；诸作功限，是各工种的用工限额；诸作料例，当时建筑用材的规格；图样，建筑技术图。书中规定了统一的建筑技术标准，并制定了统一的用料额度。

《营造法式》不仅是官方建筑的蓝本，也是民间营造的重要依据，其范例作用推动了中国建筑完整性的发展。在 1945 年刊行的《中国营造学社汇刊》第 7 卷（第 2 期）中，梁思成先生撰《中国建筑之两部文法课本》文认为，《营造法式》是解读中国古代建筑的一把"宝贵钥匙"。

《营造法式》不仅是对中国古代建筑技术的继承，又是对当时建筑技术的总结。有学者认为，"宋朝将晚唐的工程做法经过筛选，以法律的形式将营造技术规范化，并钦定了'营造法式'。应该注意到营造法式是在唐代的营造技术基础上经过筛选法定而钦行。实际上是将唐代的营造技术规范化后冠以'营造法式'之名，因此宋营造法式实质上也应是唐风建筑体系的一个支系，只是按照定式营造而已。"① 不可否认，宋代建筑技术的发展离不开对唐朝建筑技术的传承，但是这种将《营造法式》完全归结于对唐代建筑文化继承的认识，也是不全面的。从技术角度来讲，《营造法式》的出现是北宋时期中国南北方建筑技术交融的结果。主持编纂《营造法式》的李诫，曾担任主持营建工作的将作监十几年，任职期间，修建了许多大型工程，积累了丰富经验。也正是有了宋朝人大规模的建筑实践，才有了《营造法式》的出炉。北宋建都于汴梁，所以《营造法式》无疑集中代表和反映了北方官式建筑的制度与做法。但是，在这本书中，又融入了江南建筑技术，"其中最重要的是构架形制和技术，如厅堂做法及串的使用，江南厅堂做法成为宋以后南北建筑构架的主要形式。唐宋以后，北方殿堂铺作形式的简化、楼阁平座暗层的蜕化，应都直接或间接地与南方厅堂做法的影响相关联。"② 另外，有学者从佛教寺院建筑角度分析了江南建筑技术对《营造法式》成书的影响，认为这是南北文化交融过程中南方技术北传的又一具体表现。③

① 李百进：《唐风建筑体系浅谈》，《古建园林技术》2003 年第 4 期。
② 张十庆：《〈营造法式〉的技术源流及其与江南建筑的关联探析》，《美术大观》2015 年第 4 期。
③ 王辉：《试从北宋少林寺初祖庵大殿分析江南技术对〈营造法式〉的影响》，《华中建筑》2003 年第 3 期。

《营造法式》是在宋代建筑业发展的客观要求下产生的。宋代建筑技术的进步受益于手工业技术的发展。宋朝以前，官府营造所需工匠以徭役的形式派发给各位匠人，宋朝时期改变了这种强征方式，改为"和雇"。这种对手工业者的管理方式大体是，官府以招募的形式征集工匠，根据匠人们的劳动成果给予酬值，"能倍工即赏之，优给其值"①。这样的政策刺激了匠人们的工作积极性，从而推动了手工技术的进一步发展，特别是专业化程度越来越高。

另外，北宋初年开始进行的大量工程中暴露出诸多问题，如材料浪费、无谓返工，管理人员收受贿赂，工程质量参差不齐等，这就需要用统一的营造标准来要求工作、规范管理。这也是《营造法式》出现的客观条件之一。

《营造法式》的刊行是宋代建筑成就的重要体现，它的问世对宋代建筑建筑风格的形成影响巨大。另外，《营造法式》不但在南宋和元代被重刊，到了明代，建筑营造法则仍然以《营造法式》为典。可见它对后世的影响之深。

著名的晋祠正殿圣母殿建成于《营造法式》颁行前，从中可以了解《营造法式》的诸多定制。晋祠位于山西省太原市晋源区晋祠镇，距太原市区中心25公里，是我国现存最早的皇家祭祀园林。晋祠是为了纪念春秋时期晋国的开国诸侯、周武王第二个儿子唐叔虞而建的。晋祠主殿圣母殿始建于宋太平兴国九年（984），初名正殿，供奉唐叔虞，政和元年（1111），诏封叔虞母亲邑姜为"显灵昭济圣母"，正殿改奉"圣母"，故称为"圣母殿"。正殿建成后不久因故损毁。北宋天圣年间（1023~1031）重建，后因地震损坏。崇宁元年（1102）重修。

圣母殿位于晋祠中轴线末端，坐西朝东，平面近方形，重檐歇山顶，殿高19米（见图1-6）。大殿总面阔七间，进深六间，由于采用《营造法式》所说"副阶周匝"做法，殿周围廊进深一间，故殿身面阔五间，进深四间。同时在平面中减去殿身的前檐柱，使前廊进深达二间。由于采用"减柱法"减去部分内柱，通过廊柱和檐柱承托殿顶梁架，从而使殿内空间得以扩大。大殿采用了"柱升起""柱侧角"做法，这在《营造法式》中也有记述。所谓柱升起，是指大殿前檐的八根廊柱从中间向两边逐渐升起，从而使屋檐曲线的弧度加大，即"起翘"；所谓柱侧角，就是大殿四周的26颗廊柱檐柱，

---

① 王昶：《宣仁后山陵采石记》，《金石萃编》卷140，清嘉庆十年经训堂刊本。

全部向内倾斜，形成侧角，使得建筑结构更加合理，抗震性能加强，达到建筑物更加稳固和坚实的目的。大殿前檐的八根廊柱上分别设有木雕蟠龙，也与《营造法式》"缠龙柱"相符。

图 1-6 太原晋祠圣母殿

（2）影响宋朝建筑风格形成的因素。

宋朝建筑风格的形成，除受到《营造法式》的影响外，也与宋人的思想观念密不可分。

从政治思想方面来讲，宋人对于北方虎视眈眈的辽、金都心存忌惮而又不甘心沦为政治附庸。于是，他们厉兵秣马，积草屯粮，随时准备收复旧土。为此，宋太祖年间，即建造了"封桩库"，用来专门积聚对辽作战，收复燕云十六州。

在军备物资方面，还招置大量军队，庞大的军费开支占据了宋朝绝大部分的财政支出。这就直接导致了宋朝建筑不可能如唐代那样宏伟壮丽，而是以实用、节俭为主，进而出现了大量小型的建筑。迁都临安之后，宋朝领土面积大规模缩减，而且伴随着每年给金朝的岁贡，财政压力进一步加大。在这种情况下，南宋愈发不可能在建筑方面投入大量的资金。再加上江南地区原有的精致、秀美建筑风格的影响，促使宋朝的风格越来越迥异于前朝。在这一点上，到是可以说辽、金二朝的存在及施与宋朝的压力、威胁，客观上刺激了《营造法式》的成书。

从文化角度来讲，闻名于世的宋词对建筑亦产生了影响。尽管在宋代理学家眼中，柳永、晏殊等人的词作华而不实，但是作为一个时代的标志，对整个历史时期人们的审美心理留下了不可磨灭的烙印。更为重要的是，宋朝时社会经济发展很快，人们的物质生活水平前所未有地得到提高，丰富多彩的物质生活使人们不仅需要豪迈奔放的艺术品，也需要婉转细腻的作品。社会文化心理发生的变化使得宋朝建筑的风格随之也发生了转变。开始在前朝建筑风格基础上，注重建筑细部处理，木构建筑的木作工种细化，分工明确。装饰构件增加，装修工艺、建筑彩画都有很大进步。

当然"三教合一"思潮对宋朝建筑也有重要影响。

（3）宋与辽金元建筑文化。

这一时期，宋、辽、金、西夏各个地方政权对峙，是中国历史上北方少数民族与汉族冲突、融合最为显著的阶段之一。同时也是汉民族北迁东北的第一次高潮期。

崛起于北方草原的契丹人兵马强劲，在五代时期就将触角伸向中原地区，试图逐鹿中原，但是在种种原因影响下，契丹人最终放弃了占领中原的计划，从石敬瑭手中得到燕云十六州后[①]，以此作为屏障与中原政权对峙。后周时期，郭威曾试图进攻辽朝，未竟身亡。北宋建立后，与辽朝爆发了几次战争，但均以失败告终。"澶渊之盟"签订后，双方建立和平友好关系。这一局面一直持续到女真人发动对辽战争，北宋君臣认为夺回燕云十六州的时机来了，于是与金朝订立海上之盟，共同对付辽朝。灭辽后，燕山府曾短暂地回归北宋。但是随着金宋之间摩擦升级，最终同盟破裂，金兵进攻北宋，制造了"靖康之变"，徽钦二帝被虏，北宋宣告灭亡。彼时，赵构在南京应天府建立南宋政权。金兵追击意图将其消灭，但是未能得逞。最后金、宋议和，双方划淮。达成绍兴和议，双方以秦岭淮河为界分治。

契丹征服渤海国后，大量渤海人被契丹统治者迁出东北，其定居的生活方式推动了契丹游牧文化向定居文化的转变。作为游牧民族，它们经常南下侵扰宋朝，对两宋农耕文明造成强力冲击。当然在掠夺宋的同时，也将宋文化带到了自己的家园，使得游牧文化汲取到农耕文化的营养。

辽神册元年（916），契丹占领了山西与河北北部地区。由于这些被占领

---

① 燕云十六州，又称"幽蓟十六州""幽云十六州"，指隋唐时设立的燕（幽）、蓟及云等十六个州。"燕云"一名最早见于《宋史·地理志》，它的位置大致相当于北京、天津和河北北部、山西北部。自古以来这些地方便是北方少数民族南下中原的必经之路，也是中原王朝北部边境天然的防御阵地。

地区从唐末开始就处于藩镇割据状态，很少受后期中原和南方地区影响，因此辽代建筑较多地保持了五代以及"唐风"建筑的风格特征。同时，辽朝建筑也体现了契丹人作为游牧民族豪放的性格，其风格显得庄严而稳重。辽代有些殿宇东向，这与契丹族信鬼拜日、以东为上的宗教信仰和居住习俗有关。

受中原影响最大的当属金朝。金与辽（契丹）一样，都是少数民族政权，属于游牧民族国家，其文化不但具有典型的游牧文化特征，而且受到过农耕文明的深刻影响。金朝立国后，全国范围内学习汉文化经典，设立仿汉唐的科举考试制度，儒学更是被奉为了正宗道统。宋金"绍兴和议"订立后，女真人不断内迁，他们定居中原并与汉族人长期杂居，学说汉话，与汉人通婚，改姓汉姓，汉文化已进入到普通女真人的日常生活。总之，这一时期女真人对中原汉文化的吸收以及整合的程度比东北历史上的其他民族都明显。

由于参与营造活动的工匠都是汉人，所以金朝建筑风格更接近宋代建筑，但也兼具辽朝建筑特点。在灭辽的第二年，金与曾经的"海上之盟"盟友北宋刀兵相见，最终以金军攻占北宋都城汴梁，徽钦二帝"北狩"① 而告终。随同二帝"北狩"的，除了皇子、妃嫔、宫女等人，还有大量的手工匠人，其中就包括筑造城池的工匠。这为日后东北地区的营建活动提供了人力和必要的技术支持。特别是，由于金初实行的移民政策，加速了东北地区的开发，同时也促进了北方与中原地区的文化交流，促进了北方少数民族与汉族之间的民族融合，为最终创造一个不分内外、不分夷夏的统一的大中国奠定了基础。这些历史重任都是在上京会宁府完成的。女真建国后，都城规模也仅仅相当于中原州县的水平，仍属于草创阶段。这种情形一直持续到金朝第二任皇帝金太宗时期上京会宁府的建设。

上京城既模仿辽朝都城的营造，又兼顾北宋都城的形制。上京城的第一次扩建始于太宗天会二年（1124）。南城内的皇城就是此时开始建设的。金熙宗登基不久，就重新扩建皇城。金熙宗完颜亶是金朝第三任皇帝，他在任期间是金朝政治制度改革的重要时期，开始以汉官制来统治金国。金熙宗小字合剌，其养父宗干是一位比较倾慕汉族文明的女真贵族。在他很小的时

---

① 徽钦二帝"北狩"是指，靖康元年（1126），即金天会四年闰十一月二十五日，北宋汴京城为金军攻陷，徽钦二帝被俘获，押往金国之事，宋人修饰为"二帝北狩"。

候，宗干就聘请汉人张用直等人传授其汉族文化。在汉族文化熏陶下长大的金熙宗，逐渐对汉族文明产生了极大兴趣，令在皇城内建造书殿——稽古殿。熙宗完颜亶是一位熟读四书五经和儒家经典的一代女真族帝王，他对太祖、太宗两朝在战争中所获得的辽、宋两朝的大批典籍、书画，以及历史上所保存下来的名人字画特别地珍爱，因此专门修建有这座稽古殿。[①] 天眷三年（1140），金熙宗巡幸燕京[②]，当看到了辽朝陪都所修建的富丽堂皇的宫殿建筑之后感触至深。相比之下，金朝的都城上京会宁府就显得非常狭小。于是，金熙宗又开始在上京城大兴土木。皇统二年（1142）在皇城内修建了最为宏伟壮观的五云楼、重明殿、凉殿等。四年后又进行了扩建，从而奠定了金代南北二城的形制规格。

由于金初实行的移民政策，中原发达地区的人口被有计划地移往金上京地区，这既加速了东北地区的开发，同时也促进了北方与中原地区的文化交流，以及北方少数民族与汉族之间的民族融合。这些来自发达地区的人口，把先进的文化、科技和生产力带到了上京会宁府，使上京的经济出现空前的繁荣。

论述辽金时期东北建筑历史的形成与发展，不得不提到元朝。

元朝存在时间较短，仅一百余年，但是在中国历史上却有着特殊的地位。蒙古人结束了唐末、五代时期政权割据，辽、宋、金、西夏各个地方政权对峙的局面，实现了大一统，疆域空前辽阔。元朝时期，经过一系列统治模式探索后，最终在东北地区设立辽阳行省，这里是元政权的边疆地区，毗邻高丽。大量蒙古部民的迁入，使得东北一些（北部）地区成为准蒙古地区。[③] 迁入的蒙古人保留了原有的生活习惯和草原旧制。东北中部和南部居住着大量的汉人、契丹人、女真人，他们从事农耕定居的生活。在东北偏北的地区，生活着一些渔猎民族，他们"无市井城郭，逐水草为居，以射猎为业"[④]。多民族杂居东北，草原文明和农耕文明在东北地区共存，这一时期东北地区显示出强烈的文化包容性。元初，迁入东北的蒙古人保留了草原习俗，仍然住在帐篷里，即使是藩王也不例外。直到元朝中叶以后，才逐渐服从汉俗，住进宫殿之内。

---

① 王禹浪、王宏北：《女真族所建立的金上京会宁府》，《黑龙江民族丛刊》2006 年第 2 期。
② 燕京，辽五京之一的南京幽州府，后改为析津府，金一般称辽的南京为燕京，今北京市西南。
③ 薛磊：《元代东北统治考述》，《历史教学》2011 年第 4 期。
④ （明）宋濂等：《元史》卷 59《地理二》，中华书局，1976，第 1400 页。

蒙古初起之际，对金朝发动了猛烈攻势。东北地区是金、蒙战争的主战场之一，建筑遭到了灭顶之灾。原有的城市、各类宗教建筑毁弃一空。元朝建立后，东北地区的建筑业开始逐渐恢复，但是水平未能超越金朝。造成这一局面的原因有二。首先是东北地区战乱频仍。东北地区在蒙、金战争时期遭到剧烈破坏，元朝建立后，有所恢复，但是元朝统治时期，东北地区又爆发了多次战乱，例如，至元二十三年，为了加强对东北地区的控制，削弱东北诸王的权力，元朝政府在辽阳府（今辽宁省辽阳市老城）设立行省，但此次设省引起了东北诸王的叛乱。尽管忽必烈为了安抚诸王，随即废除了行省，但是诸王已经决意叛乱，至元二十四年东道诸王与元廷兵戎相见。忽必烈率军亲征，平定叛乱。文宗朝，东北诸王因支持在上京即位的泰定帝而遭到惩罚，从而引发战乱。持续爆发的战乱，使得东北地区的建筑水平始终不能超越金朝。其次是元朝各地发展不平衡。北方人民大量涌向南方，使得北方的发展举步维艰。另外，元朝政府重视首都的建设，从而忽视了基层。这导致了地方建筑的衰微，除了大都之外，其他地区很难出现有特色的伟大建筑。

3. 明清时期

明时，东北地区已经开始受到中原文化的强烈影响。在这一时期辽东地区的农业及冶铁、制盐等手工业都很发达，一度成为"岁有羡余，数千里阡陌相连，屯堡相望"的富饶地方。[①]

清政府入关之后，中原文化已成为东北传统文化的主要形态。清代是汉民族北迁东北的又一次高潮期。至清末，汉族人口第一次上升为当地居民数量的首位，与此同时，他们传播的中原汉文化以及创造的本土化文化都成为当时的主流文化。清初，数十年的战乱使得辽东社会经济遭到严重破坏，到处荒无人烟。为了重建辽东，顺治十年（1653），清政府颁布辽东抚民开垦例，鼓励关内百姓来此垦荒，同时把大批流人遣戍东北地区尤其是辽东以"实边"。康熙八年（1669），辽东社会经济得到恢复发展后，开垦例被废止，开始"封禁"，禁止流民进入东北。然而，封禁政策对商贾及各种工匠等人员出关的限制相对较宽松。[②] 这些汉人的到来，把内地的建筑样式、营

---

① 李国友：《文化线路视野下的中东铁路建筑文化解读》，哈尔滨工业大学博士学位论文，2013，第48页。
② 宋彦忱主编《中国地域文化通览 黑龙江卷》，中华书局，2014，第257、260页。

造工艺带到了东北地区。驰禁后更是如此。

中国古代建筑的木构架结构体系，在千年的发展演变过程中，经历了由简陋到成熟、复杂，再进而趋向简化的过程。与此同时，建筑种类被人为分化为官式建筑和民间建筑两大系统。明朝时，官式建筑标准化、定型化程度已经非常高，到了清朝，官式建筑的营造进一步制度化，清政府更是颁布《工程做法则例》，对官式建筑的木结构体系的方方面面都有明确的规定，包括门窗、屋瓦、彩画与纹样等。

在清代，清廷内务府中还设有专门负责宫殿、苑囿、陵墓等建筑样式的工程设计部门——"样式房"。

就建筑文化而言，在大一统的明清两朝，建筑成就集中体现在宫殿建筑和园林艺术上，它们把中国古代建筑艺术与文化推到了顶峰。北京故宫就是集中国古代宫殿建筑和园林艺术精华大成者。北京故宫建筑体量雄伟，外形壮丽，主次分明，建筑形象统一而又有变化，充分体现了封建等级观念和皇权至上的威严气势。沈阳故宫虽然无法与北京故宫相比，但从整体形制及建筑历史来看，沈阳故宫受到过中原建筑文化的重大影响当无异议。沈阳故宫西路和中路的东西所建筑充分体现了中原主流建筑文化的特点，它们与早期具有浓郁满族建筑文化特点的中路和东路建筑协调地组织在一起，构成了现在沈阳故宫的总体面貌。这种文化上的传承与融合正是满民族由新宾到沈阳再走向北京的过程中，文化发展递进关系的显现，这种关系又明显地固化在沈阳故宫的建筑当中。西路是沈阳故宫中具有独特文化氛围的建筑群体，整体风格与中原皇家园林所追求的意境异曲同工。

（1）《工程做法则例》。

《工程做法则例》是清政府工部于雍正十二年（1734）刊行的官式建筑营造规则、范式。《工程做法则例》共七十四卷，是继《营造法式》之后又一部由官方颁布的较为系统的关于中国古代建筑的营造典籍。

《工程做法则例》将清代官式建筑按地位、用途的不同，分为二十七种不同类型，主要有坛庙建筑、宫殿建筑、寺院建筑及府邸建筑等。同时将营造所涉及的工种进行了分类，如土木瓦石、搭材起重、油画裱糊，以至铜铁件安装等。《工程做法则例》所定各项准则，既规定了房屋营造的技术标准、工艺要求，又对经费核定、施工监督和工程验收提供了依据。现简单地对《工程做法则例》的主要内容介绍如下。

《工程做法则例》系统介绍了官式建筑结构体系。通过书中侧样图式，可以看到清代官式建筑的两个重要特征：第一，属于架梁式（抬梁式）结构。一根梁上托住几步椽子的屋顶重量，故梁的用材要大一些，从而使得梁下可以得到较大的空间。第二，檩数成单时，脊檩也成单，屋顶最高处通常设正脊；檩数成双时，脊檩也成双，檩上放置罗锅椽，使顶部成弧线形轮廓，通常不设脊而为卷棚顶。但在六檩前出廊转角大木的侧样中，由于前廊一步架，后面又不出廊，脊檩成单，屋顶要设正脊。在许多侧样中，尽管檩数相同，却还有大式小式的区别，形象地表现了封建等级制度在建筑工程上的反映。系统介绍了各种"斗科"。斗、栱、昂、枋等类构件名称、形状、比例尺寸、具体位置等都有详细介绍。根据使用部位将单层建筑的斗栱分为外檐斗栱、内檐斗栱两类。其中按照其不同的位置，外檐斗栱又细分为柱头科、平身科、角科。① 系统介绍了包括门窗、格扇、顶棚等木作部分的装修及石土作，以及屋顶名称、屋面材料与形式、屋瓦、墙壁、地面与彩画等的形制、分类、用料、做法等。

在《工程做法则例》中，把所有官式建筑不分地域、性能、用途地固定为二十七种具体的建筑物，每一种建筑物的大小、尺寸、比例都绝对化，构件也一样。一方面，这种制度化与标准化标志着建筑结构体系的高度成熟，它使得构架的整体性加强，无论何种建筑类型，构架体系都很明确，节点简单牢固；另一方面，制度化与标准化不可避免地使得木构架结构僵化，而没有金元时期建筑那种灵活处理空间和构件的方法。

通过《工程做法则例》可以看出，清代官式建筑具有沉重、拘束、严谨、稳重的风格特点。同时，在建筑组群的总体布局上，强调要按照成熟定型的法式，恰当地安排标准型单体建筑，通过把各种大小不同、形式各异的建筑进行合理、有效的组合，来满足既定的功能要求。而单体建筑最典型的外观特征是，屋檐出挑深度减少，柱子比例细长，斗栱尺寸缩小。

（2）样式雷图档。

"样式雷图档"是指清代雷氏家族制作的建筑图样、烫样、工程做法及相关文献。从 17 世纪末至 20 世纪初的 200 余年间，雷氏家族共有七代 9 人

---

① 柱头科斗栱位于柱头上，前面挑出屋檐，后面承托梁架，因其荷载较大，尺寸比其他斗栱要大。平身科斗栱位于额枋之上，介于平身科与平身科之间，一般做成等距离，以帮助柱头科传递屋顶的重量。角科斗栱：用在房屋四周转角的柱头上，功用和柱头科相同，但结构庞大复杂。

先后任圆明园样式房掌案，当时称为"样式雷"。其家族留下的图档有两万余件。

样式雷图档内容系统、丰富，从清代皇家建筑的选址、规划到具体施工细节等方面都有涉及。样式雷图档的种类繁多，既有勘测选址图、建筑设计草图、进呈图样、施工进程图；又有平面图、剖面图、立面图、大样图、透视图；还有烫样、工程做法、随工日记、旨意档及堂司谕档等，甚至还有一些公私信函。样式雷图档大部分是宫殿建筑组群的总体平面图。这些图档在每座房屋的平面位置上注明面阔、进深、柱高的尺寸、间数和屋顶形式，而具体的结构和施工只须遵照各种"工程做法则例"进行工作即可。这种设计的特点，显示了清代建造技师在既定地段上进行群体空间组织、控制建筑尺度、合理安排单体的丰富经验与智慧。通过样式雷图档，我们还可以看到这一时期的院落空间布局已舍弃了唐宋以来通过低矮廊院围绕主体建筑物的空间处理手法，院落空间由主体建筑（殿堂）、厢房和墙、门等构成封闭空间，并通过不同空间序列来突出主体。

由于样式雷图档内容庞杂，除去建筑学方面的信息外，还隐含着大量清代社会、政治、经济、文化等信息，因此，图档的价值是多方面的，它不但是研究中国古代建筑理念、哲学思想以及设计方法、施工技术和工官制度等极为难得的第一手史料，而且也是研究中国清代历史的珍贵文献。① 特别珍贵的是，由于图档中的建筑图样大多能与现存的建筑物对应，这对于开展文物建筑、历史建筑的保护修缮和复原工作具有其他文献无法替代的价值。

（二）儒家学说及其礼制

礼制，是古代中国的社会行为规范，是等级社会中阶层区别和保持的有力工具。从衣服饰品到房屋建筑，人们严格遵循礼制下的种种规定。否则，即被视作僭伪，甚至有触犯刑法致死的风险。中国古代社会在漫长的发展过程中，形成了"以血缘为纽带，以等级分配为核心，以伦理道德为本位的思想体系和制度"，儒家学说及其礼制文化就是这种思想体系和制度的核心，是农耕文化的产物。自汉武帝罢黜百家、独崇儒术起，儒学始终是古代中国的主流意识形态，对中国古代社会的各方面都有着广泛而深刻的影响。汉代

---

① 白鸿叶：《清代"样式雷"图档》，凤凰网，http://book.ifeng.com/gundong/detail_2012_06/22/15482644_0.shtml。

以后有道教的创立和佛教的传入与盛兴，但佛、道之学始终居于附从地位。儒学作为"正统"，一直居于统治地位，起着支撑整个社会稳定的主导作用。儒学提倡的礼制及由此产生的礼制文化，是古代中国用来维系社会、政治秩序的基本准则。在儒学的影响下，历代王朝程度不同地用"礼"来强化其统治，并以"礼"为中心，规定有一系列的包含伦理规范和行为准则等在内的宗法制度和道德观念。在这种封建社会体制约束下，任何建筑都需按一定的等级、规格程式营建。

可以说，礼制是影响中国古代建筑最特殊的因素，它的影响无处不在，是中国古代建筑与哲学思想、伦理观念、礼法制度等密不可分的前提与结果。早在春秋战国时代这一理念就已反映到建筑文化上，到了明清时期更是得到了强化。

礼制对中国古代建筑类型、等级的影响尤为突出。这对传统建筑美学观的形成具有深远意义。在古代，建筑不只是遮风避雨的场所，而且还是通过数量、体量、高度等来区别尊卑的礼制工具，并由此产生了多种建筑类型及其形制。这时的建筑社会功能被突出、强调，被"尊卑""贵贱"所囊括。严密的等级制度形成的高度程式化的规制，既能保证建筑体系发展的持续性、独特性及建筑整体的统一性、协调性，又能保证建筑营建的质量标准。但就营建过程而言，房屋设计并不以使用功能、主观愿望为准则，而是按等级规制来直接选用相应"样板"，施工方式方法也以程式化、规范化来完成。今天看来，儒家礼制文化所倡导对规制的遵从，严重束缚了中国古代建筑的创新发展水平。

儒学"君权至上"下产生的宫殿建筑代表着各个时期的建筑成就。为了渲染"君权天授"，皇帝是受命于天的万民之主，所以都城必须以宫城为核心，从沈阳故宫在盛京城所居位置即可知晓。与之相适应的是，宫城内为帝王服务的建筑物自成一体，形成一种重要的类型——宫殿建筑，这一类建筑无论是标准还是质量都是最高标准的，其他建筑都不能超越。儒学主张"崇天敬祖"，这导致祭祀、礼制性建筑成为重要的建筑类型。如清初盛京太庙、三陵等。崇天敬祖思想对民居的影响也非常大，住宅中必须尊崇天地、尊敬祖先之所。例如，满族民居以西为大，将位于整个住宅最西侧的西屋作为供祀祖先的场所，称为上屋。在古代，单体建筑的形制、开间以及脊饰、色彩等均有严格规定，不得违制僭越。其中建筑间架、屋顶、台基和木构架做法等都是典型的"礼制"例证。《明会典》规定建筑的间架的应用标准是，公侯府邸的前厅为七间或五间，中堂为七间，后为堂七间；一、二品官员府邸的厅堂为五间九架；三至五品官员府邸的厅堂为五间七架；六至九品官员住宅的厅堂为三间七架。屋顶的等级划分严格，形成了完整的等级。如官式从高到低依次为庑殿、歇山、攒尖、悬山、硬山。另外重檐的等级要高于单檐的。关于台基高度，《礼记》规定"天子之堂①九尺，诸侯七尺，大夫五尺，士三尺"，等等。关于木构架等级的要求，宋《营造法式》分为殿堂结构与厅堂结构两大类，等级从高到低依为殿堂、厅堂、余屋、亭榭。清《工程作法则例》中分大式做法和小式做法。除此之外，"礼制"产生的建筑等级制对建筑内外装修包括装饰色彩都有严格规定。

礼制还导致了中国古代建筑群体布局的形成。中国传统建筑呈现的纵向中轴对称布局形制、围合的院落建筑组群布置等典型特征，都与居正统地位的儒家思想有很大关系。在祭祀、礼制类建筑和皇家宫殿、衙署建筑等类型建筑总体布局方面，强调中轴方整对称，结构匀称，中心安置，四合拱卫，等级分明，层次清晰，表达了意义深远和清明中正的仁义道德秩序。从而形成都城、宫城及建筑群体严格的中正有序。这种布局正是儒学思想在建筑领域的具体反映。在民间，如民居的平面布局、房间结构和规模大小等也受到这种思想的影响。

东北传统建筑文化虽然总体上属于中原伦理文化的范畴，但由于它是在游牧文化、渔猎文化与农耕文化相互交流、融合中发展演变而来的，缺少中原地区那样成熟的以儒家文化为代表的农耕文化根基，加之东北的自然地理环境以及民构成与变迁，导致东北地区在建筑文化方面受到儒学及其礼制影响的大多是表层的、物质技术层面的。

（三）风水学说和道家风水文化

风水是中华民族历史悠久的一门玄术，也称青乌术、青囊术、青鸟、卜宅、卜地、相地、相宅、地理、地学、山水之术、堪舆等。今天，人们将之与营造学、造园学并称为中国古代建筑理论的三大支柱。风水学说在传播过程中得到了道教的大力推动。道教崇尚自然、师法自然的审美思想，对中国

① 这里所说的"堂"，就是"台基"之意。台基中衍生出一种高等级的须弥座台基，用于宫殿、坛庙、陵墓和寺庙的高等级建筑。须弥座台基本身又有一重、二重、三重的区别，用以在高等级建筑之间作进一步的区分。

古代建筑的发展演变有着重要的影响。

早在高句丽时期，东北地区就受到中原风水文化的影响。例如集安丸都山城呈"斗形"的城市空间形态，据信就与"风水"有关。

风水学说的兴起对于各类宗教建筑的传承影响颇大，主要体现在以下两个方面。一是宗教建筑的选址。相地选址一直是风水理论的主体和主要应用，在明朝，几乎所有的建筑在建造之前都要请风水先生来寻觅吉利的地址。考察一些宗教建筑的资料，可以发现大量类似的记载，邀请风水师观山水、寻吉地，以此作为兴建土木的基址。二是对宗教建筑宏观布局的影响。对于宗教建筑来讲，每一个体建筑的位置选择需要考虑风水的因素。另外，其周边环境、配属关系也受到了影响。

除宗教建筑外，风水学说对古代城邑选址、建设，祭祀礼制建筑、宫殿建筑、墓葬建筑以及居住建筑都产生过诸多影响。特别是对城镇环境、村落和住宅基址进行选择的时候，要对自然环境、安全、禁忌和景观等因素加以综合考虑和评估，创造适于长期居住的良好环境，以达到趋吉避凶纳福的目的。

风水理论的核心是"气"，所谓"聚则成形，散则化气"。风水地的好坏是从表象（形和势）识别的，表象与"内气"相关，所谓"内气萌生，外气成形，内外相乘，风水自成"，揭示的就是"气"和"形"之间的关系。例如，在村落选址方面，理想村落基址应该是"藏风聚气"的。风水学认为，理想的村落环境模式是以山作为依托，靠山面水。所谓靠山即"龙脉"所在，称"玄武"之山，左右护山为"青龙"与"白虎"，前方近处为"朱雀"，远处之山为朝、拱之山，称中间平地为"明堂"，为村基所在，所谓面水是指明堂之前应有蜿蜒之流水。这种由山势围合而成的空间利于"藏风聚气"，是一个有山、有水、有田、有土、有良好自然景观的独立生活地理单元。

风水对东北地区传统村落，特别是朝鲜族村落在选址布局、住宅择址、屋舍建造等方面都产生过广泛、深刻的影响。朝鲜族在移民东北地区初期，其聚落的选址依然保留着从朝鲜半岛迁入时固有的以风水作为村落选址和建设依据的文化习俗。在充分考虑地形、水利等自然条件优越性的基础上，村落多选沿山且水源丰富，即"依山傍水"的河谷盆地、河谷平原及冲积平原等平川地带。住宅选址也要考虑注重地形地貌、水流走向、道路方位，以及邻近建筑性质、方位和树木种类、形态及位置等。在住宅朝向选择和房屋及室内空间布局上，要按照周易理论进行推算。朝鲜族房屋虽然不强调"坐北朝南"，但住宅朝向有好坏之分，南向最好，东向次之，西向是最不利，必须回避。房屋布局特别是大门、里屋和厨房的方位要据"坐向论"决定。

（四）"三教同源"与东北宗教建筑文化

两汉之际，佛教传入中国。经过数百年的发展，与儒教、道教鼎足而立，成为中国古代宗教的重要组成部分。对于三教而言，如何处理与其他二教的关系是不可避免的问题。儒释道同源就是道教发展到金元时期，亦即被称为新道教的全真教，对于儒教、佛教与自身之间关系的认识。在三教关系的处理上，儒道互补一直未变过。道教提倡的忠君孝亲、报父母恩的思想是对儒家理论的支持。尽管儒生对于道教提倡的清静无为时有微词，但是道教对于儒教的全力支持，不管是原始的道教和后来历经发展的道教，始终坚持这一主张。所以对于道教而言，处理三教关系即是如何处理与佛教的关系。

佛教传入之初，就与道教产生了冲突。道教根据自身汉民族原发宗教的优势地位，强调"夷夏之辨"，借此排斥佛教，将其视为异端，这也是对道教地位最有利的辩护。而在佛道早期争辩中，思想根源是中国传统社会的"夷夏论"，中国人很难认同、接受外来文化。道教中人着重指出佛道两教之中蕴含的中印文化差异，刘宋时期的学者顾欢说："华人易于见理，难于受教，故闭其累学而开其一极。夷人易于受教，难于见理，故闭其顿而开其渐悟。"① 这一理论盛行于汉族执掌中原政权的时代。然而，外民族进入中原掌握政权之后，"夷夏论"失去了存在的社会土壤。民族认同不再拘泥于种族血缘关系，对外来文化也不再持贬斥态度。

金朝中期，全真教兴起。全真教是道教的发展，被称为新道教。全真教主张三教合流，他们认为，"儒释道的理趣相通，源自同一个'道'，犹如一个树根生出三个树枝。在后世的全真教著作里，'三教同源'的'道'进一步被归结为'心性'"②。在全真教的倡导下，自晚唐以来出现的三教合流

① （南朝刘宋）顾欢：《夷夏论》，《大正藏》卷52，第225页。
② 李四龙：《论儒释道"三教合流"的类型》，《北京大学学报》（哲学社会科学版）2011年第2期。

趋势更加明显。全真教在教团建设方面标榜三教，不独树道教一致。全真教在元朝达到极盛。

"三教同源"是道教全真教提出的宗教主张，其自身践行程度最高，这种思想对于道教宫观的影响也就最为显著。

首先，道教宫观单体建筑逐渐变得高大、雄伟。道教初起之时，虽然要求信徒出家筑庵修行，但是道教崇尚简朴自然，道庵建筑力求简约。他们认为，道教徒所居住讲经的场所，能够遮风避雨就足够了。高殿大堂，并不适合道教徒的做派。然而到了元代，道教宫观发生了变化。早在成吉思汗入主中原之前，即召见全真教领袖丘处机，授予他总领全真教的大权。并允许全真教广泛兴建道教宫观。元朝统一中国之后，全真教地位进一步提升，通过元朝皇帝的赏赐、册封，俨然有成为元代国教的趋势。贵盛之后，全真教完全摒弃了初起之际，简朴自然的作风，转而追求如儒教、佛教般的奢华建筑。尤其是全真教的领袖，他们世代居住在皇都，信徒众多，所居住的道观规模极其庞大。在当时人眼中，"道宫虽名为闲静清高之地，而实与一繁剧大官府无异焉"①。土木之盛，可见一斑。之所以会出现这样的变化，是受到了儒教和佛教的影响，尤其是儒教的做派改变了全真教的建筑文化。儒教自形成之日起，就作为统治阶层的角色而存在。其建筑等级分明，宏伟壮丽。道教虽然采取支持儒教的做法，但是崇尚自然，远蹈山林，避开政治生活。元朝时期，全真教在丘处机等人的领导下，积极参与政治生活，其原有的宗教主张已经掺杂进了儒教的许多思想，进而影响到了其宫观建筑，所以出现上述变化也是大势所趋。明朝以后，虽然全真教在政治上不如元朝那么活跃，但是营建高堂大殿的趋势却一直延续下来。

其次，道教信仰的神灵变得多样化。其神系日趋复杂，这也使得道教宫观中所供奉的神邸具有独特性。道教初始之际，以老聃为教主。随着时代的发展，宗教思想的融会贯通，许多当初在道家看来属于旁门左道的思想也融入了道教。比如江湖术士所惯用的神仙方术、儒家一贯提倡的名教纲常、佛教所信奉的人生轮回等都被吸收融入。这使得道教的信仰系统相当庞杂，其直接体现就是道教所管辖的庙宇呈现出多种多样的状态。比如，明朝时期，关羽成为道教诸神的一员，关帝庙也被划归道教系统。另外，城隍也被列入道教诸神系统，在明朝非常流行。除了庙宇的多样化状态，即使在同一

① （元）王磐：《创建真常观记》，载（元）李道谦《甘水仙源录》卷9。

座宫观中，也可以看出儒、释、道"三教同源"思想对于道教宫观的影响。

"三清祖师"① 是道教的最高尊神，故而每个道教宫观都必须供奉。在宫观院落布局中通常以三清殿②为核心。元、明时期，道教寺观内出现了钟鼓楼，反映了儒家入世思想对于道教宫观的影响。钟鼓楼是中国传统建筑之一，属于钟楼和鼓楼的合称，在中国古代主要用于报时的建筑。钟鼓楼有两种，一种建于宫廷内，另一种建于城市中心地带，多为两层楼阁式建筑。宫廷中的钟鼓楼始于隋代，止于明代。它除报时外，还作为朝会时节制礼仪之用。明朝时期，将钟鼓楼的位置设于山门和三清殿之间，这种方式和佛教寺庙内的布置是同时产生的。由此亦可看出，"三教同源"趋势的发展。

在各朝政权的大力支持下，道教的社会地位越来越高，信徒、香客络绎不绝。为了应对这种情况，接待前来参拜、礼教的人，道观又设立了宾客居所，即馆舍。在馆舍的位置排列方面，体现了儒家礼法对道教建筑的影响。在诸多馆舍之中，中间为尊，左为贵，右为谦，或者左宾右主，或者以殿堂之后作为客位。另外，在儒家诗人墨客，喜欢浪迹山林、吟咏风月的高雅爱好影响下，道教领袖也附庸风雅，在道观之外，清幽之处建设别院，即道教园林。这些园林除了选址上力求清幽之外，还在院中建有水榭亭台，种植花草竹木，与院外自然之景共同构成了一道优美的风景线。

最后，在元明以降的道教宫观中，可以清晰地发现佛教寺院和儒教建筑的痕迹。原因是许多道教宫观由佛教寺院改建而成。比较典型的例子为四川省峨眉县飞来岗上的飞来殿。飞来殿原名东岳庙，坐西向东，本为祭祀泰山山神的神祠，后来被道教所占据，后佛教也随之而入，所以建筑内容极为驳杂。这种现象在提倡儒释道"三教同源"的时期极为常见。东北地区虽然很难找到类似的例子，但是根据全国宗教建筑的发展趋势，不难推测，东北地区在此趋势影响下，在宗教建筑传承方面亦不能例外。

自宋元以来，宗教界掀起的"三教合流""三教同源"思想潮流，不仅对道教建筑产生了深刻影响，具有悠久传统的佛教建筑也难以置身事外。"三教合流"的趋势使三教之间的关系由对抗转向合作，联系越来越密切。儒教依然占据政治上的统治地位，并且借助佛教、道教来巩固自身的统治。佛教则借助"三教合一"的力量向更大范围传播，在权贵阶层、民间等社会

---

① 三清祖师是指玉清元始天尊、上清灵宝天尊、太清道德天尊（即太上老君）。

② 三清殿是道教供奉最高尊神"三清祖师"的殿堂。

各界更加深入普及。在交流过程中，佛教教徒逐渐放弃了以往那种专注于解释佛教经典，互争正宗的习气。转而向大众化、通俗化方向发展，这方面典型的例子就是净土宗的普及化。净土信仰通过称念佛名进行修行，来追求往生彼岸。这种方法简单易行，吸引了众多信徒，尤其是在平民阶层，普及程度尤其高。另外，一些民间信仰也掺杂进佛教信仰中。与此相对的是佛教寺院也冲破了过去高堂大殿的刻板束缚，进而表现出相应的世俗色彩。突出表现就是佛寺与民间的庙宇相融合，建筑中除了佛教因素，民间宗教因素和儒教的成分也有显著表现。

在宋朝木构建筑普遍流行的大背景下，元、明以来的佛寺也多采用木结构，尤其是大殿建筑。而《营造法式》也成为修建佛教建筑的基本蓝图。另外，明代佛寺中出现了鼓楼，这也是明代寺院布局的一个突出特点。鼓楼与钟楼对置于寺院前端两侧，形成"左钟右鼓"的固定格局。这种格局成为明清两代寺院建筑的显著特征。以上两方面都可以视作儒教思想和建筑文化对于佛教建筑的影响。

元明时期，儒释道三教关系在思想界日趋和谐，三教由对立走向融合。这对于各类宗教建筑产生了深远影响，逐渐由过去个性显著、泾渭分明走向了你中有我、我中有你的相互融合的局面。今天，我们仍能通过佛寺道观等，看出东北地区独特的儒释道杂糅相融的民俚风俗，例如前面提到的吉林北山寺庙群。

儒释道的影响，不仅体现在建筑文化上，还体现在建筑绘画、雕刻和装潢等装饰艺术上。这些统合成一个不可分割的建筑文化整合体。

"三教同源"对东北地区宗教建筑传承产生的影响较为明显。吉林北山寺庙群就是儒释道多教集聚的寺庙建筑实例。吉林北山寺庙群包含药王庙、坎离宫、玉皇阁、关帝庙等，这些庙宇宫观具有"三教"共祀的基本特点。它们基本上都供奉着大量的儒释道所崇祀的神像，同时，还供祀着许多民间百姓信奉的神祇。这种不同宗教、不同信仰的各路神灵相融同享人间香火的现象，既是社会经济文化对宗教文化的影响，又是儒释道文化世俗化的具体反映。

第二章

东北传统建筑体系与文化特征

一　东北地区传统建筑的基本体系

东北地区传统建筑的类型比较丰富。按结构体系来分，既有木构建筑，也有砖石结构建筑，还有一些生土建筑。

（一）木构架结构体系

中国古代建筑木结构体系的主要特点之一就是房屋以木构架①为结构骨架，承载屋顶或楼层自重形成完整的木构架体系。木构建筑的墙壁作为围护结构②只承受自重，"墙倒屋不塌"就是对这种结构体系的形象表述。

木构架房屋的基本构造特点是柱架平摆浮搁于础石之上，梁柱节点采用榫卯连接，梁架与下部柱架由铺作层连接。木构架在结构功能上具有良好的力学性能。无论是哪种木构架，最显著的特点是榫卯技术。榫卯是木质构件间的联结构件，通过木质构件之间的插接而不需要其他构件、材料的辅助制成结构体。考古发掘证明，河姆渡遗址建筑的木榫卯技术就已经很成熟了。可以说榫卯技术是中国传统木构建筑的关键技术。

---

① 木构架是屋顶和屋身部分的骨架，通常以立柱和横梁组成构架，四根柱子组成一间，一栋房子有几个间组成。

② 围护结构是指围合建筑空间的部分，按部位的不同分为外围护结构和内围护结构。外围护结构包括建筑的外墙、屋顶、外门和外窗等，为室内空间遮风避雨、阻止外界侵扰的部分。内维护结构包括建筑内部的隔墙、楼板、内门和内窗等，起到分隔室内空间或联系交通的部分。

1. 抬梁式和穿斗式

中国古代木构架体系可分为抬梁式、穿斗式和井干式三大类。穿斗式和抬梁式是使用最广泛的木构架类型，井干式多为南方民间应用，东北"木刻楞"也属于井干式结构体系。官式建筑基本上是抬梁式的，《营造法式》和《工程做法则例》中描述的，以及现存的古建筑实例反映出来的基本上是抬梁式。[①]

抬梁式，又称"叠梁式"，是一种梁柱结构体系（见图2-1）。抬梁式的结构构造大体上是，是在屋基（柱础石）上立柱，柱上支梁，梁上立短柱（瓜柱），短柱上再置梁，如是层叠而上，各层梁的长度逐层缩短，最上层梁中央立脊瓜柱，从而形成三角形构架。各三角形构架用枋、檩斗接而成木构架空间体系，具体是在柱上端沿屋脊方向（房屋横向）设枋；梁的两端及瓜柱上设檩，脊瓜柱上设脊檩。柱和梁是构架中主要的承重、传力构件，多用整根圆木制成。由于抬梁式结构的室内少柱或无柱，可以获得较大的室内空间，但这种结构用材尺寸较大，比较消耗木材。抬梁式是北方地区常用的木构架形式，具体又分殿阁式与厅堂式二种。宫殿、寺院等大型建筑基本上采用这种结构。

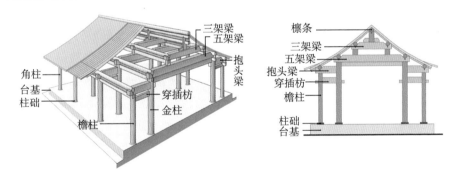

图2-1 抬梁式木构架示意图

穿斗式，又称"立贴式"，是一种檩柱结构体系（见图2-2）。穿斗式的结构构造大体上是，采用落地柱与短柱直接承檩，柱子之间用数层穿枋贯通相连；落地柱由中间向前后两侧逐次递减，从而形成三角形排架。然后用枋、檩斗接而形成木构架。屋面荷载主要通过檩、柱传递。穿斗式无梁，是南方地区常用的木构架形式。与抬梁式相比，柱网密，空间跨度小。由于穿

---

① 肖旻：《试论古建筑木构架类型在历史演进中的关系》，载杨鸿勋主编《建筑历史与理论》第十辑，科学出版社，2009，第370页。

斗式用料小，结构简单，屋顶、墙面轻薄，多用于民居和较小的建筑物。

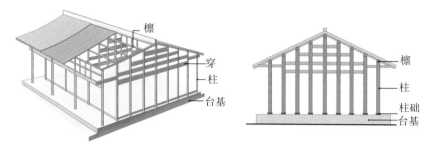

图 2 - 2　穿斗式木构架示意图

2. 具有地方特色的檩枋式木构架

在东北，抬梁式木构架有官式做法和民间做法两种。东北地区抬梁式的官式做法基本上与中原地区的相同，主要用于宫殿、坛庙、寺院等大型建筑。民间则对抬梁式进行了简化，称为檩枋式木构架。这种做法构造较为简单，广泛用于传统民居。宫殿、寺庙等类型的建筑也有使用。

檩枋式木构架的做法是，首先将柱子立在屋基（柱础石）上，柱上端承托梁，梁上立瓜柱，瓜柱上再承梁，如是层叠而上，各层梁的长度逐层缩短，最上层梁中央立脊瓜柱，从而形成三角形构架。各三角形构架用枋、檩斗接而成木构架空间体系，具体是在柱上端沿屋脊方向（房屋横向）设枋；梁的两端和瓜柱上设檩，脊瓜柱上设脊檩。柱、梁、檩等大多用圆木制作。与中原地区抬梁式不同的是，这种梁架形式用"枋"替换了"枋"，因为"枋"的尺寸接近"檩"，有研究认为，用横截面为圆形的"枋"代替横截面为矩形的"枋"，既简化了木材加工的麻烦，节省造价，又符合当地木材资源丰富的优势。檩枋式按规模大小，依次有五檩五枋、七檩七枋和九檩九枋等三种。最常用的是五檩五枋式。檩枋式的特点是面阔较大，进深较小。

东北地区常见囤顶房的木构架，可看做抬梁式的特例。这种构架大致做法是，梁（柁）置于檐墙或柱上，根据檩条间距在梁上立若干低矮的短柱（瓜柱），而且位于中间屋脊处的短柱高，然后向前后檐部位递减，短柱上置檩条，檩条上置椽子（也有不设椽子的情况），从而形成向上略微拱起呈弧形的梁架形式。

东北地区现存最古老的木构架建筑是位于辽宁省锦州义县的辽代奉国寺大雄殿，该殿是我国现存最大的单檐木构建筑。

受到地理气候条件的限制，东北地区民间的传统木构架结构体系有别于中原地区的，是一种砖木混合结构承重体系，它由墙、木柱与木梁（木构架）共同承重，墙体材料主要有砖、土坯等。笼统地说，这种木混合结构主要分砖木结构和土木结构两类。

（二）砖石结构

砖石结构是由砖、石块等砌筑成的组合体（谓之砌体）构成的结构体系（谓之砌体结构），具体可以分为砖结构和石砌结构两类。这种结构体系既可以用于供人们使用的房屋，又可以用于其他建筑物、构筑物，如城墙、墓葬、佛塔、桥涵等。就房屋而言，砖石结构的承重墙既包括外墙也包括起承重作用的房屋内部墙体，按材料的不同分为砖墙、石墙、土坯墙等。

在东北民间，土坯墙是主要的构筑砌体形式。土坯墙就是用土坯砌筑而成的墙体，其优点是防寒、隔热，取材方便，价格经济，其弱点是怕雨水冲刷，必须使用黄土抹面。凡筑土坯墙都要抹面，每年至少要抹一次才可保证墙壁的寿命。与土坯墙所用主要材料一样为"土"的还有"干打垒"结构形式。

历史最为悠久、规模最为宏大的砖石结构构筑物是"万里长城"。辽宁境内的长城是东北地区最早修建的，当始于战国燕昭王时期，之后秦汉、北齐、辽金直到明清都有修筑。重要的遗址有燕长城（赤北长城）、赤南长城、汉长城等。明代在东北地区修建有一段"水上长城"，这就是位于辽宁省葫芦岛市绥中县境内的九门口长城（见图2-3）。

图2-3 九门口长城

九门口，古称一片石，是东北进入中原的咽喉要道，历来是兵家必争之地。现存的九门口长城始建于明洪武十四年（1381），是明长城跨越河道的一段。据记载，早在北齐年间（479～502）就已经开始修建九门口长城。洪武十四年，明将徐达主持修建蓟镇长城，其中就包括九门口长城。该段长城南端起于危峰绝壁间，与自山海关方向而来的长城相接，距山海关15公里；向北一直延伸到九江河南岸。因其跨越九江河，成为"水上长城"。又因其城桥下有九个泄水城门而得名"九门口关"。现存九门口长城全长1704米，城桥长97.4米。在宽达百米的九江河上构筑有规模巨大的过河城桥，以此向北延续。九门口长城以跨九江河的城桥和一片石关城为主体，包括南北两侧的城墙。城桥有八个船形桥墩，两侧有围城和用铁件连接巨石铺成的7000多平方米的过水石面。两侧城墙还有九座敌楼、哨楼及由拦马河、拦马墙组成的防御体系。"城墙用石条为基，三合土夯筑，内外全用城砖包砌"。

1. 砖结构

从东北地区现存的古代建筑遗存来看，砖结构构筑物的典型代表是各朝代的佛塔。特别是辽金时期的佛塔更是以砖结构为主，尤以辽塔为主，它们大多是密檐式实心塔。在辽金时期仿木构的砖石构造做法技术已很成熟，如仿木额枋样式、砖雕及其他细部装饰等。东北地区现存最古老的砖结构佛塔是唐渤海国时期的"长白灵光塔"。

传统的砖结构房屋无论是平屋顶的还是坡屋顶的，均应是木混合结构体系的主要组成部分。平屋顶的房屋（如碱土房）一般以土坯或砖墙承重，屋顶部分则是采用简单的木材构成骨架。囤顶是平屋顶的一种特殊形式，多采用混合结构，有墙体承重的，也有木柱承重的。屋顶采用其特有的木构架形式。坡屋顶的砖结构房屋仍然保持着传统木构架结构，由墙体与木柱共同承载屋架，民间常常是取消山墙处的木柱由墙体直接承托梁柁等。可见这种砖结构房屋虽仍属于木结构的范畴，但由于砖砌墙体把木柱都包在墙体内，使得房屋的外部造型发生变化。正面由突出木结构的美转向突出砖结构的美。[1]

东北地区砖结构房屋是在明代手工制砖业得到快速发展的前提下得到

① 金正镐：《东北地区传统民居与居住文化研究——以满族、朝鲜族、汉族民居为中心》，中央民族大学博士学位论文，2005，第137页。

广泛应用的，到了晚清，使用青砖砌筑房屋墙体已经成为东北地区传统建筑最常见的形式。砖墙砌筑方式一般采用卧砖和空斗两种砌筑方式。墙体厚度一般后檐墙最厚，前檐墙其次，山墙再次，以满足冬季防寒保暖的要求。

2. 石砌结构

石砌结构简称石构。东北地区目前能看到的传统石构遗存的种类不多，主要有高句丽墓葬、城墙，以及为数不多的佛教石窟、石塔，桥涵等，在东北还有一类特殊的石构物，就是"石棚"。

（1）高句丽山城、墓葬建筑遗存。

在东北，最具代表性的石构建筑当属高句丽山城、墓葬建筑。这些石构建筑的石材加工技术、施工工艺等极为杰出。

高句丽山城、平原城就采用了石构形式。这也是高句丽城墙建设的最大特点，虽然高句丽山城、平原城的城墙有石、土石和土等多种结构形式，但绝大部分以石构为主。从高句丽初、中期的中心地区桓仁、集安、新宾占，到中、后期的西部防线和朝鲜半岛地区，石构城墙都占据多数。

高句丽石构城墙大体上有两种砌筑方法。第一种砌筑方法采用的是"干插石"垒筑法。石构墙体所用石材一般都要经过修琢，加工成扁平的梯形（楔形石）。楔形石一头大一头小，大头呈扁方或正方，较平整；小头多扁形。楔形石大小不一。砌筑时大头朝向墙外壁，小头朝向墙内，每层逐渐向内收分。上下层之间的楔形石压缝垒砌。缝隙较大处用碎石填塞。墙的最底层一般以较大的石条铺 1～2 层，墙的内部用扁条拉结石层层交错叠压。这样砌成的石墙相当牢固，以致有时墙皮坍塌，而墙心依然不动。这种结构和筑法，不仅在高句丽初、中期的腹地桓仁、新宾、集安等地的山城中流行，而且在高句丽中、后期的西部防线中仍然使用，如西丰城子山山城、铁岭催阵堡山城、沈阳石台子山城、普兰店吴姑山城、庄河城山山城、岫岩娘娘城山城等，还有凤城凤凰山山城和宽甸虎山山城也采用了这种结构和筑法。[①]第二种砌筑方法是土、石混筑法。具体有三种形式。一是用石材垒筑内外石墙皮，墙心则以土和碎石充填。这种方法的施工程序大致是先将墙基稍加整平后砌 2～5 层的基石，再用工整的石材砌筑墙体两侧的面石，墙体中间则

---

① 魏存成：《中国境内发现的高句丽山城》，《社会科学战线》2011 年第 1 期。

用土、碎石等填充。由于石材大小料使用合理，砌筑时石材相互压缝，严谨有秩，墙体表面平齐。这种形式砌筑的城墙宽窄较匀称，外面几乎呈垂直状，里面则略有收分，截面略呈梯形。① 如柳河县罗通山城和铁岭催阵堡山城。二是内石外土，即用较大的碎石块砌成的单列石墙，上面再堆土加固，如抚顺高尔山城和龙井城子山山城。三是用山皮土和碎石混合夯筑，如开原的三座山城，或者是用黄土掺杂凝灰岩碎石块迭筑，如吉林龙潭山山城。②

有学者认为，"从早期以巨型自然石块和楔形石砌筑的'干插石'垒筑法，向兼用土、石混筑土城的演变，反映了汉文化对高句丽建筑文化和城邑制度的持续影响"③。

东北地区现存最古老的且具有明显体系的石构建筑是高句丽王陵及贵族墓葬等大型石构墓葬，它们以吉林省集安境内的长寿王陵、太王陵等为代表。特别是长寿王陵（俗称"将军坟"），规模宏大、气势雄伟，外观与埋葬古埃及法老的金字塔陵墓颇有几分相似之处，所以又被誉为"东方金字塔"。

（2）渤海国石构遗存——石灯幢。

渤海国时期，石材也是建筑中常用的材料。例如上京城遗址出土的建筑构件中有些就是采用玄武岩这种石材的。玄武岩是牡丹江地区火山岩浆喷发而形成的火成岩，含铁、镁等金属，质地细密坚硬且不易破损，因此在上京龙泉府的建筑中石材主要用来做城门门道、台基的包柱、柱础及火炕的炕面等，是应用最为广泛的建筑材料之一。④ 在上京城遗址内的兴隆寺现有一石灯幢⑤，据考证，这是渤海国遗留的唯一一件保存完整的大型"石雕"（见图2-4）。石灯幢坐落在黑龙江宁安市渤海镇西南的兴隆寺院内，现高6米，主要包括刹顶、相轮、幢盖、幢室、仰莲钵、幢身柱、覆莲盘和基座等部分，共十二节块，重20多吨。其中，塔盖形似亭榭，八角攒尖，雕刻盖脊和瓦垄。塔室镂空，八面均雕刻长方窗孔，其上还有小窗孔，与塔盖相接处雕刻仿木构斗拱。石灯幢由玄武岩雕刻组合而成，各节块均为铆榫衔接并用黏合剂加固。

---

① 徐翰煊、张志立等：《高句丽罗通山城调查简报》，《文物》1985年第2期。
② 魏存成：《中国境内发现的高句丽山城》，《社会科学战线》2011年第1期。
③ 林声、彭定安主编《中国地域文化通览　辽宁卷》，中华书局，2013，第106、107页。
④ 刘硕：《浅析唐渤海都城建筑文化——以唐代渤海上京与唐长安城比较》，《大众文艺》2012年第7期。
⑤ 石灯幢又称石灯、石塔、灯台、石亭等，外形既像塔又像亭。

图 2 - 4   渤海国石构遗存——石灯幢

（3）石棚。

石棚属于巨石建筑[①]的一种。

石棚是辽东半岛巨石文化[②]的产物，源于人们对于大石崇拜习俗，是在地上立巨石围合空间，其上覆盖大石板形成"棚"状构筑物，进行祭祀活动。共有三种类型：单一大石棚、大小相配的双石棚，以及大石棚与石棚式石棺、大石盖墓的组合。除此之外，还有一种立石遗址——石柱子，也属于巨石文化的组成部分。[③] 对石棚的记载，最早见于《三国志·魏书八》："时襄平延里社生大石，长丈欠馀，下有三小石为之足"[④]。金代王寂在《鸭绿

---

① 巨石建筑是新石器时代至早期铁器时代特有的建筑类型。多为用巨大石块做成的墓冢或宗教崇拜物。

② 巨石文化是指距今大约三千至二千五百年前发布于辽东半岛南部的青铜文化。

③ 林声、彭定安主编《中国地域文化通览 辽宁卷》，中华书局，2013，第73页。

④ 《三国志》卷八，中华书局，1997，第73页。

行部志》有如下描述："石室上一石，纵横可三丈，厚二尺许，端平莹滑，状如棋局，其下壁立三石，高广丈余，深亦如之，了无瑕隙，亦无斧凿痕，非神功鬼巧不能为也，土人谓之石棚。"①

关于石棚的功能，早期认为是墓葬，也有以为大石棚是宗教祭祀纪念物，或墓葬与祭祀纪念物兼而有之。近年来，有人认为地上石棚是祭祀功能的纪念建筑物。建筑界称誉石棚为中国保存最早的地上建筑。② 现存最著名的石棚是"石棚山石棚"。该石棚位于辽宁省盖州市二台子农场石棚村南台地上。清代该石棚曾被当作"庙宇"利用，故又名"古云寺"。

石棚山石棚是我国国目前所见规模最大、做工最精、保存最好的一座石棚，是世界上最大的石棚，至今已有四千多年的历史。石棚是由四块经过加工磨制的巨大花岗岩石板构筑而成。平面呈长方形。东、西、北三面各立一块大石板围合成壁，南面开敞无立石，上顶覆盖一整块大石板。石棚外高3.1米，内高2.4米，前宽2.1米，后宽1.95米，深2.65米。盖石四面伸出各立壁之外，相互对称，南北两面伸出较长。从侧面看，南高北低，貌似一个平顶房。

（4）其他石构遗存。

东北地区目前遗留的一些其他种类的石构遗存，现分别列出。

辽宁省葫芦岛沙锅屯石塔是辽宁境内发现的唯一一座金代石塔；辽宁省锦州蛇盘山多宝塔是东北地区为数不多的采用花岗岩建造的塔，该塔为喇嘛塔，建于清道光年间（1821～1850）；辽宁省抚顺万佛堂是东北地区开凿年代最早规模最大的佛教石窟；辽宁省凌源天盛号石拱桥，建于金世宗大定十年（1170），该桥由民间修建，素有"关外第一桥"之称；牛庄太平桥是辽宁省境内最重要的清代石桥，其桥墩、桥面全部采用花岗岩砌筑。

总之，砖石结构虽然不是我国古代建筑结构体系的主流，但这种结构作为一种古老的传统结构形式，从古至今，一直被广泛应用。

（三）关于建筑的模数与单位

中国古代木构架建筑体系，以单体建筑为单位组成各种形式的建筑组

---

① （金）王寂：《鸭绿行部志》，载贾敬颜《五代宋金元人边疆行记十三种疏证稿》之《王寂：鸭绿行部志疏证稿》，中华书局，2004，第201、202页。

② 林声、彭定安主编《中国地域文化通览　辽宁卷》，中华书局，2013，第73、74页。

群。一般情况下，每个建筑组群围合而成庭院，进而以庭院为单元，形成多个院落。就单体建筑而言，中国古代建筑的单体建筑平面形式多为长方形、正方形，并以长方形平面最为普遍。在古代平面形式的不同，直接影响着单体建筑的立面形象。

1. "间"的概念

在中国古代木构架建筑体系中，"间"是构成单体建筑为基本单位。

所谓"间"，是四柱二梁二枋构成木构架房屋空间的基本单元。两榀梁架之间的空间称为一"间"。间可以左右相连，也可以前后相接，又可以上下相叠，还可以错落排列或变通组合成其他形状平面。从而使中国古代木构架建筑体系具有很强的适应性。

2. 面阔与进深

面阔、进深均是用来衡量木构架单体建筑平面长宽尺寸的专有名词。

面阔是用来度量建筑物平面宽度的单位，指间的宽度，简单说就是平行于檩条的相邻两柱间的水平距离。相当于现在人们所说的"开间"。通面阔是指一座建筑物所有"间"的总宽度，包括可能有的廊深。进深是用来度量建筑物平面长度的单位，是指间的深度，简单说就是垂直于檩条的相邻两柱间的水平距离。通进深是指一座建筑物所有进深的总尺寸，包括可能有的廊深。廊深是指木构架单体建筑有檐廊（即"出廊"）时，檐柱到金柱之间的水平距离，通俗地讲也就是屋檐下的柱子与房屋外墙（柱）的间距（见图2-5）。

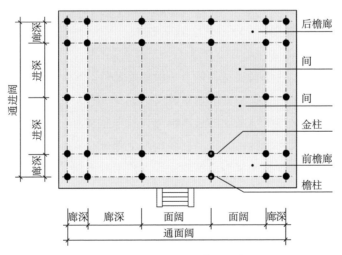

图2-5 面阔、进深、廊深示意图

木构架单体建筑的大小，正面（面阔）以间数，侧面（进深）以檩数区别。间的大小主要以相邻两根正檐柱的间距，也就是两榀架梁之间的距离来区别大小。间按位置的不同，名称也有规定，分别有明间、次间、梢间、尽间。例如七间的房屋，居中的一间称之为明间，其左右两侧依次为次间、梢间、尽间，九间以上者增加次间数，用次一间、次二间等表示。在宽度上或各间全部相等，或明间最大，次间、梢间相等，尽间最小。这种各间面阔的不等宽的情况见于清代建筑。相应地，房屋的间数越多，通面阔也就越大。房屋间数的多寡，不仅标志着房屋规模的大小，而且标志着使用者身份地位的尊卑高低，间数越多等级越高，一般由低到高，分别为一、三、五、七、九间。到清代，间数最大达到十一间，如北京故宫太和殿，太庙大殿等。间的尺寸或相等或以明间为中左右递减。

间以奇数为主，但也有偶数的。在东北，传统礼制类建筑、宗教建筑和宫殿、官府等都遵循奇数开间的规制，而居住建筑则有偶数开间的情况，例如，锡伯族传统民居中二开间的形式是较为常见的；在满汉杂居地区普通满族人家从经济角度考虑，也修建有二开间的房屋。

明清时期，房屋的进深以"步架"作为计量单位。所谓步架是指相邻檩木之间的水平间距。相邻两檩之间为一步架。木构架正脊两侧的步架称脊步，檐檩内侧的步架称檐步，脊步与檐步之间的步架称金步。如有金柱，则檐柱与金柱之间的步架称檐步或廊步。檩木数量决定步架的多少。架数越多，进深越深。通常仅表示单体建筑的纵深时，称几步几架；若表示单体建筑的面积时，则与"间"合用，称几间几架。

3. 斗口

斗栱是中国古代木构架结构体系中的重要部件。

早期的斗栱是具有关键性的承重意义的结构构件。简单地说，斗栱是较大单体建筑物的柱与屋顶之间的过渡部分，位于横梁和立柱交接处。斗栱整体形态是下小上大向外挑出，以承托屋檐以上部分（屋顶）的荷载，荷载经斗栱传递到立柱。斗栱使屋檐能够较大程度地向外伸出。

斗栱是中国古代木构建筑中最有形式感的构件。唐、宋时期斗栱除了主要起承重作用外，同时具有重要的装饰作用，随着木构建筑结构体系的不断演变，斗栱比例与尺度逐渐缩小，结构意义变得不是很重要，到清代，斗栱几乎成为单纯的装饰构件，更多的成为中国传统建筑的标志性符号。

斗栱主要由斗、升、栱、翘、昂等组件构成。栱是矩形断面的短木，外形如弓，从柱顶上探出并与建筑物表面平行。栱的中间有卯口，以承接与之相交的翘或昂，栱的两端向上弯曲如弓，其上安升子。翘与栱的形式相同，也是一弓形木，前后端翘起，但与栱成直角。最底层的翘从下向上，伸出量逐层增加。昂位于斗栱中心线上，前后伸出贯通斗栱的里外跳，前端下斜带尖，尾昂与翘形式不同但作用相同。斗是斗栱中承托栱、昂的方形木块，上开十字卯口。升，又称升子，栱与翘或昂交点之间，栱的两端与上层栱之间的斗状方木块。升只承托一个方向的重量，只开一字口。

定型后的斗栱分为宋式斗栱、清式斗栱。斗栱按照所在位置的不同，名称也各有不同，清式斗栱分为柱头科（即宋式的柱头铺作）、平身科（即宋式的补间铺作）、角科（即宋式的转角铺作）。简单说它们分别位于柱头上，柱间额枋上，屋角柱头之上。

斗栱还是确定建筑等级的依据。在清代根据斗栱的有无，将建筑分为大式做法和小式做法二类。

斗口是清式平身科斗栱坐斗（大斗）迎面承托昂、翘的卯口。在清代，斗口被作为衡量官式建筑尺度的标准。"斗口"作为模数单位量，又称"口数""口份"。

《工程做法则例》将斗口从六寸至一寸共分为十一个等级，每半寸为一个级差。一等（即六寸斗口）为最大，十一等（即一寸斗口）为最小，清代斗栱较之前朝用材普遍缩小，常用的斗口为六至八等（三寸半至二寸半斗口）。只要选定斗口尺寸，就大致能确定每个单体建筑物各部分的主要尺寸数据。例如，从建筑物的地盘布局与间架组成，到各部件径寸大小、卯眼出入搭接长短等多用斗口表示。

清代这种以斗口尺度作为设计的基本模数的方法被称为"斗口制"。带斗栱的官式建筑，都是以"斗口"为基本模数的。而无斗栱的建筑则以"檐柱径"为基本模数。

二 单体建筑外观的组成部分

中国古代建筑的总体构架是，以木结构单体建筑为基本单位、以院落单元形成群体组合、呈纵深空间序列等。但由于南北范围较广，地域特征变化较大，人文环境影响有别，从而呈现出形式多样、复杂多变的传统建筑文化的不同面貌。但是，不管如何组合如何变化，都是以具体的单体建筑为基本形的。所以如何把握单体建筑是完成群体组合、组织空间序列的前提。

以木构为核心的中国古代单体建筑从外观上来看，是由屋顶、屋身、台基等三大部分构成的。

（一）屋顶

屋顶是中国古代木构建筑形象最显著的特征之一。屋顶造型丰富多样且式样定型，正式建筑的屋顶有硬山式、悬山式、歇山式、庑殿式等形式，杂式建筑的屋顶有攒尖顶、盔顶、盝顶等。这些形式的屋顶都是屋脊或"顶"的，还有一种没有屋脊的屋顶，叫卷棚式。简单说，这种屋顶没有正脊，屋脊处是采用弧线将前后两个坡屋面联系在了一起，硬山、悬山和歇山都可以形成卷棚式的屋顶。

各种屋顶的式样主要是由屋脊的多少及其所在部位确定的（见图2-6）。

1. 硬山式

硬山式的屋脊有五条，其中正脊一条和垂脊四条，屋顶在山墙墙头处与山墙相交，檩木梁架全部封砌在山墙内而不伸出。硬山式有前后两面斜坡屋面，这种硬山建筑简单朴素，同时等级最低。硬山式在明清时期广泛应用，它的出现应该是宋代以后的事，因为在《营造法式》无记载，在宋代建筑遗存中也未发现。

2. 悬山式

悬山式的屋脊与硬山式的基本相同，也是一条正脊和四条垂脊，区别在于悬山式的屋顶在山墙交接处，是悬出山墙的，伸出山墙之外的这部分屋顶由屋架结构中伸出的檩条承托。

3. 歇山式

歇山式的屋脊有几条，其中正脊一条、垂脊四条、戗脊四条，故歇山式又称九脊顶。歇山式的正脊长度短于左右两端山墙的距离，从山面看，以正脊端部为顶点，左右二条垂脊形成一个垂直的三角形面，三角形下面的二条戗脊形成一个呈扁梯形的斜坡屋面。这个屋面向外延伸，将正脊与山墙间的屋顶覆盖。另外，在二条垂脊形成的三角形的底面还有一条小脊叫博脊。

歇山式可以看作由悬山式和庑殿式组合形成的。

4. 庑殿式

庑殿式的屋脊有五条，其中正脊一条、垂脊四条，又称五脊殿，因前后

硬山式屋顶　兴城文庙（张俊峰摄影）　　悬山式屋顶　山西平遥双林寺（张俊峰摄影）

歇山式屋顶　北镇庙御香殿（李凯摄影）　　歇山式屋顶　北镇庙更衣殿（李凯摄影）

庑殿式屋顶　五台山南禅寺大殿（张俊峰摄影）　庑殿式屋顶　奉国寺大雄殿（岳远志摄影）

攒尖顶　沈阳故宫大政殿（二重檐八角攒尖顶）　　卷棚歇山顶　沈阳故宫西路的戏台（尹鑫彤摄影）
（岳远志摄影）

图 2-6　中国古代常见屋顶形式

左右共有四面斜坡屋面，故宋时称之为四阿殿。庑殿式的正脊长度短于左右
两端山墙的距离，前后二条垂脊直接向外延伸，从山面看，形成的三角形斜
坡屋面将正脊与山墙间的屋顶覆盖。

5. 攒尖顶

攒尖顶的屋顶没有正脊，所有的垂脊向上都交汇到屋顶上端一点，二条垂脊之间形成的斜坡屋面呈三角形状。攒尖顶的具体名称根据垂脊的条数确定，如有四条垂脊的就叫四角攒尖顶。也有攒尖顶是圆形的，其外观形象是无垂脊、屋面呈圆锥形状。

6. 卷棚式

卷棚式没有正脊，前后两面斜坡在屋顶处呈弧形的屋面形式。卷棚式可以与其他屋顶如歇山、悬山、硬山等进行组合，形成卷棚歇山式屋顶、卷棚悬山式屋顶、卷棚硬山式屋顶等。

上面介绍的屋顶如果采用的是单层形式的话，就是单檐式屋顶。如果屋顶是多层的，则称之为重檐，二层屋顶的叫二重檐，三层屋顶的叫三重檐，但最多限于三重檐，如北京天坛祈年殿就是三重檐攒尖顶的。过去，几重檐又叫几滴水。通常歇山式、庑殿式和攒尖式屋顶都可以设计成重檐形式。

不同的屋顶代表着房屋的等级高低。正式建筑屋顶等级的高低依次为庑殿式、歇山式、悬山式和硬山式。如果考虑重檐的话，则按先重檐后单檐的顺序排列，具体是，重檐庑殿、重檐歇山、单檐庑殿、单檐歇山、单檐悬山、单檐悬山卷棚、单檐硬山、单檐硬山卷棚等。杂式建筑的屋顶不分等级。

（二）屋身

中国古代木构建筑的屋身由墙体和门窗等组成。由于木构建筑是以梁柱起着关键性承载作用的，屋身作为外立面的一个整体，主要起到对建筑物的围合作用。俗话"墙倒而屋不塌"，很形象地说明了这一特点。屋身部分的门、窗等更多属于木构架建筑外檐装修即"小木作"的范畴。

（三）台基

台基是中国古代木构建筑必不可少的组成部分。

它位于房屋的最下部位，具有防水防潮、稳固房基并承载上部体量的主要功用。台基由台阶、月台、台明和栏杆组成。简单说，台阶主要由"踏跺"（即我们常说的踏步）构成，起联系上下的作用，踏跺形式多样。登上台阶后的平台就是"月台"，月台有正座月台、包台基月台等形式。月台后面就是台明，建筑物就坐落在它的上面，其形制有平台式和须弥座两种。台明稍微高于月台，重要的建筑台明更为高大，需设台阶方可上去。栏杆主要起维护作用防止人员跌落，同时有构图和装饰作用。

在长期的发展演变过程中，台基与屋身、屋顶共同构成了中国古代木构建筑的外观形象，从建筑构图的角度来分析台基的设置使得以高大坡屋顶为标志的木构建筑物具有构图稳定性。作为建筑基座，台基有效避免了房屋有头重脚轻的感觉，也使得建筑物更加富有美感。台基也有等级之分，等级越高的台基就越显著、越高大，用料也就越考究，雕刻也就越精美。在古代，凡是重要的建筑物都建在台基之上。[①]

（四）彩画

虽然中国古代木构单体建筑的外观是由屋顶、屋身、台基等三大部分构成的。但绝离不开"色彩"。色彩在中国古代木构建筑中具有十分重要的作用，对色彩要求最高，表现最丰富的当属油饰彩画。在整座建筑物中，从屋面瓦、屋身、台基到梁枋彩画、柱体油饰等都离不开色彩表达。不同色彩的施用，不仅能产生出不同特色的外观视觉效果，而且隐含着多方面的历史信息。

彩画是中国古代建筑装饰的重要手段之一，也是构成中国古代建筑特色的最直观的表面特征。

中国古代木构建筑在柱架上使用油饰彩画，起初是为了保护木构件，防止风雨剥蚀，随着中国古代木构建筑的发展演变，防腐与装饰的双重作用有机结合，成为极具装饰效果的建筑内外装修工程，并逐渐发展成为一门依附于建筑本体的彩画艺术。当中国建筑发展到封建社会后期时特别是明清二朝，木构建筑的油饰彩画已经非常成熟且成体系，无论是底色处理，还是表面彩绘，都有了成熟的做法规定。油饰彩画主要由地仗层和颜料层组成。地仗层，又叫基础层、灰泥层、泥层，是在木构件上用传统材料、工艺做的保护层，是画面的底层，还具有起防火、防潮的实用功效。清官式建筑中彩画的"地仗"，一般采用砖灰、猪血、桐油、面粉作粘接料，再杂以麻布，覆盖在木构件表面。颜料层，又叫彩画层或画面层，是施加在地仗层之上油饰面层，所有彩画图案、纹样皆通过这一层描绘完成。

---

① 陈伯超、刘大平等主编《辽宁 吉林 黑龙江古建筑》下册，中国建筑工业出版社，2015，第 4 页。

最能代表中国古代建筑彩绘艺术的，当属清式彩画。清式彩画系统成熟，不论是纹饰特征、颜色配置，还是工艺做法都遵循严格的规制，主要包括殿式彩画、苏式彩画两种。殿式彩画又分为和玺彩画、旋子彩画。和玺彩画是以龙纹作为装饰母题，用圭线光进行分割的彩画，主要用于宫殿、坛庙、陵墓建筑中的主要建筑；旋子彩画是以旋子作为装饰母题的彩画，主要用于宫殿、坛庙、陵墓建筑的次要建筑及衙署的主要建筑；苏式彩画主要用于苑囿、园林、住宅建筑中。

各种彩画规制很多，在这里就不介绍了，仅附上几幅我们收藏的《中国建筑彩画图集》中的外檐枋心彩画照片，供大家欣赏（见图 2 - 7）。这本《中国建筑彩画图集》是我们从当地古玩市场收购的，仅十幅活页，彩色凸凹版印制，装套成册。从版式设计、图样图形来看，应该是人民美术出版社1955 年出版的《中国建筑彩画图案》① 的选装版本。

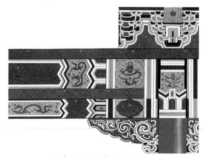

和玺金琢墨龙枋心彩画

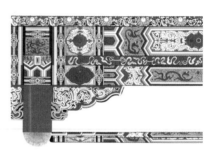

和玺烟琢墨法轮吉祥草龙枋心彩画

和玺夔凤西番莲枋心彩画

旋子金琢墨石碾玉龙锦枋心彩画

图 2 - 7　清式和玺及旋子彩画中的几种外檐枋心彩画

---

① 《中国建筑彩画图案》由刘醒民、王仲杰先生编集，林徽因先生作序，精选了 36 幅按照清乾隆时期以后的彩画规制绘制的建筑彩画图案。

三 东北传统建筑文化特征

东北传统建筑文化在形成和发展过程中受到自然地理环境、社会人文因素的共同影响，其中社会人文因素尤以中原主流文化以及人口迁徙和民风民俗等的影响为大。使得东北传统建筑文化在具有中国北方现实主义文化特征的基础上，具有东北地域特点与民族特色。

下面我们仅从自然地理环境、吸收中原建筑文化和民族移居聚居等方面来探讨其基本特征。

（一） 以社会经济状态为基础的多元文化

东北地区土地面积为 145 万平方公里，占全国国土面积的 13%，是我国自然地理单元完整、自然资源丰富、多民族深度融合、开发历史近似、经济联系密切的北方边疆地区。

独特的地理气候环境对东北建筑文化产生、发展与演变的影响巨大。东北地区地域广阔、气候多样。东北地区的地形地貌特征是东、西、北面环山，南面靠海，中间为广阔的大平原。区域内还有广密的森林。辽宁省位于东北地区的南部，地理坐标介于东经 118°53′~125°46′，北纬 38°43′~43°26′之间。南濒黄海、渤海，辽东半岛斜插于两海之间，隔渤海海峡与山东半岛遥相呼应，西南部与河北省接壤，西北部与内蒙古自治区毗连，东北部与吉林省为邻，东南以鸭绿江为界与朝鲜民主主义人民共和国隔江相望。全省陆地总面积 14.8 万平方公里①。省内的地势大致为自北向南，自东西两侧向中部倾斜，山地丘陵分列东西两厢，向中部平原下降，呈马蹄形向渤海倾斜。辽东、辽西两侧为山地丘陵；中部为辽河平原；辽西渤海沿岸为狭长的海滨平原，称"辽西走廊"②。吉林省位于东北地区的中部，地理坐标介于东经 121°38′~131°19′、北纬 40°50′~46°19′之间。南邻辽宁省，西接内蒙古自治区，北与黑龙江省相连，东与俄罗斯联邦接壤，东南部与朝鲜民主主义人民共和国隔江相望③。全省总面积 18.74 万平方公里。省内的地势特征为东南

---

① 辽宁省人民政府网，http://www.ln.gov.cn/zjln/zrgm/。
② 辽宁省人民政府网，http://www.ln.gov.cn/zjln/zrgm/。
③ 吉林省人民政府网，http://www.jl.gov.cn/sq/jlsgk/dldm/。

高、西北低。以中部大黑山为界，可分为东部山地和中西部平原两大地貌区。东部山地分为长白山中山低山区和低山丘陵区，中西部平原分为中部台地平原区和西部草甸、湖泊、湿地、沙地区。黑龙江省位于东北地区的东北部，是中国位置最北、纬度最高的省份，地理坐标介于东经121°11′~135°05′，北纬43°26′~53°33′之间。北、东部与俄罗斯联邦隔江相望，西部与内蒙古自治区相邻，南部与吉林省接壤。全省土地总面积47.3万平方公里（含加格达奇和松岭区）[①]。省内的地势大致是西北、北部和东南部高，东北、西南部低，主要由山地、台地、平原和水面构成[②]。

东北地区的气候条件则呈现从寒冷地区向严寒地区过渡的基本情况。辽宁省属温带大陆性季风气候，雨热同季，日照丰富，四季分明。春季少雨多风，夏季多东南风，炎热多雨，秋季短暂晴朗，冬季以西北风为主，漫长寒冷。年日照时数2100~2900小时，全年平均气温为5.2℃~11.7℃。年平均降水量400~970毫米[③]。吉林省属温带大陆性季风气候，四季分明，雨热同季。春季干燥风大，夏季高温多雨，秋季天高气爽，冬季寒冷漫长。从东南向西北由湿润气候过渡到半湿润气候再到半干旱气候。气温、降水、温度、风以及气象灾害等都有明显的季节变化和地域差异。年日照时数为2259~3016小时，全省大部分地区年平均气温为2℃~6℃。年平均降水量为400~600毫米。黑龙江省属寒温带与温带大陆性季风气候，春季低温干旱，夏季温热多雨，多东南风，秋季易涝早霜，冬季寒冷漫长，多西北风，省内南北温差明显，温度从南往北逐渐降低。年日照时数为2400~2800小时，全年平均气温为-5℃~5℃。年降水量400~650毫米。

东北土地肥沃、物资丰饶，历史上属于游牧文化圈。但由于地理位置的不同和自然条件的差异产生出农耕、游牧、渔猎等多种生产方式。

东北传统建筑文化在发展过程中，其内部不同地区的文化交流是连续不断的。东北地区的自然地理环境、社会人文环境虽然总体特征比较接近，但由于地域内部自然地理条件的差异、历史因素的影响等，导致东北传统建筑文化的形成和发展存在不少地方性差异，这使得东北各地的建筑形态也略有不同。近代以前，东北地区各原生民族的居住方式和居住风格各不相同，但

---

① 黑龙江省人民政府网，http://www.hlj.gov.cn/sq/dldm/。
② 黑龙江省人民政府网，http://www.hlj.gov.cn/sq/dldm/。
③ 辽宁省人民政府网，http://www.ln.gov.cn/zjln/zrgm/。

都与自然条件有直接的关系。

东北传统建筑文化是整体交融、区域内略有差异的历史演变中发育成长起来的。简单讲，东北地域内的建筑文化主要是在游牧文化与农耕文化相互交流、相互融合中发展演变而来。历史上，东北一直是多民族繁衍之地。在漫长的历史进程中，迁徙、互市、战争和通婚等都是各民族相互间文化交融的途径。这种交融不仅使少数民族汉化，而且在某些环境中，大量汉族少数民族化。[①]"东北文化开始呈现出一种多元的民俗类别，使得原来以'民族'为主的文化特征开始向以'地方'为主的文化特征转化，并在各自原有民族特性的基础上进行自觉的融合和优化。"[②] 农耕、游牧、渔猎等文明的碰撞与交融，使得东北地域内的建筑文化以多元文化类型的共处与并存为主要特征。例如，明代时期的辽宁大部分区域曾一度属于中原朝廷实控范围之内，为抵御边塞少数民族势力的入侵而修筑的辽东边墙，可以认为是中原汉文化与游牧文化的大概分界线。清兵入关以后设置柳条边，明令边内为封禁区，边外则鼓励汉人去开垦。这使得辽宁地区成为游牧文化与中原汉文化区的过渡地带。吉林、黑龙江地区更多地受到过游牧文化的影响，创造出了鲜明的地方特色文化，如山城、民居、陵墓等，产生出了许多其他地区鲜见的建筑形式和独到的建筑技术。[③]

东北传统建筑文化在发展过程中，与中原地区的文化交流也是连续不断的。从某种意义上说，中原文化是东北文化产生的重要源泉，特别是东北传统建筑文化更是在大量地吸收了中原地区的黄河流域建筑文化的给养而形成的。有研究认为，东北传统建筑的主体文化原型也是传承、沿用了中原地区建筑的基本形态。[④] 同时，东北传统文化对中原文化所产生的作用也是不能忽略的，包括建筑文化的发展脉络与体系。例如，辽金时期，东北与中原地区同处于来自东北的少数民族掌控的政权之下，两地交流渠道畅通，交流活

---

① 张凤婕、朴玉顺：《造就东北地区汉族传统民居特色的社会文化环境初探》，《沈阳建筑大学学报》（社会科学版）2011 年第 1 期。

② 范立君：《"闯关东"与民间社会风俗的嬗变》，《大连理工大学学报》（社会科学版）2006年第 1 期。

③ 陈伯超、刘大平等主编《辽宁 吉林 黑龙江古建筑》上册，中国建筑工业出版社，2015，第 4 页。

④ 李国友：《文化线路视野下的中东铁路建筑文化解读》，哈尔滨工业大学博士学位论文，2013，第 46 页。

动频繁而广泛。清朝入关，更将满族文化尊奉到至上地位。^① 可以说，东北传统建筑文化是中国传统建筑系统中结合本土条件成长起来的一个分支。

辽宁、吉林、黑龙江由于地缘条件的不同，受到中原汉文化辐射的影响呈现逐渐减小的趋势。以辽宁为例，虽然与吉林、黑龙江同属游牧文化圈，但独特的地理位置使其更多地接受中原农耕文化。当然，因地理位置的关系，辽宁各地的区域性建筑文化受到中原文化的辐射也存在着一定的差别。如辽西近河北，建筑文化具有河北地区的建筑属性；辽南近山东，建筑文化具有山东地区的建筑属性。

历史上东北地区社会经济长时间处于游牧、渔猎与农耕并存的状态，与同时期中原地区以农业为主的自然经济社会相比的话，其发展水平较为低下。这种社会经济环境使得各民族之间的文化相互借鉴、相互影响，最终在保留本民族特色的基础上，产生了一种趋同性，形成适应地域环境的共同传统^②。同时，在土著文化、中原文化、关东文化等多民族、地域性文化的交融中，在近代殖民统治带来的西洋文化、东洋文化的影响下，各种不同文化互相混杂，使得东北的地域文化具有明显的复杂性和包容性。

（二）以多民族聚居为前提的移民文化

移民文化是东北传统建筑文化的最显著特征。

历史上的东北是一个多民族移居、聚居的地方。移民迁徙活动和民族融合带来的文化交流是东北地域内建筑文化形成的重要原因之一。

19世纪中叶以后，近代中国社会动荡不安，产生了大幅度的区域间人口流动现象，这种现象为东北的开发建设带来了机缘，并导致近代东北迅速发展成为一个移民社会。清朝时，东北作为"龙兴之地"被"封禁"。晚清开禁后，中原汉族移民与俄国、日本、朝鲜等国的国际移民逐渐进入东北，他们影响了东北，同时也受到东北的影响。

中原汉族迁徙东北的过程是持续性的，各朝各代均有中原汉族不断迁徙到东北。迁徙的地域空间也是依地缘渐次性推移的，大体以辽宁为基地，随

---

① 陈伯超、刘大平等主编《辽宁　吉林　黑龙江古建筑》上册，中国建筑工业出版社，2015，第3、4页。

② 陈伯超、刘大平等主编《辽宁　吉林　黑龙江古建筑》上册，中国建筑工业出版社，2015，前言第1页。

着历史的进程，北上幅度越来越大，直至吉林、黑龙江及其以北。历史上，东北地区汉族人口的增长，并非直线上升。有时也在减少、回迁，甚至跌入低谷。但总的趋势是增加的、发展的，甚至攀登上几个高峰。清代以前，虽然东北在各朝各代均有汉人，然而他们都不断地迁徙、流失，没有形成一个以移民为主体的社会结构。白山黑水之间，一直是满族等土著居民的故乡。直到清末民初，大批中原汉族移民涌入东北，进而确定了以汉族移民为主体的多民族聚居的社会环境。正是由于多民族聚居的社会环境使得各民族文化之间相互借鉴、相互影响，最终在保留民族特色的基础上，产生了一种趋同性，具有了一种适应地域环境的地域共同传统，也成就了东北建筑文化的地域特色。考察东北汉族传统民居，会发现很多山东、河北等地民居的影子，它们像印记一样深深烙进了东北汉族民居的骨骼，昭示着东北汉族与中原汉族一脉相承的亲缘关系。①

以礼制文化为代表的中原文化，是中国最为强势的主导文化。与东北汉族移民活动相生相伴的，便是中原强势文化不断向东北游牧社会的移植，这其中也包括了中原居住文化的移植。尤其是移民的最大输出地——山东、河北的居住文化，深刻影响了东北汉族传统民居乃至满族等民族的民居。随着移民的大规模迁入，他们与东北当地的世居民族杂居，使东北世居民族的房屋结构和建筑材料发生了变化，对东北地区的汉族民居的产生与定型产生了深刻影响。在民居形态既沿袭了华北地区传统，又适应了东北的气候条件，同时还吸收了满族民居的某些习惯做法，如南北土炕的就寝形式，从而形成了鲜明的地域特色。

东北地区特别是辽宁境内的建筑文化受到中原地区移民文化影响较大。辽宁作为中原汉族移民到达东北的第一站，是东北三省汉族移民活动最活跃的区域。从辽宁出发，移民活动逐渐向吉林、黑龙江递进，中原文化不断深入到东北少数民族地区，在与游牧文化的碰撞和交融中，建筑文化所包含的中原属性逐渐减弱，为适应苦寒之地和多民族的社会环境，其游牧文化属性逐渐加强。②

最早迁徙到东北的国际移民是 19 世纪后从朝鲜半岛陆续迁入的朝鲜人。

---

① 张凤婕、朴玉顺：《造就东北地区汉族传统民居特色的社会文化环境初探》，《沈阳建筑大学学报》（社会科学版）2011 年第 1 期。

② 陈伯超、刘大平等主编《辽宁 吉林 黑龙江古建筑》上册，中国建筑工业出版社，2015，第 4 页。

这些移民带来的具有朝鲜民族特色的文化传统，丰富和深化了东北地域的建筑文化。

近代以来，东北地区遭受到俄国、日本等帝国主义的侵略和占领。随着俄国、日本军事入侵，俄国、日本等国的国际移民开始充斥东北的土地上，俄国移民多集中在哈尔滨，日本移民则以长春为中心。这一时期东北地区城乡开发建设加快。中原地区移民也持续大量的增加，带来传统的木构架建筑技术和手工施工方式，加深了东北地域中原传统建筑文化的根基，传统样式的房屋仍是广大乡镇建设的建筑主体；而在较大的城镇特别是开埠各市的商埠地里，新兴的民族工商业迅速崛起，在西方建筑样式的冲击下，顺应时代潮流，主动吸收外来文化，在民族资本的主导下也修建了一批"中西杂糅"的近代建筑。这一时期对东北近现代建筑发展更为重要的影响是，伪满洲国成立以后，殖民政治、文化成为影响近代东北建筑文化发展的强势因素。

第三章

东北地区古代城邑遗址及遗存现状

　　春秋、战国之际，周朝政权日薄西山，原以"分封建制"的各贵族采邑也逐渐被新兴的地主阶层所瓜分。新型地方行政单位"郡""县"逐渐出现。基层行政单位的变化对于古代社会产生了深远影响，一个比较显著的代表就是更多城镇的出现。东北地区城镇的出现，大约始自战国中后期，是伴随着郡县的设置、长城的修筑以及一些屯戍之所的开辟同步出现的。在燕秦时代，由于地处边陲，且与汉人眼中的"蛮夷"接壤，东北城市自设立之日起即大多偏重于政治、军事性质。尽管这一时期的城市规模小，职能与布局较简单，但作为第一批出现的城镇，它标志着这一地区经济的新发展，人口开始向城市集中，城市与农村对立关系的出现，以及燕秦政权对这一地区统治体制的确立。①

　　明朝以前的东北城市保存至今的寥寥无几。一方面东北地区的城市大多是由少数民族政权兴建，这些城市往往是随某一政权建立而出现，又随某一政权衰亡而毁弃，旋生旋灭，没有几个城市能够保存、延续到近代。② 例如，东北境内渤海、辽、金时期所建城邑，绝大部分在蒙古汗国征金之初被摧毁。另一方面，在某一政权统治期间，由于政治或经济地位的改变，也会为城市带来灭顶之灾。例如金上京，兴建于金太宗、熙宗两朝，海陵王即位后，迁都燕京（今北京市），上京城随之遭到毁弃。目前，东北地区保存最为完好的古代城邑当属明清时期的"兴城古城"。

　　东北地区古代城市与中原相比，其职能相对较为单一，而且多以军事目的为主。例如，有学者通过对明代辽东都司所辖军镇的职能转换进行研究，

① 佟冬:《中国东北史》，吉林文史出版社，1998。
② 曲晓范:《近代东北城市的历史变迁》，东北师范大学出版社，2001，第 3 页。

认为这些军镇已具有经济、政治等职能，说明城市的不断发展。虽然总的趋势是在不断地发展，但频繁的战乱也滞缓了东北地区的城市发展演化进程。整体上看，东北地区城市的产生与发展，有着明显的界代，不同于中原地区的城市发展有着更多的历史的继承性。①

一 高句丽山城和平原城

高句丽城邑绝大部分是山城，其余为平原城。二者相结合形成完整的城防体系。

高句丽山城是特殊的地理位置与军事防御需要的产物。境内主要分布在辽宁、吉林两省的东部和朝鲜半岛的北部地区，共计100多座，它们绝大多数在辽宁省境内，目前发现并认定的高句丽大小山城遗址达80多座，仅辽东半岛就分布有58座高句丽山城。吉林省境内有31座。②

（一）山城的典型代表

魏存成先生《中国境内发现的高句丽山城》一文中指出：东北地区高句丽山城多依山傍水，主要分布在以下几个地区。一是以桓仁、集安为中心的浑江流域、鸭绿江中游及太子河、浑河上游，辉发河流域和鸭绿江的上游地区，包括桓仁、集安、通化、白山、新宾、本溪、抚顺、清原、柳河、辉南、盘石等县市，这是高句丽初、中期的腹地及其外围。二是自辽东半岛南端开始，途经金州、普兰店、瓦房店、盖州、营口、海城、辽阳、沈阳、抚顺、铁岭、开原到西丰、辽源一线，这是高句丽后期的西部重要防线。三是大洋河与叆河流域，包括岫岩、凤城、宽甸等县市。高句丽迁都平壤后自平壤通往辽东（今辽阳）再到达中原的陆上道路，则通过此区域。《新唐书·地理志》所记营州道中，安东都护府"南至鸭绿江北泊汋城七百里"，就是这条道路。四是高句丽北方之今吉林市和东北方之图们江流域。吉林市原是夫余政权的中心所在地，好太王时期高句丽的势力到达了这一地区。图们江流域到朝鲜半岛东北部一带是汉魏时期沃沮、濊貊的活动地区，它们曾先后受卫氏朝鲜和汉四郡管辖，后臣属高句丽。③

---

① 宋玉祥、陈群元：《20世纪以来东北城市的发展及其历史作用》，《地理研究》2005年第1期。
② 魏存成：《高句丽遗迹》，文物出版社，2002，第70~79页。
③ 魏存成：《中国境内发现的高句丽山城》，《社会科学战线》2011年第1期。

　　早期山城集中于吉林省南端与辽宁省最东部地区。主要包括，第一座都城纥升骨城，以及丸都山城等。最为险要的山城群位于辽宁省东南部，以乌骨城（即凤城凤凰山山城。今辽宁省丹东市凤城境内）为首。最大的山城群区域北起吉林省辽源、南到金州，基本上沿大辽河东岸和渤海湾东岸。这一山城群约占辽宁省境内高句丽山城的多半，主要有高尔山城（今辽宁省抚顺市境内）、青石岭山城（今辽宁省营口市盖州市境内）。

　　1. 五女山山城遗址

　　纥升骨城是高句丽早期山城类型都城。它是高句丽的第一代王朱蒙建都之都城。汉元帝建昭二年（前37），"夫余国"王子朱蒙率部在玄菟郡境内建立"高句丽"政权，都建于纥升骨城（今桓仁县域）。汉平帝元始三年（3），高句丽第二代王孺留王将王都迁往国内城（今吉林省集安市域）。

　　五女山山城是纥升骨城的部分遗址，位于辽宁省本溪市桓仁满族自治县城区东北约8.5公里的五女山上（见图3-1）。五女山山城所处地形易守难攻，山城依山势进行建设，其东西北三面为百尺峭壁，南临险陡山坡。山城总平面呈不规则的靴形，南北长1540米，东西宽350~550米，总面积约60万平方米。城分外城和内城，外城处于山腰，内城置于山顶。目前城内的建筑遗址主要有城墙、3处大型建筑、哨所、兵营以及蓄水池等。五女山山城具有明显的军事防御目的，城内的建筑和设施均是为了满足战争的需要而修筑的。遵循"筑断为城"的原则，大部分城墙以自然山体如陡峻石崖为墙，仅在山下东、南部山势稍缓处和山上重要山体断口处，砌筑石构墙体（见图3-2）。城墙局部内壁与顶部填充泥土。

图3-1　五女山山城远眺

图 3-2　五女山山城石构城墙

　　山城共有 3 座城门，均设在易守难攻的重要位置。南门位于山城东南角，由城墙和山崖间的空隙形成；东门位于两端城墙之间，具有瓮城的雏形；西门位于山上的主峰西部，建在山谷的上口，山谷下宽上窄，两侧石崖峭立，在石崖间筑有城墙，陡峻的石崖、高大的城墙和城门构成了内凹的翁门（见图 3-3）。

图 3-3　五女山山城城门遗址

另外，五女山山城与初期的平原城——下古城子共同构成了高句丽最初的复合式都城模式。①

2. 丸都山城遗址

丸都山城是高句丽中期山城类型都城，初称尉那岩城，是国内城的军事卫城。始筑于汉平帝元始三年，高句丽第十代王山上王二年（198）继续修筑此城，山上王十三年（209）移都此城，名为丸都城，人称山城子山城。

丸都山城曾经两次为高句丽的都城，分别是山上王时期（历时 13 年）和故国原王时期（历时 2 年）。丸都山城原是国内城的军事守备城，平时只备兵器、粮草，战事紧急时国王才入城固守。在丸都山城曾发生过多起战事，山城在保卫高句丽政权及抵御外来势力的侵扰中曾起过一定的作用。后来，由于高句丽的势力逐渐向南发展，其政治、经济、文化中心也必然向南转移。427 年，长寿王从集安的国内城迁都朝鲜半岛的平壤城以后，山城便开始衰落。

丸都山城遗址位于吉林省集安市西北 2.5 公里处的老岭山峰峦之间。山城的形状如簸箕，所处地形的东西北三面地势较高，南面较低，以东北至西南走向通沟河为屏障（见图 3 - 4）。

图 3 - 4　俯视丸都山城遗址

整个山城周长约为 6950 米，山城地势高差约为 440 米。城墙充分利用山势，具有典型的高句丽山城特色。城东南角以陡峭的岩壁为城墙（部分岩

---

① 朴玉顺、张艳峰：《高句丽建筑文化的现代阐释——从桓仁"五女山城"到"五女新城"》，《沈阳建筑大学学报》（社会科学版）2012 年第 1 期。

壁经人工修凿），缺口处以石条垒砌。其余几面城墙也有用此种方式砌筑的段落。山脊平坦之处的城墙，则用花岗岩石垒砌。入城的重要通道是城南城墙正中内凹处的城门"南瓮门"（见图 3 - 5）。目前，整个城墙以东墙南段、西墙北段和北墙西段保存较好，尤以北墙构筑坚固、险峻，有些墙段高达 5 米左右。

图 3 - 5　丸都山城南瓮门遗址

3. 乌骨城遗址

乌骨城是高句丽规模最大、最险要的山城，是典型的"筑断为城"型山城。

乌骨城遗址位于辽宁省凤城市边门镇。城分外城、内城，全城周长近 16 公里，设有南北东 3 座城门。大部分城墙利用左右两山的悬崖峭壁，"筑断为城"，砌筑的城墙长约 7525 米。

4. 高尔山城遗址

高尔山城遗址位于抚顺市北的高尔山上，距浑河北岸 2 公里。由东城、西城和南卫城、北卫城以及东南角三个小的环城组成。主城为东城，周长 2800 米。东、西两城的地势，皆是东、西、北三面高、南面低，呈簸箕状。南卫城是沿着西城西南角和东城东南角合抱伸出的两个山脊修筑而成，正好将东、西两城南侧的谷口包在里边。北卫城和东南角三个小的环城皆是修在和东城相连的小山脊上。[①]

（二）平原城的典型代表——国内城遗址

国内城是高句丽的第二座都城，是高句丽平原城的典型代表。汉平帝元

---

① 魏存成：《中国境内发现的高句丽山城》，《社会科学战线》2011 年第 1 期。

始三年（3），高句丽第二代王孺留王将王都从纥升骨城迁往国内城。从此国内城作为高句丽的都城长达 425 年，是高句丽中期的政治、经济和文化中心，北魏始光四年迁都平壤后，国内城仍然具有重要的地位。

国内城遗址位于集安市区西部的团结街道范围内，是现存为数不多的遗留有石筑城墙的高句丽平原城类型都城址。

2003 年考古调查的实测数据：国内城北墙长 730 米、西墙长 702 米。城垣外部以长方形或方形石条垒砌，内部土筑。东城墙因近代以来修建房屋，大都已毁掉，南部还可见残段和墙基。南城墙西段较好，一般高 3～4 米；西城墙中部，原西门北段，保护较好，高 2～4 米（见图 3-6）。北城墙下部完整，高 1～2.5 米。

国内城南城墙遗址局部

国内城西城墙中段遗址局部

图 3-6 国内城城墙遗址

四面墙垣每隔一定距离构筑马面，现存遗迹表明，北墙外侧有八个马面。南、西、东墙外侧各有两个马面，马面平面呈长方形，个别马面呈圆角方形。城墙角原有具有防御功能的角楼一类建筑，现在城址的东南角和西南角各有角楼遗址 1 个，二者结构相同，均外砌大石，内部沙土和卵石混筑。据《集安县文物志》记载，国内城有六座城门，东、西各两座，南、北各一座，均有瓮门。2003 年在北城墙西角清理出一处门址。在西城墙现存的一处马面南 31.6 米的外墙基部，又发现一处高句丽时期的马面残迹。根据该墙体的构筑方式及出土遗物的特点可以认定，这道与现存国内城西城墙平行的墙基为高句丽时期的城墙遗迹，表明高句丽时期曾对国内城西墙进行过一次整体东移。同时，确认西城墙北段的石砌排水涵洞属于一条南北走向的石砌墙体的内部设施（见图 3－7）。

图 3－7　国内城西城墙北段发现的石砌排水涵洞

多次的考古发掘显示，国内城城区内文化堆积以高句丽时期遗存为主。出土了一批瓦当、板瓦、筒瓦、花纹砖等。此外，在国内城东北 150 米处发现大型建筑群遗址，出土大批础石、板瓦、筒瓦、莲花纹瓦当、兽面纹瓦当和铁器、陶器等。在城北梨树园子遗址也发现大型建筑遗址，巨大的础石排列整齐，瓦砾层很厚，还出土一批鎏金箭头和白玉耳杯等珍贵文物。这两处应是高句丽重要的衙署建筑。

二　渤海都城

渤海都城的发展演变大体上经历了三个阶段。第一阶段为渤海政权建立至迁都中京。第二阶段始自迁都中京，中间两次迁都，直到又迁回上京之前。第三阶段自迁回上京至灭亡。这三阶段各有特点。第一个阶段都城规模较小，建筑也不够宏伟。例如城山子山城内有众多的半地穴居住遗址，似乎此时渤海人还保留着"筑城穴居"的传统，这也间接说明此时渤海国都城的建设还带有原始性。第二个阶段，渤海国都城先后设在中京、上京、东京。这一阶段的都城规模变大，建筑相对宏伟。而且比较三处都城，可以发现其城市面积、宫殿布局、城门建置，皆有高度相似性。这说明三处都城建设是按照同一蓝本实施的。第三个阶段都城在上京，历时较长。在此期间，渤海人对上京进行了大规模扩建。

考古发掘研究表明，渤海国的城市设计、宫城的整体构架、宫殿布局方面明显具有唐代建筑的特点。但是渤海国建筑在形制上并非一成不变地模仿唐朝，借鉴之余亦有所差异，反映了渤海文化与唐朝文化的相互融合。

1. 上京城遗址

上京龙泉府在渤海国存在的 229 年历史中，曾前后两次为都城，成为其政治、经济、文化的中心。除了唐贞元年间短暂迁都东京外，上京城作为都城总有长达 169 年的历史。研究表明，上京城还是 8～9 世纪东北亚地区最大、最繁华的城市。上京城代表了渤海国建筑的最高水平，其遗址是这一地区保存最好的中世纪都城遗址。

上京城遗址位于黑龙江省宁安市渤海镇，北距宁安城区 40 公里，由外城、内城和宫城三部分组成。其平面基本上为长方形，但外城北部有一段东西约 1000 米、南北约 210 米的城墙向外突出，使得城呈"凸"形平面。考虑到上京城是"经过多次勘察后一次性定型的（局部会改动）"，这一平面"应是受到地势影响而又出于宫城安全保卫考虑的"①。

上京城的外城东西长、南北短，其中，东墙长约 3360 米，西墙约 3400 米，南墙约 4580 米，北墙约 4940 米，周长约 16.2 公里，占地面积约 16.4 平方公里。城墙四面共辟有 12 座城门，城墙用石块砌筑，厚 2.4 米，外有壕沟。考古挖掘发现的街道有 9 条，其中南北向的 5 条，东西向的 4 条，呈纵横交叉状。纵贯全城的"朱雀大街"将全城分为东、西两个城区。两城区的街道将城各划分为四十一个规整的长方形"里坊"，里坊分大小二种。里坊四面筑墙，临街里坊墙开门。里坊内设一字形或十字街道，形成若干院落。内城在外城的北部中间，东西长南北短，平面呈长方形，具有明确的中轴线。北墙与宫城前"横街"（第五号街）连接，长约 1050 米，其他三面的城墙较矮，南墙长约 1045 米，东墙约 450 米，西墙约 454 米，占地面积约 48 万平方米。中轴线沿内城南门一直延伸至宫城。宫城位于内城的北部中央

---

① 朱国忱、朱威：《渤海遗迹》，文物出版社，2002，第 243 页。

地带，平面为长方形，南北约720米，东西约620米，周长约2680米，四面石砌宫墙高大厚重，有收分，顶宽约3米，外有壕沟。宫城被南北方向的墙体分隔为东、中、西三区，在各个分区的内部又通过纵横墙垣分为若干部分或院落。宫城内官衙在前，宫殿区在后且位于宫城的中央位置，沿中轴线依次有坐北朝南的五宫殿（见图3-8、图3-9），一至四殿的东西二侧均有廊庑（见图3-10）。环绕宫城的东、西、北三面是禁苑等附属部分。其南部还有一个面积近2万平方米的池塘，池塘东西两侧有人工堆砌的假山以及一些楼台殿阁建筑遗址。

虽然上京城按照中原都城建制的等级来建造，但在建城规格，街道的尺寸及建筑的数量等各方面都远未达到长安城那样的程度，仅城市规模而言，其占地面积仅仅为长安城的1/4。

2. 东京城遗址

东京龙原府始建于唐德宗贞元元年（785）。唐贞元时，渤海第三代王大钦茂将国都从上京龙泉府迁至龙原府，唐贞元十年（794），渤海成王复迁都上京，该城仍为渤海东京。926年，渤海为辽所灭后，城废。位于吉林省珲春市东6公里处的"八连城"，即为东京城遗址。

一殿遗址　　　　　　　　　　　　二殿遗址

三殿遗址　　　　　　　　　　　　四殿遗址

图3-8　渤海上京城宫城一至四殿遗址

图 3 - 9 从渤海上京城宫城四殿址远眺五殿遗址

图 3 - 10 渤海上京城宫城二殿东廊庑址（从北向南看。
右侧远处为一殿址，近处为二殿址局部）

东京城由内外两城组成。外城平面略呈方形，城墙土筑。周长 2894 米，北墙 712 米，南墙 701 米，东墙 746 米，西墙 735 米。外城四墙各设一门，分别设置于各墙的中部，城墙外 6 米处有护城河遗迹。内城平面呈长方形，周长 1072 米，南、北墙的长度都是 218 米，东、西墙的长度都是 318 米，在南、东、西三面墙的居中部位各设有城门一处。目前在内城发现 8 处建筑遗址，其中内城中轴线上有 2 处，南为朝殿，北是寝殿，二殿之间通过回廊相连接，内

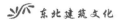

城东西两侧各有配殿 3 处。另外，在城的东南和正南还有 3 处寺庙遗址。

三　辽金时期的都城及城池

（一）都城遗址

1. 辽上京城遗址

上京是契丹建国之初设立的都城，也是我国古代漠北地区的第一座都城。辽神册三年（918），辽太祖耶律阿保机命礼部尚书康默记（汉人）为版筑使建都城，仅百日便初具规模，名曰皇都。天显元年（926），辽太宗耶律德光即位后继续营、扩建皇都。天显十三年（938）改皇都为上京，设临潢府。

从辽初（契丹）到圣宗朝的 100 多年间，上京一直是辽朝的统治、经济、军事和文化的中心。

上京城遗址位于内蒙古自治区赤峰市巴林左旗林东镇南面的河岸冲积地带，巴音高勒河自西穿过城址中部，缓缓东流汇入乌尔吉木沦河。皇都筑在两河交汇处的两面，南北两面都有大山横亘。

辽上京采用"两京城制"，即南北城制。其北城名皇城，是契丹统治者居住区域，也是初筑的皇都；南城名汉城，是辽太宗扩建的新城，为汉、渤海、回鹘族及工匠等居住区域。两城相连，平面略呈"日"字形。皇城略呈方形，城墙周长 6398 米，为夯土版筑，有马面等防御设施，四面城墙各开一城门（现存 3 座城门址）。皇都未扩建前，以东门为正门，面东南方向，扩建后改南门为正门，城门外有瓮城。皇城东南部为官署、府第、寺院和作坊区，街道呈不规整状。宫城位于皇城中央部位，其南门为"承天门"仿中原宫门形制，上修筑有城楼。宫城用矮墙分为南北两院，是辽王朝采取"因俗而治"政策的体现。据考古探查，宫城外北部区域未发现建筑基址，推测应是文献所载契丹贵族和卫戍人员搭设毡帐居住的地方。这种游牧风习，极具契丹族特色。汉城紧邻皇城的南侧，其北墙即皇城南墙。其他方位的墙是后来砌筑的，总长 5120 米，城墙较皇城低矮，无马面等防御设施，城内有南北大街和东西横街。辽上京两城制是"以国制治契丹，以汉制待汉人"政治制度的反映。"上京城在城市制度上和单体建筑物上，都充分体现了既有浓郁的契丹民族特点，又有中原地区的汉文化传统，反映了辽文化的二元性和辽汉文化相融合的统一性。"①

2. 辽中京城遗址

中京是辽最大的陪都，是辽代中晚期重要的政治、经济、军事与文化中心。中京城的地理位置接近中原地区，自古以来就是辽河上游、燕山以北的各少数民族杂居的地方。

"澶渊之盟"后，辽朝为在接待宋使时显示国富民强，又便于皇帝"四时捺钵"，辽圣宗统和二十五年（1007），在辽上京临潢府、南京析津府之间的奚王牙帐地②兴建中京城，设大定府。到了金代，中京为改称北京路大定府，元代改称大宁路，明代初年设大宁卫，永乐元年（1403）撤销卫所后逐渐变为废墟。

中京城遗址位于赤峰市宁城县天义镇以西约 15 公里的铁匠营子乡附近老哈河的北岸。中京城的规模宏大，由外城、内城和宫城三部分组成，总体布局基本上仿宋朝汴京开封府"三重城"的城市格局。中京城外城东西宽约 4200 米，南北长约 3500 米，周长约 15 公里。外城南部为汉人聚居及坊市区。内城位于外城正中偏北，宫城位于内城正中偏北，其北墙就是内城北墙。契丹统和二十六年（1008），北宋人路振出使契丹，在其所写《乘轺录》中对中京城有如下描述："契丹国外城高丈余，东西有廊，幅员三十里，南曰朱厦门，凡三门，门有楼阁。自朱厦门入，街道阔百余步，东西有廊舍约三百间，居民列廛肆庑下"，"街东西各三坊，坊门相对"，"三里至第二重城，城南门曰阳德门，凡三间，有楼阁，城高三丈，有睥睨，幅员约七里。自阳德门入，一里而至内门，曰闾阖门，凡三门，街道东西并无居民，但有短墙，以障空地耳。闾阖门楼有五凤，状如京师，大约制度卑陋。东西掖门去闾阖门各三百余步，东西角楼相去约二里。是夕宿于大同驿。驿在阳德门外。驿东西各三厅，盖仿京师上元驿也"，"自东掖门入，至第三门，名曰武功门，见房主于武功殿"，"自西掖门入，至第三门，名曰文化门，见国母于文化殿"，"七日，又宴射于南园，园在朱夏门外（注：中京城南有园

---

① 李联盟主编《中国地域文化通览 内蒙古卷》，中华书局，2013，第 135 页。

② 奚族，系东胡系的鲜卑分支，南北朝时期称库莫奚，隋唐时期称"奚"。唐代，奚族比较强盛。唐朝末年，契丹族崛起后，奚族被征服而归顺契丹政权，成为其一个部族。奚族各部族分奚王府管辖的各部和辽国直接控制的七部奚族。奚王牙帐地就是指辽国奚王府所在的地方。统和二十四年（1006），辽圣宗选择在奚王牙帐地兴建中京城时，奚王府献出七金山下土河（今老哈河）北岸一带。土河北岸为平坦的冲积平川，水草丰美，宜农宜牧，适宜兴建大型城邑。

囿，宴射之所)"，"官府、寺丞皆草创未就，盖与朝廷通使以来，方议建立都邑。内城中止有文化、武功二殿，后有宫室，但穹庐毳幕，常欲迁幽、蓟八军及沿灵河之民，以实中京"。①

中京城的总体布局特别是宫殿区的形制，与之前的上京城有较明显的区别，这充分反映了契丹接受中原汉文化程度的加深。

3. 金上京城遗址

东北地区作为女真人的隆兴之地，在金朝政治生活中始终占据着重要地位，因而统治者对东北地区的建设也较前朝各代更为重视。最具典型性特征的就是对开国都城上京会宁府②的扩建。

上京作为金代政权统治中心达 38 年之久，历金太祖、太宗、熙宗、海陵王四帝。上京城始建于金太祖即位晚期，金太宗天会二年 (1124) 始建宫城，正隆二年 (1157) 10 月海陵王下令迁都后焚毁，金世宗即位后，大定二年 (1162) 重建。

金上京城遗址位于黑龙江省哈尔滨市阿城区南 2 公里处，哈五公路与哈阿公路之间，是目前国内保存较好的少数民族政权的土城 (见图 3 - 11)。

上京城的城市建设效仿辽上京的形制，为"两京城制"③，但两者的南北城性质是不同的，辽上京的北城是皇城，南城是汉城，而金上京南北二城的功能正好相反。仿辽上京形制应始于上京城的第一次扩建。金太宗天会二年 (1124)，上京城开始扩建。整个工程是在少府监卢彦伦④的主持下进行的。《三朝北盟会编·许亢宗奉使行程录》《鄱阳诗集》等文献记载表明，卢彦伦在营建上京皇城的设计上，仿照了辽朝的营造制度⑤，并以辽上京临潢府⑥为蓝图。到熙宗朝，仍有后续建设。皇统六年 (1146)，仿北宋都城汴梁又进行了一次大的扩建，从而奠定了南北二城的基本规模与形制。

---

① 贾敬颜：《〈乘轺录〉疏证稿》，载中国地理学会历史地理专业委员会《历史地理》编辑委员会编《历史地理》第 4 辑，上海人民出版社，1986，第 200～203 页。

② 辽代把完颜部所在地称会宁州，金建国后沿用此名。

③ 采用南北二城形制修建城池在中国北方甚为少见，而金上京会宁府与辽上京临潢府堪称此形制的典型代表。

④ 卢彦伦，辽朝降金的汉人。据《金史》记载，卢彦伦为临潢府人，仕辽汉官，金军攻陷辽上京临潢府后降金。

⑤ 王禹浪、王宏北：《女真族所建立的金上京会宁府》，《黑龙江民族丛刊》2006 年第 2 期。

⑥ 辽上京临潢府位于今天的内蒙古昭乌达盟巴林左旗林东镇南波罗城，巴音高勒河与乌尔吉沐沦河相交之处西北岸的洪积台地之上。是辽朝的五京之首，是辽朝兴建较早，规模最大，集政治、经济、文化于一体的中心。

图 3 - 11　金上京城遗址局部

　　上京城整个城池南北长，东西短，呈不规则的长方形。城中间一道东西走向的腰垣将城市分为南城、北城两个部分，二城均呈长方形。南城东西宽2148 米，南北长 1523 米，北城东西宽 1553 米，南北长 1828 米。南北二城外廓周长近 11 公里，城墙由夯土版筑而成。南城是宫城所在地，此外，一些佛寺、庙宇及附属宫殿也分布在南城。北城则是居民区和手工业者居住区。通过现代考古发掘得知，宫城位于南城地势较高的西北角，东西宽 500米，南北长 645 米。北宫墙有门一处，其他三面宫墙皆有两处宫门。宫城南门与南城南门相对，门外均有瓮城，呈半环形。宫城之内，共有五宫殿，主殿为工字殿，前殿为朝殿，后殿为寝宫。中间由一贯通东西的墙隔开。在宫城之内还有沟通主殿和宫门的走廊，以及其他宫殿基址。[①]

----

　　①　阿城县文物管理所：《金代故都上京会宁府遗址简介》，1980。

金太宗天会年间开始建设上京会宁府，至金熙宗皇统年间基本完成。上京城是当时东北亚地区规模最为宏大的都市，也是同时期少数民族政权中最大的都城。据载，当时的金上京人口约有30万~36万人之多。

（二）塔虎城和八里城遗址

1. 塔虎城

塔虎城是吉林中部平原和西部草原上遗留的百余座辽代城址中的典型代表。

塔虎城是辽代的长春州、金代新泰州治所。辽代长春州于辽兴宗重熙八年（1039）设置，在行政上隶属上京道临潢府（今内蒙古自治区巴林左旗林东镇古城）。长春州作为辽代负责控制东北地区女真、室韦等部族的北方军事重镇，南接黄龙府，北扼松嫩两江，西邻泰州城，西南为通往上京临潢府的重要通道，位置非常重要。在当时塔虎城还是佛教圣地和贸易中心地。因其周围湖泡极多，是雁、鸭栖息之地，因此也是辽代皇帝春猎之场所。①

金灭辽之初，承袭辽制，塔虎城仍称为长春州。天德二年（1150），金朝将长春州降为长春县，隶属于金上京会宁府。大定二十五年（1185），金朝撤销泰州，承安三年（1198），又以塔虎城为泰州治所，原泰州降为金安县，隶属于新设置在塔虎城的泰州。考古学界将这变更后的泰州，称为新泰州。新泰州隶属于金北京路临潢府。为防御此时已强盛的蒙古之入侵，曾在这里设东北路招讨司，于是，塔虎城又成为金朝的军事要塞。金大安三年（1211），蒙古汗国对金发动大规模战争，塔虎城毁。

塔虎城遗址位于吉林省松原市前郭尔罗斯蒙古族自治县北部的八郎镇北上台子屯北侧。城址内现已垦为耕地。

2. 八里城

在东北地区目前仍遗留有为数众多的金代城址。松花江北岸最大的金代城址为黑龙江省肇东市境内的"八里城"。

八里城位于黑龙江省肇东市四站镇东八里屯附近，南距松花江干流5公里，居松花江左岸一弓形台地上。根据史料记载与考古研究，八里城始建于金天会八年（1130），为纪念金太祖完颜阿骨打"以太祖兵胜辽，肇基王绩于此，遂建为州称肇州，隶上京路"。目前确认该城为金代的军事重镇，学

---

① 王绍周总主编《中国民族建筑》第3卷，江苏科学技术出版社，1999，第468页。

术界多认为此城即是金肇洲，但也有异议。①

该城址近似正方形。四面居中设城门，均有半圆形瓮城，瓮城的北门、东门居中，西门、南门则偏左。城墙墙高 4～5 米，墙基宽 12 米，夯土版筑。城墙四角设有半圆形角楼，城墙每侧有马面 14 个，共 56 个，马面间距不等，最长 67 米，最短 44 米。城墙外 10 米处有护城河（壕）。南壕最宽最深，深约 7 米，上口宽 23.5 米，底宽 5～6 米左右，西壕最浅，深约 4 米左右。壕外有土堤一道环护全城，高出地面 1～1.5 米，宽 12 米左右。

城内现已垦为耕地，有土路一条贯通南北城门。除东门，南门被破坏外，城墙、城门、土堞与沟壕大体保存完。在黑龙江省境内已知的古城址中，八里城遗址是保存最为完整的一座。

四　明清时期的都城及城池

（一）清朝早期都城及盛京

从"启运之地"兴京赫图阿拉到东京辽阳城，直至盛京沈阳城，无不见证着清朝的"龙兴"之路。

1. 兴京——赫图阿拉城

赫图阿拉城址位于辽宁省新宾满族自治县永陵镇老城村，即新宾老城。"赫图阿拉"是满语，汉意为横岗，亦即平顶山岗。金时属东京路，元为沈阳路，明置建州卫。明正统五年（1440），努尔哈赤的五世祖董山与叔父凡察迁此居住。明万历十一年（1583），努尔哈赤袭建州卫都指挥使，赫图阿拉成为建州卫的政治军事中心。万历十五年（1587），努尔哈赤迁往佛阿拉城，赫图阿拉成为其族人居地。万历三十一年（1603），努尔哈赤复迁此居住，始筑内城，两年后又增修外城。此为赫图阿拉建城之始。直到后金天命七年努尔哈赤迁都辽阳城之前，赫图阿拉城一直后金政权的都城所在地。

赫图阿拉城是中国历史上最后一座山城形式的都城。赫图阿拉城"既保留了女真民族的风格，又吸收了中原汉文化的特点"②，整个城按照中原都城模式，突出中轴线，道路呈严整的方格网状。

---

① 杨龙：《肇东八里城遗址》，黑龙江新闻网，http://www.hljnews.cn/fouxw_wy/2009-04/15/content_732581.htm，2009 年 4 月 15 日。

② 林声、彭定安主编《中国地域文化通览　辽宁卷》，中华书局，2013，第 155 页。

现在的赫图阿拉城是近年来修复的，由内、外两城组成，均有城墙。内城面积 25 万平方米，主要有正白旗衙门、关帝庙、民居、汗王井等，遗址有汗宫大衙门、八旗衙门、协领衙门、文庙、昭忠祠、刘公祠、启运书院、城隍庙等。外城面积约 156 万平方米，主要有驸马府、铠甲制造场、弧矢制造场、仓廒区等。外城之外，东有显佑宫、地藏寺，东南有堂子，西北有点将台与校军场遗址。

2. 东京——辽阳城

清东京辽阳城始建于努尔哈赤后金天命七年（1622），城址位于辽宁省辽阳市区东城东太子河东岸。

辽阳城始于战国燕国及秦、汉时期的辽东郡首县襄平县、襄平城。东晋元兴三年（404），高句丽据辽东之地，改襄平城为辽东城。唐总章元年（668），唐攻陷平壤，设安东都护府，八年后，唐迁安东都护府至辽东城。神册三年（918），辽太祖耶律阿保机攻占辽东城，置辽阳府。天显三年（928），辽太宗耶律德光即帝即位，改辽阳府为南京。辽会同元年（938），改南京为东京，置辽阳府。设东京道，统辖 40 州。金收国二年（1116），金攻克东京辽阳府，仍袭辽制辽阳仍为东京。后改东京道辽阳府为东京路辽阳府，路、府均治辽阳城。元至元六年（1269）辽阳为东京总管府，至元二十四年（1287），设辽阳等处行中书省。行省辖辽阳路，省、路治所均在辽阳城。明洪武四年（1371），明朝在辽东设置定辽卫，洪武六年（1373）六月，置辽阳府、县。洪武八年（1375），定辽都卫改为辽东都司，治所在辽阳，其辖区相当今辽宁省大部。从此，辽阳成为明代辽东地区政治、军事中心。

洪武三年（1370）九月，元朝辽阳行省平章刘益归降后，明朝就开始了对辽阳城池的修筑，永乐十四年（1416）完成，其城市规模为辽东地区最大者。

后金天命六年（1621）三月，努尔哈赤攻克沈阳后，于当月二十一日攻破辽阳城。次年二月，努尔哈赤将都城从赫图阿拉迁往辽阳，开始兴建东京城。但因旧辽阳城面积过大，年久倾塌，防守不易，再加上城中汉人多有反抗，因此决定在距旧城以东八里的太子河北岸另建新城。于六月开工建设，次年七月完工，命为东京城。据记载，辽阳城尚未完全竣工时，努尔哈赤就已决定再迁都沈阳。辽阳城作为都城仅有四年的历史，但努尔哈赤在此进行的一系列的政治、经济、军事、宗教改革，使得女真社会发生了质的变化。

辽阳城建在一面临水、两面临山的高阜处，城内地势自南向北升高。城仿汉制，东西宽 896 米，南北长 886 米，城的平面呈"菱形"，各面均设二门，共八座城门。城门设瓮城，外有护城河。

天命七年（1622）命城门名，东面南为抚近门、北为内治门；南面东为德盛门、西为天佑门；西面南为怀远门、北为外攘门；北面东为福胜门、西为地载门。东京城的都城规制和八门名称均为后来的沈阳城所继承。

天命十年（1625）努尔哈赤迁都沈阳后，东京城设留守章京，驻兵防卫。为了修建沈阳城池及宫殿，将东京城的宫殿、衙署、城楼、墙砖悉数拆除，砖瓦木料皆运往沈阳。康熙二十年（1681）城守军移驻金州，该城逐渐倾圮。现该城仅有天佑门①及部分间断的夯土墙心遗址。

东京城的修建对清代建筑历史的研究具有重要意义。据记载，东京城内有两处汗王宫殿。理政用的"大衙门"位于西南角高岗上，正对天佑门。宫内有八角殿。寝宫在八角殿以西 100 米的另一处院落内，坐落在人工夯成的正方形高台上，台高 7 米，边长 16 米。推测认为，其平面布局与沈阳故宫中路的内廷相仿。

3. 盛京——沈阳城及其皇宫

沈阳城的建城历史始于辽代的沈州城。金、元、明时期的城址主要是沿用了辽代沈州城，而清时期则是在其基础上重修扩展而成的。

沈阳城历史悠久。战国时属燕国的辽东郡，为边哨"侯城"。秦汉时期，侯城渐成规模，为夯土方城，有南北城门、护城河。隋唐时称"沈州"。辽初，契丹人进入辽东开始向沈州移民，并修筑土城。金时沿"沈州"名，隶属东京路。元成宗元贞三年（1296）重建被兵火摧毁的土城，改沈洲为"沈阳路"，含沈州、辽阳两地名。明洪武十九年（1386），置"沈阳中卫"，属辽东都司管辖，这时的沈阳城尚属于"军事卫城"的性质。

明洪武二十一年（1388），辽东指挥使闵忠将元代沈阳路方城土墙加固改造成砖城墙。改建后的规模与原有的基本上相同，"九里三十步，其城墙高二丈五尺，厚一丈八尺，城周有护城河二道，河宽三丈，深八尺"。设城门 4 座，东西南北门两两相对，南为保安门，北为安定门，东为永宁门，西为永昌门。纵横交叉的十字形大街将整个城区划分成永宁、迎恩、镇远、靖边等四个区域。嘉靖年间扩建方城，加固北门安定门，并改称"镇边门"（俗称"九门"）。《增修盛京通志》记载"（城墙）内外砖石，高三丈五尺，厚一丈八尺"。加固后的北门军事防御能力更强。明万历三十八年至明天启

---

① 今天我们看到的"天佑门"仅基址是努尔哈赤时期修建的天佑门遗存。

元年（1610～1621），在与后金征战中，除北门外，明时的沈阳城墙几乎全部被毁坏。

后金天命十年，努尔哈赤从辽阳城迁都沈阳城以后，仅在镇边门内按女真族建筑形制修建了一座简单的"居住之宫"。天聪元年至天聪五年（1627～1631），皇太极对沈阳城进行了大规模的扩建改造，在原来城墙的基础上建设新城，形成沈阳的内城，在此基础之上又增建了外城。内城与外城两大部分共同构成了盛京沈阳城。改造后的内城周长为"九里三百三十二步"，比明城增加了三百零二步，墙"加高一丈，计三丈五尺"。城墙上筑女墙，女墙"七尺五寸"，留垛口六百五十一个，四角设角楼，以加强防卫。同时对原城的格局也进行了改建。改造后形成两横两纵交叉的"井"字形主街道。改四门为八门，但保留了原来的北门镇边门，这样北城墙的城门就为三座，从而形成所谓的"九门"。南墙左起为天佑门（即小南门）、德盛门（即大南门），北墙左起为福胜门（即大北门）、地载门（即小北门），东墙左起为抚近门（即大东门）、内治门（即小东门），西墙左起为外攘门（即小西门）、怀远门（即大西门）。保留的镇边门位于福胜门、地载门之间。除镇边门外，其他八个城门上均建有门楼，并在瓮城增设了木闸设备。

康熙十九年（1680），在内城的外围增筑呈不规则圆形的"关墙"，从而形成沈阳的外城。关墙夯土版筑，墙高约2.8米，周长约16公里，面积为11.9平方公里。与内城八个城门相对应，外城也设有八门（称边门），分别是小南边门、大南边门、小北边门、大北边门、小东边门、大东边门、小西边门和大西边门。同时把内城"井"字形（一说为"九宫格"）主街道延伸至八个边门，形成略呈放射状的主街。这样方形内城内城墙与关墙中间被分割成八个区域（称关厢），厢内设立八关，即小南关、大南关、小北关、大北关、小东关、大东关、小西关和大西关。各关分别为八旗旗人居住，各旗界限分明。

崇德八年至顺治二年（1643～1645），在城外的四面修建了四座塔寺，即南塔广慈寺、北塔法轮寺、东塔永光寺和西塔延寿寺。东西南北"四塔"分别位于皇宫的四个方向且均距沈阳城五里远。塔均为藏传佛教喇嘛塔形制。

沈阳城"内方外圆"的平面格局独具特色。这种"内方城、外圆廓、四方有塔寺"的形制受到过萨满教以及佛教特别是藏传佛教等宗教意识的影响。有研究认为，沈阳城的这种设计"与藏传佛教的曼荼罗图像极为相似"，因为"在他们看来，这种曼荼罗可以保护清朝及其国都盛京城，使各种邪魔不能侵入"。①

也有说法认为沈阳城还受到过道教及风水思想的影响。缪东霖《陪京杂述》云："按沈阳建造之初，具有深意，说之者谓，城内中心庙为太极，钟、鼓楼象两仪，四塔象四象，八门象八卦，廓圆象天，方城象地。角楼、敌楼各三层共三十六象天罡，内池七十二象地煞，角楼、敌楼共十二象四季，城门瓮城各三象二十四气。"

沈阳内城的核心就是皇宫部分。换句话说，沈阳城的内城、外城就是围绕皇宫建设的。今天人们把当时的皇宫称为盛京皇宫，又称沈阳故宫。

沈阳故宫是清太祖努尔哈赤及太宗皇太极定都沈阳时的宫殿。后金天命十年（1625）初建，努尔哈赤崩逝后，由皇太极继续修建。顺治到乾隆年间，对沈阳故宫进行过大规模的扩建，最终形成东、中、西三路②组成的宫殿建筑群。

沈阳故宫的东路、中路、西路的整体空间关系是在近乎平行的三条南北向主轴线控制下的三个部分（见图 3-12）。三部分的功能性质明确，既相对独立又横向沟通。

图 3-12 沈阳故宫鸟瞰

---

① 林声、彭定安主编《中国地域文化通览 辽宁卷》，中华书局，2013，第 281 页。
② 所谓"路"，是指中国古代建筑群的纵轴线。中国古代是以纵深方向组织建筑群体的，当建筑群规模大、规格高时，在一条纵轴线（主轴线）左右另设一条或多条与之平行的纵轴线，并依建筑等级来排列，这样，一条纵轴线就是一路，二条就是二路，以此类推。"路"数越多，意味着建筑群体的规模越大、规格越高，目前我们所见者以北京故宫紫禁城为极。

东路始建于后金天命十年，以努尔哈赤的大政殿和十大贝勒临朝的十王亭为核心（见图3-13）。殿亭同建在皇宫内的建筑布局体现了当时以八旗制度为核心的政治军事体制的要求，这种"君臣合署办公"的建筑群是中国古代宫殿建筑建造史上的孤例。大政殿与南北对称排列的十王亭组成的院落平面呈梯形，形成的庭院视野开阔，这种形式源自女真人帐幄式建筑群的布置方式。现已是也是沈阳故宫满族特色的重要标志。后来"东路"主要用作举行大典的礼仪之所。

图3-13　沈阳故宫东路的十王亭与大政殿（远处居中为大政殿）

中路修建于后金天聪元年至九年（1627～1635），包括皇太极所建的"大内宫阙"及乾隆皇帝所建的东巡行宫东西所。这一路是沈阳故宫的中核部分，其中大内宫阙是皇太极临朝理政和生活起居的宫殿区，其整体是沿中轴线按"前朝后寝"的格局布置的一组具有满族民居风格的五进合院式建筑群①，其中后二进院落位于高台之上。在大内宫阙中轴线上，依次布置有大清门、崇政殿（见图3-14）、凤凰楼（见图3-15）和清宁宫（见图3-16），中轴线左右两侧有关雎宫、麟趾宫、衍庆宫和永福宫等。大内宫阙的东西两侧是乾隆时期增建的皇帝东巡行宫，包括东所"东宫"、西所"西宫"，它们的主轴线与大内宫阙中轴线基本平行，二者院落空间形态基本相同。在东宫轴线上依次布置有颐和殿（见图3-17）、介祉宫和崇谟阁，西宫轴线上依次布置有迪光殿、保极宫、继思斋和敬典阁（见图3-18）。

---

① 所谓"进"，简单说就是"一路"中沿纵深方向布置的院落数量，一个院子就是"一进"，称一进院落，以此类推。通常东北地区的院落都是"合院"形式的。具体有三合院、四合院等，我们将在后续章节中介绍。

图 3 - 14　沈阳故宫中路大内宫阙的崇政殿

图 3 - 15　沈阳故宫中路大内宫阙的凤凰楼

图 3 - 16　沈阳故宫中路大内宫阙的清宁宫

图 3 - 17 沈阳故宫中路东所"东宫"的颐和殿

图 3 - 18 沈阳故宫中路西所"西宫"的敬典阁

西路是乾隆年间增建的以娱乐（宴会、赏戏等功能）和阅览功能为主的一组建筑。其中轴线上依次布置有戏台（见图 3 - 19）、嘉荫堂、文溯阁（见图 3 - 20）和仰熙斋等。

图 3 - 19 沈阳故宫西路的戏台

图 3-20　沈阳故宫西路的明二暗三层文溯阁

戏台、嘉荫堂和两侧的抄手游廊围合成的四合院为皇帝和百官提供了一处赏戏的场所。文溯阁以藏书和阅览为主要功能，存放有中国古代最大的丛书《四库全书》。

沈阳故宫总的占地面积为 6 万多平方米，它的建设虽然是分期形成的，但总体布局较完整，它具有的满族特色的营造方式与装饰艺术，适于寒地条件的建筑技术和风格等特点，使之富有不同凡响的艺术魅力和文物价值。

今天，沈阳故宫是我国仅存的两大宫殿建筑群之一。

（二）"兴城古城"和"桓仁老城"现状

1. "兴城古城"

"兴城古城"是山海关外的明朝晚期防御重镇。明将袁崇焕击败后金重兵的"宁远大捷"就发生在这里。

兴城古城位于辽宁省葫芦岛市兴城市老城区中心，城址北倚丘陵，南临渤海，是辽东地区通往中原的交通要道，历来为兵家必争之地。宣德三年（1428）明朝在此地设卫建城，赐"宁远"名，称"宁远卫城"。清乾隆四十六年（1781）重修，改称"宁远州城"。1914 年重新用"兴城"名，一直沿用至今。

历史上宁远城分内城、外城，内外城之间设有护城河。现外城已无存，内城经历代维修，基本保持原貌。宁远内城略呈正方形，城墙周长约 3260 米，其中，东西宽约 804 米，南北长约 826 米，城墙底宽 6.5 米，上宽 5 米，高约 8.8 米。城墙四角高筑角台。城的四面正中各有城门一座，外筑半圆形平面的瓮城（见图 3 - 21）。沿城门内墙左右砌坡形的登道，城门上设有两层高的箭楼。箭楼面阔三间，二重檐歇山顶，底层周围廊。

图 3 - 21　兴城古城的瓮城（局部）与箭楼

　　城内开辟有东西、南北大街各一，两者呈十字形交叉。在交叉中心设鼓楼一座。鼓楼的楼座为正方形，边长 20 米，高 17.6 米，大青砖砌筑。用十字拱券砌筑四个楼门，通达东西南北四面方向。楼座上设楼阁式门楼，高两层，面阔三间，二重檐歇山卷棚顶，底层周围廊。

　　目前，兴城古城基本保持着明清时期的风貌，是东北地区保存最为完好的古代城邑。重要的建筑有文庙（见图 3 - 22）及祖氏兄弟旌功石牌坊两座（见图 3 - 23）等。

图 3 - 22　兴城文庙院落

图 3 - 23 兴城古城内的祖大寿旌功牌坊

2. "桓仁老城"

"桓仁老城"位于辽宁省本溪市桓仁满族自治县城内。该城址位于佟佳江（今浑江）与哈达河交汇处，两条河流依山势而回转，形成与太极图极为相似的"阴阳鱼"图形，呈八卦形的桓仁老城就建在这"天然"太极图的阳极之上。桓仁老城不仅是八卦形，而且还与太极图形相联系，奇巧的结构，寓含着中国深远的传统文化，在中国县级以上的城市中，仅此一座[①]（见图 3 - 24）。

图 3 - 24 远眺"桓仁老城"

清光绪三年，清王朝批准盛京将军完颜崇厚所奏，解除对辽东"龙兴宝

---

① 桓仁县人民政府网，http://www.hr.gov.cn/comlist.asp? t = 2&s = 29。

地"的封禁，为加强边外防务，以肃边患，批准设立怀仁县，隶属于奉天府兴京抚民厅。1914 年 2 月 5 日，民国政府内政部通令将怀仁改名为桓仁县，以区别山西省大同市的怀仁县。

桓仁最早的城址在今天的六道河子乡荒沟门一带，城墙以土版筑而成，防御功能较差。当时土匪横行，经常袭扰县城及周边村屯。分巡奉天东边兵备道（简称东边道）道员陈本植[①]经常率军到此处剿匪。传说，一天晚上陈本植梦中受仙人指点有一宝地宜于建城，第二天便同知县章樾[②]登上五女山观望周围的地势。他们从五女山西崖俯瞰，只见哈达河由北向南缓缓而流，在与浑江汇合前向东南拐了个弯；而由东向西的浑江，在接纳哈达河水之后，由西南绕过东岸又拐弯转向东南蜿蜒而去。在两条蜿蜒流淌的河流流经、汇合之处，大自然鬼斧神工地创造了一幅惟妙惟肖的太极阴阳鱼图形。陈本植精通易经，判定此处阴阳二气首尾相接，浑然一体，循环无端，实为卧虎藏龙、人杰地灵之所在。于是，他建议把城址选在浑江东岸八里甸也就是天然太极图的阳极中"阳鱼眼睛"处，并按照八卦图形设计施工。章樾对陈本植的建议极为赞同。同时，章樾派人到浑江两岸取土称重，经过比较，发现江东的土重于江西，这说明江东根基深厚、土质牢固，更加易于建城[③]。当然，传说不足信，但章樾根据太极生八卦的理念，将城设计成八卦形状确是不争的。今天我们从"桓仁老城"地形地貌来分析，这里东、西、南三面临水，北面倚山，符合传统的城池建设理念。

据记载，确定城址后，章樾请示盛京将军完颜崇厚，经崇厚呈请朝廷批准在此处建城，作为县治所在地。光绪四年（1878）三月，章樾以"两江带环兮，气聚风藏。五岫屏列兮，原蔽形固，城象八卦以宜八风，门开三光以立三才"之理念开始筑城，历经五载完成。整个八卦城按照东南西北，山脉走势，水流去向，确定八卦方位，以接纳八方之风，寓意让百姓过上风调雨

---

① 陈本植（1821～1883），字珠树，亦海珊，合江南乡（今四川省泸州市合江县榕右乡）人。咸丰年间举人，历任热河建昌、朝阳、丰宁等县知县。后因擒盗有功，保荐升任知府，归直隶省候补。光绪元年（1875），随刑部尚书、奉天钦差、盛京将军完颜崇实（崇厚之兄）率兵剿匪，任全营翼长。光绪三年（1877），因军功升分巡奉天东边兵备道道员。

② 章樾（1847～1913），字幼樵，亦佑樵，河南祥符（今河南省开封市祥符区）人。曾任湖北郧县知县，后离职回籍为父母守孝 3 年，期满调奉天省。光绪二年（1876），任怀仁设治委员。光绪四年（1878）试署怀仁县，光绪六年实补为怀仁知县，是为首任知县。

③ 吴庆洲：《仿生象物与中国古城营建》下，《中国名城》2016 年第 11 期。

顺的幸福生活。城垣按照八卦图形设计八边八角，周长约1500米。因城北依山，为防阻断山脉的来势，仅建有城楼，而不置门、不修城壕。其他三面则按规制设门及城楼，东门称"宾阳"，西门称"朝京"，南门称"迎薰"①。八卦城城池的修建有效地提高了当地的行政管理能力和对土匪袭击的防御能力。只设朝京、宾阳和迎薰三个门，当是求天时、地利、人和的统一之意②。

在民国时期的《桓仁县志》中刊有章樾撰写的"新建桓仁县碑记"，从中可以了解到桓仁建城的来龙去脉。全文如下：

新建桓仁县碑记

帝德广运，普及遐方，体好生之靡极，乃锄莠以安良。建城垣于辽廓，爰火辟乎榛荒。桓仁县旧无址基，地遗边外。踞九鄙之襟右，限秽荓而为界。封禁久严，鸟兽充牣。绝巢窟而无居人，山碕碍而径鲜猎迹。因兹马贼潜至，啸聚日多。初觅糇粮，而窃村落。久肆行于城邑，而公然杀夺。利镞狂飞兮，麈慴豹惊。火机伏莽兮，熊穿虎罹。四境游氓，贪饵蜂聚。沿海流亡，闻风鼠合。深山穿穴，以蔽风日。芜野辟莱，而艺稷黍。由是崄堑日开，远人渐集。蒙茸杂处，薰莸各别。经崇帅据情而题疏，经左督率师而绥抚，锄蔓不胜，则镇抚良难。幸邀彼宸鉴，恤兹蠢蒙，念蠕蠕之无依，爰设官而作城。帑镪远拨，即命版筑，负土为圩，抚戢编户。余蒙彼庆公，奏调是邑，监工抚众，修垣鏊池。自顾才疏，忝膺重寄。垦辟荒榛，日不暇息。西界新宾绕道之山，东迄高丽将军之石，北邻通北之冈山，南接宽甸之蜂蜜。四至编乡，和亲康乐，保区分乎四十，俾各勤乎耕作。惟时开市井，酌赋税建公廨，置营房，立庠塾而课士，铲劳崇而通商。设津渡，兴驿递，谨犴狱之围墙，纷纶粗营，惊犹彷徨。窃思城小宜坚，禀请夫石，实薪缚苇，只可从权。沙水冻合，终非久计。蒙吁题而愈允，急觅工而招徕。于是相度形势览择斯土。两江带环兮，气聚风藏。五岫屏列兮，原蔽形固，城象八卦以宜八风，门开三光以立三才。日夕督作，不敢稍宽。乃首夏而土始

---

① 丛焕宇：《桓仁老城墙暗藏"八卦城"信息》，《辽宁日报》2015年3月19日。
② 李影：《神奇的桓仁八卦城》，载孙成德主编《奉天纪事》，辽宁人民出版社，2010，第346~350页。

融，交九秋而冰已固。五年于此，工始告完。宏恩丕冒，周乎垓埏。民工顾以胼胝，挥血汗兮堪怜。余能鲜而德薄，实无功以怀惭，爰泐碑而作记，苞桑巩固兮，于万斯年。

光绪八年岁次壬午仲既望立，河南光州魏养源书。[①]

2000 年春，北京大学考古专家王思涌、吴必虎经过考证，确认桓仁老城为八卦城。这一结论后得到航拍佐证为实。

[①] 章樾：《新建桓仁县碑记》，载自侯锡爵《桓仁县志》（第八卷，艺文志，第一节，杂著），民国十九年石印本。引自吴庆洲《仿生象物与中国古城营建》下，《中国名城》2016 年第 11 期。

东北传统礼制建筑的主要类型

礼制建筑是为祭祀礼仪服务的建筑及举行礼仪活动的场所。在古代，礼制建筑的地位往往高于为人服务的实用性建筑。东北地区现存的礼制建筑包括，祭祀礼制类的祠庙、陵墓建筑以及牌坊等。

早在红山文化时期，东北地区就已有成规模的礼制建筑，尤以辽宁省牛河梁遗址中发现的一处规模宏大的祭祀建筑群为典型。这组建筑群中的核心建筑女神庙的等级、规模都远超以往任何时期采用单间、双间甚至多间房屋等情形，它采用的多空间组合的复杂结构，主次分明、左右对称、前后呼应的布局形式，开创后世殿堂式样和宗庙整体布局的先河。①

金代在长白山地区修建有大规模的"国家级"礼制建筑。据公开的报道，目前发现并确认的"宝马城——金代皇家神庙遗址"就是金代皇家修建的长白山山神庙故址。长白山山神庙遗址位于吉林省安图县二道白河镇西北4公里处的丘陵南坡上，距离长白山主峰约50公里。据《金史》记载，金大定十二年（1172），金世宗仿效中原皇帝封禅五岳之举，册封长白山为"兴国灵应王"，建长白山山神庙，每年春秋遣派官员祭祀。金明昌四年（1193），金章宗提升长白山封号为"开天宏圣帝"。考古发掘确认，该遗址中的工字殿就是山神庙正殿。正殿及附属建筑等的整体布局同嵩山中岳庙、华山西岳庙极其相似。该遗址是我国东北首次发现的金代皇家山祭遗址，也是长白山地区目前发现的等级最高的建筑文化遗存。

满族"堂子"是东北地区一种极富民族特色的祭祀、礼制类建筑。堂子

---

① 林声、彭定安主编《中国地域文化通览　辽宁卷》，中华书局，2013，第42页。

是满族的萨满"堂子祭祀"的场所。从功能上来说应属于祠堂的一种。祭堂子是满族最重要的信仰和祭祀典礼，具有浓厚的原始宗教色彩。清朝兴起之初，各家均可设堂子祭神。清入关前努尔哈赤在费阿拉（抚顺新宾满族自治县）建城时，即在外城筑"祭天祠堂"以祭天。此后努尔哈赤在兴京赫图阿拉（今辽宁省新宾满族自治县）、东京辽阳、盛京沈阳均建有堂子。①

一 祭祀礼制类的祠庙

东北地区现存的礼制类的祠庙主要有祭山为主的山神庙，祭祀祖先为主的太庙，祭祀各方圣贤的庙宇如文庙、关帝庙等。

（一）山神庙

中国古代，历朝皇帝都有祭祀天地山川的活动，因此皇封有"五岳"和"五镇"。② 与之相适应的都建造有各自的山神庙。

北镇庙是"北镇"医巫闾山山神庙，目前是全国五大镇山中保存完好的唯一一处镇山庙。

医巫闾山古称于微闾、无虑山，今简称闾山，位于辽宁省北镇市境内。闾山属阴山山脉余脉，山势自东北向西南走向，纵长四十五公里，横宽十四公里，面积六百三十平方公里，最高峰——望海峰海拔 886.6 米。北镇庙就坐落在主峰望海峰山脚状如龟趺、朝阳的小山丘上。海拔 112 米，东距北镇市区约 2 公里。

北镇庙始建年代说法不一。最早记录闾山山神庙的文献是《隋书·礼仪》。据载，隋开皇十四年（594）闰十月，诏封全国四镇，并就山立祠。但当时所建"祠"是否为现在的山神庙有待考证。唐天宝十年（751），封闾山为"广宁公"，并祭祀。金大定四年（1164），颁祭祀闾山事宜，建"广宁神祠"。元大德二年（1298），封闾山为"贞德广宁王"，改扩建为"广宁

① 张晶晶：《从满族堂子祭天到天坛圜丘祭天——试论清朝入关前后祭祀观的演变》，载武斌主编《多维视野下的清宫史研究》，现代出版社，2013，第 313 页。

② "五岳"是指，位于山东省泰安市泰山区的东岳泰山，位于陕西省渭南市华阴市的西岳华山，位于湖南省衡阳市南岳区的南岳衡山，位于山西省大同市浑源县的北岳恒山，位于河南省郑州市登封市的中岳嵩山。"五镇"是指，山东省临朐县内的东镇沂山，陕西省宝鸡市内的西镇吴山，浙江省绍兴市内的南镇会稽山，辽宁省北镇市内的北镇医巫闾山（即闾山），山西省霍州市内的中镇霍山。"五岳""五镇"合称中国古代"十大名山"。

王神祠"，元末祠庙毁。明洪武年间，封北镇医巫闾山为"神"，洪武三年（1370），建山神庙，称"北镇庙"。明清时期多次修扩建该庙，现存的北镇庙建筑群是20世纪90年代以来，按照明清时期的原貌重新修复的。

北镇庙规模宏大，整个院落南北长240米，东西宽109米。整个建筑群依山就势层层向上排列布局，共有三进院落，主要建筑均坐北朝南。中轴线沿南北方向延伸，由前至后依次排列有，石牌坊、仪门、神马殿、御香殿、正殿、更衣殿、内香殿和寝宫。北镇庙的最南端是石牌坊，采用五间六柱五楼式，顶上明楼为庑殿式的（见图4-1）。过石牌坊拾阶而上即是仪门。仪门坐落在高大的台基之上，采用门殿样式，辟三券门，歇山式屋顶，绿色琉璃瓦屋面。仪门内就是第一进院落，神马殿及其附属建筑均坐落在院内高大的台基之上。神马殿面阔五间，歇山式屋顶，灰瓦屋面（见图4-2）。神马殿左右两侧分别为二层的钟鼓楼，均为歇山式屋顶。过神马殿进入第二进院落。御香殿坐落在二层高大的台基之上。御香殿是陈放朝廷御书和皇家祭祀用香蜡供品的地方，面阔五间，歇山式屋顶，灰瓦屋面（见图4-3）。殿前放置有石碑10余通。过御香殿进入第三进院落，依次布置正殿、更衣殿、内香殿和寝宫。四座殿堂坐落于同一个高大的台基之上，均为绿色琉璃瓦屋面。正殿居于建筑群的中心位置，是举行祭祀典礼的场所，面阔五间，进深三间，歇山式屋顶（见图4-4）；更衣殿是祭祀前更换衣服的地方；内香殿是祭品、香火的地方；寝宫是闾山山神内宅，规模仅次于正殿。

图4-1 北镇庙的五间六柱五楼式石牌坊（后面为仪门）

图 4 - 2　北镇庙神马殿

图 4 - 3　北镇庙御香殿

图 4 - 4　北镇庙正殿

（二）太庙

太庙是中国古代皇帝的宗庙。太庙在夏朝时称为"世室"，殷商时称为"重屋"，周称为"明堂"，秦汉时起称为"太庙"。清迁都盛京后修建有盛京太庙。

清朝是在中原传统文化的影响下开始立太庙的。后金迁都沈阳初期，只是按照女真人的习俗在寝宫内设祖宗龛，这时尚未建有太庙。清崇德元年（1636）四月，清太宗皇太极建号大清，登基称帝，下诏于盛京城抚近门（大东门）外六里建太庙，供祀清肇祖孟特穆、兴祖福满、景祖觉昌安、显祖塔克世、太祖努尔哈赤五祖及其正室夫人神位。这时的太庙规模，在康熙年间董秉忠等人修纂的《盛京通志》卷二有载，"太庙，在抚近门外，大殿五间，前殿三间，大门三间，大门傍东西角门二间，大殿后房六间，周围广三十五丈，袤四十丈"。

清廷入北京后，太祖等皇室先祖神位于顺治年间相继奉入北京太庙，盛京太庙遂"神去庙空"而停用，后来更是"倾圮不存"。

清乾隆四十三年（1778），乾隆皇帝第三次东巡盛京，依据"左祖右社"坛庙之制①，在皇宫正门大清门以东的景佑宫②所在地重建太庙，而将景佑宫移到德胜门（大南门）内大街路东重建。乾隆四十六年（1781），新建的盛京太庙竣工。完工后的太庙被纳入盛京皇宫建筑群范围，与诸多宫殿一并交由盛京内务府管理。移建的太庙落成后，未依制安设皇室先祖神位以享祭，而是经奏准不再设神位，只专门收藏从北京太庙移送过来的太祖、太宗、世祖、圣祖、世宗五朝帝后的玉宝、玉册。③ 自乾隆皇帝第四次东巡开始，历朝皇帝东巡盛京时，都要到盛京太庙正殿的玉宝、玉册前上香行礼。

---

① "左祖右社"之制，简单说就是在宫阙前东侧建太庙，西侧建社稷坛。
② 景佑宫，原名三官庙，为明朝时期修建的道教宫观，始建年代不详。因该道观内供奉着天官、地官、水官，故名。清初，努尔哈赤、皇太极时期相继营建盛京宫殿时，将紧邻皇宫的这座道观予以保留。清太宗皇太极还曾敕选道士在此焚修，并拨给财物、土地、人役等，但三官庙已不再是寻常百姓所能进入焚香膜拜的道教宫观。清廷定都北京后，三官庙仍受到清帝重视。康熙二十一年（1682），康熙帝第二次东巡时再次驾临于此，亲题"昭格"匾额悬挂于大殿，并赐名"景佑宫"。
③ 玉宝、玉册也称作谥宝、谥册，是清代记载皇帝和皇后死后所立的庙号谥号所用。清代从顺治初年开始有玉宝、玉册制度，后来每位皇帝和皇后去世，都要按制制作玉宝、玉册一份，供奉在北京太庙之中。玉宝、玉册制作得相当精致，其原料都选用整块的青玉、苍玉、碧玉。印面以满汉文合璧，镌刻帝（后）庙号和谥号。

可以说盛京太庙并非规制健全的皇家宗庙。

盛京太庙位于今沈阳故宫正门大清门以东、文德坊以西。占地 1200 平方米，一进四合院格局。主要建筑有仪门（见图 4 - 5）、正殿、东西配殿、耳房等。正门坐落在高台之上，前设坡路，门殿样式，面阔三间，硬山式屋顶，贴左右山墙辟墙门，台阶上面较正门低一些，门楼顶是硬山式的。正殿位于院内北侧正中台基之上，坐北朝南，面阔五间，前出檐廊，歇山式屋顶。正殿东西两侧，有东西配殿各三间，耳房各两间。盛京太庙院落地面高于皇宫正门大清门，各殿堂屋面均覆金色琉璃瓦，这与沈阳故宫内殿堂的绿剪边形式明显不同，其正脊、垂脊、螭吻及相关纹饰也与故宫内的不同，具有明显的中原建筑风格。

图 4 - 5　沈阳太庙正门

（三）文庙

文庙又称孔庙，在祭祀、礼制性建筑系列中，祭祀中国伟大思想家、教育家，儒学鼻祖孔子的文庙具有非常重要的地位。文庙始称孔庙，唐开元二十七年（739）玄宗李隆基封孔子为文宣王，因此孔庙又被称为宣王庙，明代以后称文庙。光绪三十二年（1906），清政府升祭孔为"国祀"。

历史上，受中原主流文化的影响，东北各地方政权大多时候积极接纳吸收儒学思想，辽金元清各代"尊儒拜孔已经成为一种祖制"。"建筑孔庙、祭孔活动，本来是汉族的传统文化，大体在南北朝时期为少数民族汲取，辽金元清各朝相继继承发展之"。"元代，兴中府、高州、利州、建州、锦州、开原、辽阳、光明、宁等地均有孔庙，甚至蒙古贵族封地应昌城、宁昌城也有孔庙。明代，辽东都司所辖辽阳等 14 个卫所都有孔庙"，其中，建于洪武十四年（1381）的辽阳孔庙规模最大。

东北地区目前发现的最早的孔庙是建于辽神册三年（918）的辽上京临潢府皇城西南角国子监北侧的孔庙，而金熙宗天会十五年（1137）在上京修建的孔庙是我国最北的孔庙[①]。

东北地区现存最大的孔庙是吉林文庙。该庙是清朝在东北地区修建的第一座文庙。

1. 吉林文庙

吉林文庙位于吉林市昌邑区南昌路 2 号，其前身是永吉州文庙，清乾隆元年（1736）诏建，乾隆七年（1742）建成，规制略备。最初庙址在吉林旧城内东南隅老师衙胡同。乾隆五十五年（1790），城内发生火灾，文庙被焚。当年吉林将军林宁又在原址重建。光绪三十三年（1907），吉林设行省，吉林城为省会所在地。吉林巡抚朱家宝和提学使吴鲁，鉴于原文庙殿堂简陋，不足以尊孔展敬，遂聘江苏训导管尚莹去江宁考察文庙建筑，并决定于东莱门外择地（即今址）拓建新庙。经过两年多的时间，于宣统元年（1909）落成。1920～1922 年，经吉林省督军兼省长鲍贵卿主持重修，确定了现有的建筑格局和规模（见图 4-6）。

吉林文庙参照曲阜孔庙的规模修建，南北长 221 米，东西宽 74 米，占地面积 16354 平方米。共有三进院落，有正殿、配殿 64 间。四周红墙高达 3米。整个建筑群强调南北向主轴线，主体建筑均在这条主轴线上的，且为坐北朝南位，由南至北依次为照壁、泮池、泮桥（又称状元桥）、棂星门、大成门、大成殿[②]、崇圣殿。大成门和大成殿两侧的东西配殿分别是名宦祠、乡贤祠、省牲厅、祭器库、先贤祠、先儒祠。此外，还有钟、鼓楼等。

院落最前端的大照壁 6 米高，近 40 米长，照壁背面东西两侧设有辕门，这在我国文庙建筑中较为罕见。通过照壁券门进入第一进院落。泮池采用月牙形故又称月牙池，其上设置拱桥——泮桥。泮桥是花岗岩构筑的单孔拱

---

① 田子馥：《中国东北汉文化史述》，中国社会科学出版社，2015，第 164、166 页。
② "大成"一词出自《孟子·万章》下，"孔子之谓集大成。集大成也者，金声而玉振之也。"意孔子创立的儒家学说集夏、商、周文化的精华，博大精深、影响久远。唐代时称文庙的正殿为文宣王殿，宋代称为大成殿，元代称宣圣殿，明代称先师庙，清代复称大成殿。

图 4-6　吉林文庙鸟瞰

桥，汉白玉雕栏端庄精美，别具一格。棂星门在状元桥的北面，是一座三间四柱冲天式石牌坊，四颗冲天柱顶各有一只石狮。大成门坐落在第一进院落的北侧正中处。大成门门殿样式，面阔五间，前出檐廊，设廊心看墙，歇山式屋顶，金色琉璃瓦屋面。门庭内东悬钟，西悬鼓。大成门左右有掖门，东曰"金声"，西曰"玉振"。大成门两侧的厢房面阔七间，前出檐廊，青砖墙面。厢房屋面灰瓦的铺砌参照吉林市一带民居的做法，中间部分采用仰瓦铺砌，两侧作二垄合瓦。过大成门进入二进院落。大成殿就坐落在院落北侧高1米多的台基之上，须弥座台基，有台阶、月台和台明，台阶居中设丹陛。大成殿平面东西长36米，南北宽25米，高19.64米，面阔九间，周围廊，二重檐歇山式屋顶，金色琉璃瓦屋面（见图4-7）。正脊上作琉璃盘龙浮雕。在大成门、大成殿的两侧均设有东西配殿，最南边的两栋为名宦祠和乡贤祠，即地方官宦和儒士的祠堂。与大成门平行的两栋为省牲厅和祭器库。大成殿两侧的配殿为先贤祠和先儒祠。第三进院落的最北端为崇圣殿，为孔子的祖庙殿，面阔七间，进深五间，前出檐廊，歇山式屋顶，金色琉璃瓦屋面。

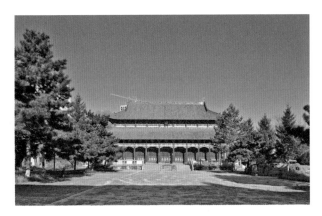

图 4 - 7　吉林文庙大成殿

吉林文庙落成以后，直到新中国成立之前，每年春丁、秋丁和孔子诞辰（农历八月二十七日），都要举行盛大的祭祀活动。

2. 阿城文庙

阿城文庙位于哈尔滨市阿城区内东南部保安门里（今柴市门里），清道光七年（1827）始建，咸丰、同治年间扩建。现存的文庙是光绪二十二年（1896）重新修建的，是黑龙江省境内历史较悠久，建筑规制较为完善的孔庙之一。

阿城文庙院落平面呈长方形，共有两进庭院，占地面积 3300 平方米。沿南北向主轴线布置主体建筑，历史上，自南向北整齐地排列有照壁、泮池、泮桥、棂星门、大成门、大成殿。大成殿两侧有东西配殿，前为东西厢房，后置崇圣祠、启圣祠。由于年久失修、自然损坏等原因，照壁、棂星门、崇圣祠、启圣祠已不存在，院墙也亦倒塌。目前的大成殿、东西配殿和大成门是 1997 年修复的。

阿城文庙的第一进院落现只有泮桥保存还算完整。过泮桥迎面就是大成门（见图 4 - 8）。大成门为门殿形式，面阔五间，前后出廊，硬山式屋顶，小青瓦屋面，居中三间（明间与左右次间）通门，梢间为门房。进入大成门就是第二进院落，大成殿位于院落的北侧正中处，大成殿设有高约 0.6 米的砖砌台基，有台阶、月台、台明，台阶居中为丹陛，上有二龙戏珠浮雕，殿堂就坐落在台明之上。大成殿面阔七间，周围环廊，歇山式屋顶，小青瓦屋面（见图 4 - 9）。大成殿东西两侧的配殿，均面阔五间，前出檐廊，歇山式屋顶，小青瓦屋面。

图 4 - 8 阿城文庙泮桥和大成门

图 4 - 9 阿城文庙大成殿

阿城文庙没有照壁门。据传，在文庙修建之初，仅修建了照壁，这是因为无论何地修建文庙，都必须由当地的状元祭祀孔子后，方可修建照壁门，即状元门，但由于历史上黑龙江地区无人考取状元，所以也就无法辟设（哈尔滨文庙是这样的）。

目前阿城文庙院落杂草丛生，院墙坍塌，可以说处于"荒芜"状态。经实地踏查，阿城文庙现在大成门东侧设有一偏门，大成殿东侧也有一便门，当是进入文庙的第一、二进院落的出入口。

3. 长春文庙

长春文庙位于长春市南关区东天街 339 号，西临亚泰大街。始建于清同治十一年（1872），由士绅朱琛捐资兴建，修大成殿三间，崇圣殿三间，东西两侧各有配殿三间，另有大成门三间，前院有东西更衣厅各三间。光绪二十年（1894）和民国十三年（1924），分别由长春知府杨同桂和长春县知事赵鹏第主持过两次大规模的维修和扩建。1924 年第二次修建的资金由官绅知商学各界募款而来。据史料记载张作霖为重修长春文庙捐款小洋 5000 元。

长春文庙整个院落原占地面积约 1.2 万平方米。"文化大革命"期间毁坏严重。2002 年长春市相关部门开始重新修建长春文庙，并建设融文化、教育、旅游功能为一体的长春"孔子文化园"。建成后的孔子文化园占地约 5 万平方米，分东、中、西三个区域，中部区域就是长春文庙核心区（即文庙文物保护区），在核心区的东部设立教育区，在紧邻亚泰大街的西部为文化休闲区。需要特别指出的是，2002 年起开始重建的长春文庙，无论是用地规模还是建筑规格都远远超过历史上的那个"长春文庙"。

目前，重建的长春文庙核心区为三进院落，主体建筑均坐北朝南，所有建筑均为仿古样式。整体来看与吉林文庙有很多相同之处。整个核心区建筑群强调南北向主轴线，在这条中轴线上由南至北依次为文庙正门状元门、照壁、泮池、泮桥、棂星门、大成门、大成殿、崇圣殿和明伦堂等。

第一进院落由南至北依次为照壁、泮池、泮桥、棂星门。泮池采用与吉林文庙类似的月牙形，其上修建花岗岩泮桥。过桥后为棂星门。棂星门的形式与吉林文庙基本相同，也是一座三间四柱冲天式石牌坊（见图 4-10）。在棂星门东西两侧对称建有钟鼓楼。二者均二层高，歇山式屋顶。钟楼往东为魁星楼。魁星楼平面为六边形，三层高，六角攒尖顶。大成门坐落在台基之上，门殿样式，面阔三间，前后檐廊，歇山式屋顶，灰瓦屋面。过大成门在二进院落的正中即为坐落在台基之上的大成殿（见图 4-11）。大成殿为文庙的核心建筑，面阔七间，前出檐廊，二重檐歇山式屋顶，灰瓦屋面，台基仿须弥座形式，设汉白玉栏板、基座。殿内主祀孔子，两旁供有四圣、十二哲人塑像，还设有编钟、编磬以及其他祭祀用品等。东配殿现辟为《儒圣孔子——孔子圣迹图艺术精品展》展室，西配殿现辟为《开科取仕——中国科举文化专题展》展室。第三进院落沿中轴线依次为崇圣殿和明伦堂。崇圣殿坐落在台基之上，面阔五间，前出檐廊，歇山式屋顶，灰瓦屋面。明伦堂坐落在台基之上，面阔七间，殿高两层，前出檐廊，歇山式屋顶，灰瓦屋面，台基仿须弥座形式，设汉白玉栏板、基座。现在一层为市民道德大讲堂，为传播国学的场所，二层为书画展厅。明伦堂东侧为文昌阁，阁高二层，八角攒尖顶。从棂星门、大成门到大成殿，两侧均设有东西配殿（厢房）。

图4-10　长春文庙三间四柱冲天式石牌坊（左侧远处为鼓楼）

图4-11　长春文庙大成殿

目前，长春文庙已经开辟为长春市进行祭孔等传统民间文化活动、弘扬国学文化的重要场所和旅游特色景点。

（四）关帝庙

关帝庙是奉祀三国时期蜀国关羽的祭祀性建筑。关羽初封为"侯爵"的祭祀祠堂为"关侯祠"等。宋代赐封为"王"之后，改称"关帝庙"。民间称"关帝庙"为"武庙"。关帝崇拜，是我国流播广、影响大的民间信仰之一。关帝庙遍布各地，其中有专奉祀关羽的关帝庙，也有将其与别的神佛一同奉祀的寺庙和道观。

东北地区主要的关帝庙有朝阳关帝庙、吉林北山关帝庙等。

1. 朝阳关帝庙

朝阳关帝庙位于在辽宁省朝阳市双塔区营州二段 15 号。据记载，关帝庙所在位置是辽代"灵感寺"（元代称"大通法寺"）址。明代时，灵感寺被废弃，清乾隆八年（1743）在其原址上建关帝庙。从嘉庆到光绪年间该庙进行过多次增建或维修，民国初年，在庙关帝殿增供岳武穆王牌位，合祀关羽、岳飞，故又称关岳庙。

关帝庙占地面积为 3700 平方米，整个院落呈南北向纵深布局，共有三进院落。沿中轴线从南至北，依次为棂星门、牌楼、马殿、仪仗殿、关帝殿和配殿等，附属建筑主要有钟鼓楼、厢房、斋房和观音殿等。

通过棂星门即进入第一进院落，该院落现仅有马殿，原来的牌楼已不复存在。马殿面阔、进深各三间，前后檐廊，硬山式屋顶。穿过马殿就是第二进院落。第二进院落中轴线上为仪仗殿，两侧设钟、鼓楼。仪仗殿面阔、进深各二间，前出檐廊，硬山式屋顶。仪仗殿的后面是第三进院落。第三进院落正北面为半米高的台基，其上建有三座大殿，正中为关帝殿，左右配殿分别是药王殿和财神殿，东西两侧为厢房。关帝殿为一殿一卷式的，面阔三间，进深三间，主体为硬山式屋顶，抱厦为卷棚式。药王殿、财神殿均面阔三间，进深三间，硬山式屋顶。除中轴线上的三进院落外，有东西跨院。

2. 吉林北山关帝庙

吉林北山关帝庙位于吉林市船营区北山公园内东峰上，是吉林北山寺庙群的一部分。始建于康熙四十年（1701）。雍正九年（1731）、同治八年（1869）以及民国十三年（1924）辟北山为公园时历经多次修建、重建、扩建，新中国成立后又经多次维修、改建，确定了今天的格局、规模，占地面积约 4500 平方米。北山关帝庙是整个寺庙群修建年代最早的一组建筑，现为吉林地区佛教信徒比丘尼活动的场所。

关帝庙位于北山东峰前沿，在整个寺庙群中地势最低，它隔东湖与吉林老城遥望（见图 4-12）。关帝庙的修建充分利用了北山的地理环境。由于受山形地势的影响，在平面布局上没有采用中轴线对称的传统方法，而是依山就势，呈自由组合式布局，但各主要建筑物均坐落为偏东南的朝向。关帝庙的入口处利用高差变化设置了沿墙而上的石板台阶，与大门的方向相垂直。整个院落形成纵向的由低向高的序列，通过石板台阶、台基等将院落内的建筑物连接为一体。正殿（关帝殿，又称伽蓝殿）位于院落偏东一侧，坐落在高大的台基之上。正殿面阔三间，一殿一卷式，主体是硬山式屋顶，前面的抱厦是后接的，为卷棚悬山式屋顶。正殿东侧为面阔三间的地藏殿（原称翥鹤轩），西侧原为暂留轩，近年拆除后在其原址及西南处建有大雄宝殿一座，该殿为面阔五间的二重檐歇山式屋顶的仿古建筑，其巨大的尺度和华丽的规格与正殿等原有建筑物对比强烈（见图 4 - 13）。正殿月台对面原为戏台，"文化大革命"期间，戏台和两侧的钟鼓楼损毁严重，改革开放后，将砖木结构的钟鼓楼进行了复建，残存的戏台被改造为呈倒座形式的天王

图 4 - 12　吉林北山关帝庙远眺

图 4 - 13　吉林北山关帝庙新建的大雄宝殿与正殿（右）

殿。在天王殿东南外墙上书有一巨大的"佛"字。正殿后院设有东西配殿，面阔均三间。西配殿位于正殿西北，为胡仙堂，东配殿位于正殿东北，为菩萨殿。

除了朝阳关帝庙和吉林北山关帝庙外，普兰店也有一处关帝庙，即南山关帝庙。南山关帝庙位于辽宁省普兰店市的南山公园内，始建于清代，属于民间修建的关帝庙，现有的建筑是1992年修复的。该庙形制规模小，占地390平方米。仅有一进院落，由山门、主殿和左右配殿组成。左配殿为玉皇殿，右配殿为三圣殿。正殿与配殿坐落在同一台基之上，单体建筑风格十分简约，皆为硬山式屋顶。

二 陵墓建筑

陵墓建筑是一种特殊的祭祀类礼制建筑。东北地区现存最重要的陵墓建筑当属高句丽时期的王陵和清朝入关前的"盛京三陵"。

（一）墓葬与陵墓

在我国，陵墓建筑是古代建筑体系的重要组成部分，是人工智慧与自然环境相融合的综合艺术。中国古代墓葬由墓和葬组成。"墓"是放置逝者尸体的固定设施，"葬"则是"墓"所在的场所。中国古代建有一整套的墓葬制度。按逝者社会地位的高低，墓葬存在着严格的阶级和等级的差别。高等级的墓葬称为陵墓[1]，为各类君王专属。

1. 东北地区古代墓群的分布与种类

在东北，已知的古代墓群数量大、种类多。从新石器时代到明清等时期的古墓有千余处。这些墓葬由于建造方式和主体建筑材料的不同，其形式也各不相同。

辽东半岛南端曾发现过新石器时代晚期到青铜时代的积石冢。积石冢的外观特点就是在墓上积石。在辽宁省发现的距今5000年前的牛河梁红山文化遗址中的积石冢规模大，结构复杂，等级分明，以主墓为中心，形成墓群。这些积石冢分布在20多个地点，每个地点的数量不一，有单冢、双冢

---

[1] 陵，一般是指地面物及其环境，墓则是地下部分，大都以墓室、棺椁为中心。二者统称为陵墓。

及多冢。每冢占地面积 300~400 平方米，最大的 1000 平方米。积石冢的建造过程和结构是，先营造主墓，主墓和其他墓葬都将墓室砌成石室，然后在主墓四周建冢台和冢界。冢台和冢界是用加工的规整石块砌筑，砌造不用黏合剂。冢界一般为三层，由外向内层层叠起，形成台阶状，并定出积石冢明确的框界，其平面有方形、圆形、前方后圆形等不同种类形制。墓上封土后再积石。所用石料以附近硅质石灰岩为主，形成一个个有方有圆呈白色的冢体。这些红山文化积石冢及其规范的结构和设施，充分体现了当时以一人独尊为中心的等级制度。① 2014~2016 年，考古工作者在对辽宁省朝阳市半拉山红山文化晚期墓地考古发掘中，首次摸清了这一时期积石冢的结构、营建过程、功能分区等情况。"积石冢的内部结构分为冢界墙、冢芯、冢上封石"。"积石冢的功能分为墓葬区、祭祀区"。该墓地的发掘"对于红山文化埋葬习俗以及中华文明起源的研究都具有十分重要的学术价值"②。

距今 3000 年前后（大约西周至战国）的辽宁式青铜短剑文化时期的墓葬都属于石棺墓，包括石盖石棺墓、石棚石棺墓和积石墓等形制。其中，石盖石棺墓是将地表稍加平整或向下挖一地槽，垫上几块支石，然后覆以大石板为盖。而石棚石棺墓的石棺在地上。③

石棚墓是我国新石器时代晚期和青铜时代的一种墓葬。这是一种用巨型石块做墓壁并封顶的墓的构造形式。松花江上游春秋战国时期的石棚墓葬群，是我国乃至东北亚地区此类墓葬分布最为密集的区域之一，尤以吉林省梅河口碱水水库库区的"碱水水库石棚墓群"规模最大。

战国时期东北已有木椁墓，如辽宁省辽阳东郊新城就发现了两座战国晚期的大型木椁墓。两墓为夫妻异穴合葬，东西并列。

高句丽墓葬在中国古代墓葬形制中独具个性。高句丽墓葬按照主体建筑材料的不同，可分为石墓、土墓两种类型。石墓根据建造方式的可划分为积石墓、石室墓、封石洞室墓等，其中积石墓更是有方坛积石墓、方坛阶梯积石墓、方坛阶梯石室墓等多种形式。土墓大多属于封土墓，因封土墓中有石室，又称为石室封土墓，从贵族阶层的大型石室封土墓中来看，墓室内壁上彩绘着各种图案和壁画，再现了高句丽的生活和社会风貌。封土墓的出现晚

① 林声、彭定安主编《中国地域文化通览　辽宁卷》，中华书局，2013，第43、44页。
② 熊增珑、樊圣英：《辽宁朝阳半拉山墓地考古发掘取得重大收获》，《中国文物报》2016年12月30日。
③ 林声、彭定安主编《中国地域文化通览　辽宁卷》，中华书局，2013，第69页。

于积石墓，这标志着高句丽汉化程度的进一步加强，可以说是汉文化对高句丽文化影响日益加深的具体体现。[①]

由于高句丽墓葬常为体量巨大的地面积石墓或封土墓，因此有地上墓室的做法。这是其与中国古代其他地域或历史时期墓葬形式多为地下墓室的空间格局不同之处。

洞沟古墓群是现存规模最大、墓葬数量最多、时间跨度最长、墓葬类型最为丰富的高句丽墓群。古墓群所在区域洞沟平原区，是集安市境内的鸭绿江中游一处东西长约16公里，南北宽2～4公里的狭长地带。主要的墓群范围东起青石镇长川村，西至麻线乡建疆村，北达丸都山南麓，南靠鸭绿江，占地34.2平方公里。

洞沟古墓群共保存有墓葬7608座，大体上可分为7个墓区，自东向西：长川墓区、下解放墓区、禹山墓区、山城下墓区、万宝汀墓区、七星山墓区、麻线墓区。禹山墓区是洞沟古墓群的第一大墓区，有墓葬3900多座，其中的王室贵族墓葬有长寿王陵、好太王陵等。禹山墓区还有多座壁画墓，典型的有舞踊墓、角觚墓、三室墓、五盔坟四号墓、五盔坟五号墓、四神墓等。山下城墓区位于丸都山城之南（见图4－14），有墓葬1580多座，著名的有折天井墓（见图4－15）、"兄冢"墓、"弟冢"墓（见图4－16）和龟甲墓等。

辽金时期的墓葬以完颜希尹家族墓地最具代表性。该墓群发现于清光绪年间，是金代尚书左丞相兼侍中完颜希尹及其家族的墓地。墓地位于吉林省舒兰市小城镇东村大松树屯北乾山南坡，墓地共分五个墓区，总面积为136

图4－14　俯瞰山城下墓区

① 谷长春主编《中国地域文化通览　吉林卷》，中华书局，2013，第63页。

图 4 - 15　山城下墓区折天井墓（方坛阶梯石室墓）

图 4 - 16　山城下墓区兄冢、弟冢（右）（方坛阶梯积石墓）

万平方米，分布规律大体是后依山岭、前向沟川、坐北朝南、背风向阳。第一、二、三墓区在东沟，第四、五墓区在西沟。墓前有成对的石望柱、石虎、石羊和石人，个别的还有石供桌。一般都有墓碑。墓葬依墓室结构划分有砖石混筑墓、石函墓、石室墓和砖室石椁墓四种，其中以石函墓最为普遍。

完颜希尹墓位于第二墓区（见图 4 - 17），为花岗岩条石垒砌的石室墓，由墓道、天井和墓室三部分组成。

墓道为一狭长斜坡，长 8.6 米。墓道两壁斜峙，土筑的壁面上附着细碎的沙粒和小石块，墓道外宽内窄，内有填土。天井呈长方形，南北长 3.2 米，东西宽 1.3 米，底铺细沙，东壁为墓道中穿，南北两壁分峙墓门两侧，壁面较垂直、光洁。墓室顶正中用一整块花岗岩精雕成庑殿式屋顶样式。正脊、戗脊及瓦垄雕饰清晰。屋顶下四周砌长石板和方石。墓门外铺有一硕大

图 4 - 17   完颜希尹家族墓地第二墓区神道

石板，伸展至门外，作入门的台阶，其上立两块板石，上小下大，将门封堵。门上置修琢的条石门楣，底铺高出阶面约 0.2 米的条石门槛。整个墓门未见灰浆勾抹隙缝的痕迹，却严实合缝。相当坚固。墓门宽 1.32 米，高 1.2 米，厚 0.4 米。墓室略呈方形，南北长 2.45 米，东西宽 2.4 米，高 2.4 米，四壁为裁琢工细的石材砌筑。两对边层次相同，每层以二、三块板石或条石衔接。南北两壁凡三层，东西两壁则为四层，最下层和最上层多用条石，而中间皆用板石，壁高 1.24 米。四壁上以条石仿作梁枋，上置渐次内收的顶石三重，最上顶为一方形天窗，上空，上接庑殿式石制墓室盖顶。三重顶石及四隅各雕成圆弧形内凹扇面。顶石和四隅衔接处修琢精细，光洁平整，严实合缝。仰视墓室藻井，呈浑圆穹隆状。墓室底铺石，凡五行，每行以长方形或方形石板贴脚对缝，整洁、平坦。①

"文化大革命"期间，完颜希尹墓神道碑和墓地的大部分石雕被毁。1979~1980 年，吉林省文物工作队对整个墓地进行了系统的调查，清理墓葬14 座，清理碑亭 1 座，出土数块墓碑和少量随葬品等。

2. 高句丽王陵

（1）长寿王陵。

长寿王陵是高句丽第 20 代王长寿王的陵墓，俗称"将军坟"。

长寿王陵位于集安市龙山南麓坡地上，周围地势开阔。西南距集安市区约 5.5 公里，距好太王碑与太王陵 1.5 公里，素有"东方金字塔"之称（见图 4 - 18）。

---

① 王绍周总主编《中国民族建筑》第 3 卷，江苏科学技术出版社，1999，第 470、471 页。

图 4 – 18 长寿王陵（俗称"将军坟"）

　　将军坟是"洞沟古墓群"中保存最为完好的大型方坛阶梯石室墓。将军坟为西南向，基础构筑于黄土层中，采用挖槽后砌垫河卵石的方法，垫石深1～1.2米，外缘宽于基坛3米。卵石下的黄土层表，还见有局部的夯砸坚硬的细碎山石。基础上筑有基坛，以修凿工整的花岗岩石条筑成，与地表一平。整个墓共七级阶坛，用1100多块精琢的花岗岩石条垒砌，整个墓外观逐层内收成阶梯状，直至墓顶。底部阶坛呈方形，边长30.15～31.25米，墓顶高于底部基石13.07米。墓顶平面也呈方形，四面以第7级阶坛顶层条石为边，边长13.5～13.8米，中心处略高。墓室筑于第三级阶坛上，墓道口设在西南中央。墓室呈正方形，边长5米，高5.5米，四壁各用六层条石砌筑，近顶端各置一大条石为梁，使藻井与壁面之间有一层叠涩。其上，加一巨大石板覆盖，此石重50余吨。墓室内东西排列两座棺床，棺床周边凿有凸棱。顶石外部四边砌筑的条石上有二十余个圆孔，等距排列一周，墓顶曾有较多瓦当和板瓦残片。在墓南侧的土堆中曾发现有铁链、板瓦和莲花瓦当等建筑构件，可知墓上原有亨堂一类建筑。[1]

　　将军坟四面原来各置有3块巨大的护坟石，以防止填石重压造成条石外移，现东北面中间缺失1块护坟石。仅存11块护坟石，其中最小的重约15吨。将军坟构筑时修有向外的地下排水设施，以防雨水和地表水浸泡墓基。将军坟周围铺有卵石，四面各宽30米左右，河卵石以近墓处石块较大，远墓处碎小为特征，这应是将军坟的墓域标识。

　　将军坟原有五座陪冢，位于坟北50米左右的东西两面，现仅存1座

---

　　① 王绍周总主编《中国民族建筑》第3卷，江苏科学技术出版社，1999，第466页。

（见图 4 - 19）。这个陪冢规模较小，形制与将军坟有异，似辽东半岛上的"石棚"墓，墓门开向西南。因早年遭破坏，现只余下部阶坛垒石三层。阶坛边长为 9.2 米，高 1.9 米。墓室用四块修造整齐的大块石作为墓壁，南壁为墓门，原用整块大石封堵，因盗墓者破坏，将南壁石块凿成数段弃于墓南。墓壁上覆一近椭圆形大石为顶。盖石下边缘处凿有一周凹槽，以防止滴水沿石面侵入墓室。[①]

图 4 - 19　长寿王陵陪坟

目前，此墓总体保存较好，因早年被盗，墓室内棺床破碎，墓顶少量石条缺损，因东北侧护坟石缺失，北角地基下沉，致使局部石条移位。另外，将军坟及其陪坟出土的一些瓦上刻有文字与符号，还有一批大型的莲花纹瓦当，十分珍贵。

将军坟修建时有科学合理的设计与布局，是阶坛石室墓的典范。墓有基础，其上铺砌基坛，基坛外再砌护基石，在基坛上构筑墓室。阶坛条石层层平行砌筑，内填卵石，墓室之上巨石封盖。四周有巨石倚护。其结构严谨，构筑精良，建筑规模合理，应是方坛阶梯石室墓最为成熟的形制。

（2）好太王陵。

好太王陵是高句丽第 19 代王广开土境平安好太王的陵墓。据研究，根据墓葬结构、规模、出土遗物，特别是"愿太王陵安如山固如岳"的文字砖和"辛卯年好太王□造铃九十六"铭文铜铃的发现，证明此墓主人为高句丽第 19 代王广开土境平安好太王。

好太王陵坐落在集安市禹山南麓四面皆为缓坡的岗丘上，西距集安市区

———————

① 王绍周总主编《中国民族建筑》第 3 卷，江苏科学技术出版社，1999，第 466 页。

约 4 公里（见图 4 - 20）。

图 4 - 20　好太王陵远眺

好太王陵是一座大型方坛阶梯石室墓，属于"洞沟古墓群"禹山墓区，位于该墓区的东南部，视野非常开阔。墓葬总高度 14 米，东边长 62.5 米，西边长 66 米，南边长 63 米，北边长 68 米，整体呈截尖方锥式阶坛，四面分别有 5~6 块巨大的护坟石。好太王陵使用的石材多样，有花岗岩、石灰岩、河卵石、砾石等。好太王陵主体部分由阶坛、墓室二部分组成。墓室建在顶部平台上，平台近于正方，长宽各 24 米左右。墓室外部呈上宽 12 米，下宽 15 米，高 4 米左右的方台。用石灰岩石条砌筑，外用大块河卵石封护，顶上有 1 米厚的封土，外观呈覆斗形状。墓室平面呈长方形，长 3.24 米、宽 2.96 米、高 3 米。四壁由石条垒砌，东壁砌石 9 层，南、西、北三壁各砌石 10 层。墓道开在西壁正中，长 5.4 米、宽 1.84 米。内侧高 1.78 米，中段高 1.98 米，外口处高 2.36 米。底部与墓室底相平，墓门处有两级台阶。1990 年在墓内碎石淤土中清理出破碎的石椁和棺床。经复原，该石椁造型为榫卯结构组装的重檐屋宇形式，面宽 3 米，内宽 2.68 米，两檐最宽 3.19 米。纵长 2.74 米，内长 2.4 米，脊最长 2.92 米，通高 2.48 米。石椁门宽 1.6 米、高 1.9 米。

好太王陵基础部分的构造做法简单，仅在地表土层中浅埋一层大尺寸条形石块。由于没有有效的加固处理措施，在大量积石所形成巨大荷载的作用下和自然界各种现象经年累月的影响、侵蚀下，大体量的阶坛外观变形较大，局部的积石已有塌陷。保存相对较好的阶坛是东、南两侧的中段，可见 8 级，自下而上逐级内收。第 1 级阶坛高约 4 米，砌石 8 层。以上石条每层不等。8 级以上还应有若干级方可达到顶部平台。阶坛四周有巨大的护坟石，现存 15 块，均为自然形状的巨大花岗石。

好太王陵南 100 米处发现一段陵墙，可以推知，陵外原有围墙保护。陵南阶坛外 3 米处还发现一座陪葬墓，由 4 块立石和底石、盖石共 6 块石板构成，类似石棚墓。墓葬东侧 50～68 米处有两条间距 1.5 米的平行石台，可能是祭祀建筑。

长寿王陵、好太王陵都保留有墓上建筑的痕迹，特别是长寿王陵不仅出土大量莲花纹瓦当、筒瓦、板瓦，还出土多件铁链，墓顶四周石条上还留有栏杆柱洞，证明墓上原有寝殿一类建筑。[①] 由于时间久远，墓上建筑的形式已经无从考证。但有学者认为其有可能是因袭于秦汉陵寝制度的产物。

3. 盛京三陵

沈阳地区作为清朝的发祥地，至今完好地留存着"盛京三陵"：永陵、福陵和昭陵，也就是人们所说的"清初三陵"。

（1）永陵。

永陵是清朝皇家营造最早、安灵最多的大型陵园。清太祖努尔哈赤远祖，曾祖，祖父父亲，伯父，叔父均安灵在此。

永陵位于辽宁省新宾满族自治县永陵镇西北启运山脚下。总占地面积约为 1.1 万平方米。永陵始建于明万历二十六年（1598），清天聪八年（1634）称兴京陵，顺治十六年（1659）称永陵，康熙十六年（1677），永陵改建。永陵的现在规模和格局就是这次改建后基本定型的。整个陵区由下马碑、前宫院、方城、宝城与省牲所等部分组成。永陵建筑群最初的房屋均为青砖灰瓦，康熙十六年改建时，修建了相关的殿堂楼阁，开始使用"红墙黄瓦"。永陵在改建时，吸收了中原皇家陵墓中轴对称的陵寝规制，在中轴线上依次设神道、寝殿、圆形宝城等。主要建筑物均由方城围合。永陵既没有设置华表、石牌坊、石像生等，也没有环绕陵寝建筑的城堡式方城及角楼、明楼等。永陵改建之后，仍保留有满族传统建筑文化的个性。例如，陵寝正门及东西二侧偏门均为设朱漆的木栅栏对开门，这种大门制式恐怕是中国古代皇家陵墓中的唯一一例，据说体现了女真人"树栅为寨"的传统。

（2）福陵。

福陵是清太祖努尔哈赤与孝慈高皇后叶赫那拉氏的安灵之所，是清朝立国后修建的第一座皇家陵墓。

---

① 宋娟、耿铁华：《高句丽将军坟的陪葬墓》，《北方文物》2008 年第 4 期。

　　福陵位于沈阳市浑南区东陵路 210 号的东陵公园内。1929 年，当时的奉天省政府辟福陵为公园，因其地处沈阳市区的东部，故称东陵。福陵是一处融满汉民族特色于一体的皇陵建筑群。

　　福陵始建于后金天聪三年（1629），初建时，称"先汗陵"或"太祖陵"，崇德元年（1636）定陵号为"福陵"。顺治八年（1651），福陵的规模和格局基本形成，康熙、乾隆年间又有续建。现存建筑 32 座（组）。

　　福陵地势自南而北渐次升高，整个陵寝建筑群依势而建，平面布局规整、层次分明。整个陵区采用"外城内郭"形制，分前院、方城和宝城等部分。主要建筑以神道为中轴线分布，其他附属设施分左右对称布置。陵区最南端是下马碑，其次为分立在道路两旁的华表和石狮。在石狮的北侧建有神桥，再往北为石牌坊。石牌坊东西各设一座，为三间四柱三楼冲天式的。石牌坊以北是陵寝区，南向居中是陵寝正门"正红门"（见图 4 - 21）。正红门又叫"大红门"，坐落在须弥座台基之上，采用门殿样式，开三券门，歇山式屋顶。门的左右两侧围以陵寝区的围墙（风水墙）。进入正红门的神道两侧设四对石像生，分别为坐狮、立马、卧驼、坐虎等。神道北端依山势修筑有一百零八级砖砌台阶，象征三十六天罡、七十二地煞。登上台阶之后就是碑亭。碑亭建于康熙二十七年（1688），又叫"大碑楼"，坐落在台基之上，有台阶、月台与台明，二重檐歇山式屋顶。过了碑亭就是城堡式方城（见图 4 - 22），方城南面居中为隆恩门（见图 4 - 23）。隆恩门居中设单拱门洞，上建有门楼一座（称"五凤楼"），面阔五间，三重檐歇山式屋顶。方城四

图 4 - 21　沈阳福陵正红门

角分别设有一座角楼。方城内正中的隆恩殿,又称"享殿",是举行祭祀的中心场所。隆恩殿坐落在高大的台基之上,面阔五间,歇山式屋顶,须弥座台基,有台阶、月台和台明,台阶居中有丹陛。其东西两侧分别设有面阔五间的配殿,殿前有焚帛楼,均为祭祀场所,清朝皇帝东巡时,曾在此祭祀祖陵。隆恩殿后为明楼(称"大明楼"),二重檐歇山式屋顶,始建于康熙四年(1665),现存大明楼是后来修复的。方城后为宝城。方城内的建筑,廊柱朱红地仗,檩枋"和玺"壁画,金色琉璃瓦罩面。

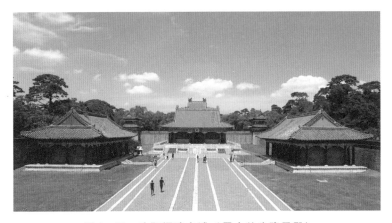

图 4 – 22 沈阳福陵方城(居中处为隆恩殿)

图 4 – 23 沈阳福陵隆恩门(上有门楼"五凤楼")

福陵的形制既不同于明朝皇家陵墓,也有别于清朝入关后建造的同等级陵寝,具有二者融合的基本特点。

（3）昭陵。

昭陵是清太宗皇太极和皇后博尔济吉特氏的安灵之所，是清初"关外三陵"中规模最大、气势最宏伟的一座。昭陵位于沈阳市皇姑区泰山路 12 号的北陵公园内，因其地处沈阳市旧城之北，故称北陵，始建于崇德八年（1643），顺治八年（1651）基本建成。现存建筑 38 座（组）。

昭陵与福陵是同时期修建的，所以二者型制（包括院落空间、建筑形态等等）是基本一致的。昭陵主要建筑以神道为中轴线分布，其他附属建筑则均衡地安排在它的两侧。陵区最南端为下马碑，共四座，其次为分立在神道两侧的华表、石狮，各一对。在石狮的北侧为神桥，其后是处于中轴线上石牌坊（见图 4-24）。石牌坊为三间四柱三楼式的，明楼采用庑殿形式。在石牌坊的左右两侧分别设有小跨院一处，其中东跨院布置供皇帝使用的更衣亭及静房（厕所）。西跨院设有省牲亭、馔造房。石牌坊以北就是陵寝区。陵寝的最南面的正中处设陵寝正门"正红门"。正红门坐落在须弥座台基之上，采用门殿样式，开三券门，歇山式屋顶。门两侧缭墙一字袖壁上各镶嵌有五彩琉璃蟠龙，一绿一黑，造型精美，工艺精湛（见图 4-25）。进入正红门的神道两侧由南往北依次有华表一对，石像生六对，分别为狮、獬豸、麒麟、马、骆驼和象等。神道再往北是居中设置的神功圣德碑亭，碑亭两侧为"朝房"，东朝房用于存放仪仗及制作奶茶，西朝房用于备制膳食、果品。过了碑亭就是方城。方城南面居中就是正门"隆恩门"。隆恩门居中设单拱门洞，上建有门楼一座（称"五凤楼"），三重檐歇山式屋顶。方城正中是隆恩殿。隆恩殿坐落在高大的须弥座台基之

图 4-24　沈阳昭陵三间四柱三楼式石牌坊

上，台阶居中有丹陛，面阔五间，周围环廊，歇山式屋顶。在隆恩殿两侧有
配殿和配楼。隆恩殿后为棂星门（二柱门）和石祭台，祭台台面上居中摆放
香炉，左右两侧各有香瓶和烛台一对（见图4-26）。再往后是券门，券门
上部为大明楼。券门内就是月城，其正面设琉璃影壁一座，通过两侧设置的
"蹬道"可上下方城。月城后面为宝城（见图4-27），为半圆形的城，青砖
垒砌，上有象征作用的垛口和女墙；宝顶位于宝城中心，是用三合土：白
灰、砂子和黄土夯筑而成的丘冢，其上效仿永陵居中栽有一棵榆树；宝顶下
面为地宫。宝城后面是人工堆制的一座假山，顺治八年（1651）命其为"隆
业山"。除这些位于陵区内的建筑外，在陵区外部还有藏经楼、关帝庙、点
将台等。

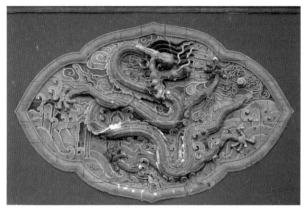

左侧的绿色的琉璃蟠龙

右侧的黑色琉璃蟠龙

图4-25 沈阳昭陵正红门缭墙袖壁上的五彩琉璃蟠龙

图 4 - 26　沈阳昭陵石祭台

图 4 - 27　沈阳昭陵宝城

　　总之，清初三陵在选址、布局上基本上遵照明清陵寝的主体模式。各自形成独立陵区。永陵依山就势，背山面水，是一处四帝共居、臣墓相伴的祖陵和族陵。福昭二陵则是把中原地区正统的帝王陵寝形制和东北地区的封建城堡相结合，形成了一种极具特色的陵寝形式——"阴城"，这一点与中国传统的将墓室按照生前"阳宅"样式建造相应"阴宅"方式非常不同。在群体布局采用满族特有的"梯形"空间形态。另外，建筑单体的营造也有传承或借鉴寒冷地区建筑风格、满族民居形式，而建筑色彩和装饰则充满了满、汉、蒙、藏多民族融合的鲜明特点。①

——————

　　①　陈伯超、刘大平等主编《辽宁　吉林　黑龙江古建筑》上册，中国建筑工业出版社，2015，第137页。

　　在黑龙江省哈尔滨市阿城区有一座在王陵遗址基础上建设的景区，这就是金太祖陵址公园。据考，金太祖完颜阿骨打的初葬陵址就位于这里。目前我们看到的陵园是 1999 年由当地政府投资兴建的，整个陵园沿中轴线依次布置有玉带桥、门殿、宝顶、宁神殿及地宫等。

第五章

东北传统宗教建筑的演变及其特点

在中国，佛教、道教和伊斯兰教都有着悠久的传播历史。道教是本土宗教，佛教、伊斯兰教则是从域外传入的，它们在传入的过程中都经历过较深刻的"汉化"，它们在中国传统宗法伦理观念的影响下，深深地烙上了中国印记。它们各自所拥有的宗教建筑是中国古代宗教建筑最主要的类型。

宗教建筑涵盖的范围很广，既包含供奉神灵、举行宗教仪式所需的建筑，也包含为宗教职业人员提供的各类用房与设施，以及相关的建筑、场地与环境，如雕塑、塔、园林等。佛教建筑是指与佛教活动相关的建筑物。中国的佛教建筑主要包括寺院、塔、石窟、经幢、石灯等。东北地区的佛教建筑以寺院、塔为主。道教宫观是道教祀神、道士修道和举行宗教仪式的场所，主要由祀神殿堂、道士生活起居用房和园林等部分组成。初期的道教建筑的称谓有多种，唐宋以后称宫或观，其中规模较大的使用"宫"的称谓，通常经帝王敕额命名（即皇帝赐予匾额）。目前把道宫、道观等统称为宫观。我国伊斯兰教的宗教建筑是清真寺。

在东北，佛教寺院、道教宫观、伊斯兰教清真寺作为进行宗教活动的场所，虽然奉祀的主体以及包含的宗教思想自成一体，建筑物也都有自己独特的特点和风格，但它们在院落布局、建筑形式特征、造型与装饰艺术风格等方面却有着许多共同之处。

一　佛教寺院

佛教是世界三大宗教之一，是起源于古印度迦毗罗卫国（今尼泊尔境内）的古老宗教，其教义传播广泛，在世界范围内影响巨大。两汉之际，佛教传入我国后，多部佛经经过西域佛教人士和中原汉族文人的共同努力，被翻译成汉文。由于双方语言方面的障碍，以及出于便于传教的考虑，传入我国的佛教思想较之从前更适合统治阶层的需要，于是自上而下地普及开来。

关于佛教正式传入中国的时间，目前学术、宗教界一致认为始于东汉时期。汉永平八年（65），明帝派使赴印度取经，永平十年（67），使者邀二位印度高僧，用白马驮载佛经、佛像返回洛阳。永平十一年（68），明帝敕令在洛阳西雍门外三里御道北兴建僧院，名曰"白马寺"。[①]

佛教在传播的过程中形成了三大派别体系。一是通过丝绸之路传入中原腹地的佛教，它与中原汉文化融合后形成了汉传佛教（又称"北传佛教"）；二是通过尼泊尔传入吐蕃地区的佛教，它经过与藏族文化融合，形成藏传佛教，之后又流传于青海、内蒙古等地区；三是通过缅甸传入到云南傣族聚居地区的佛教，它与当地文化融合后形成了南传佛教。佛教的三大体系虽然属于不同的派别，但这三大体系的佛教，在不同的朝代以兴衰起伏的态势发展着，其中尤以汉传佛教、藏传佛教的传播幅度最为普及，影响广度最为深远。汉传佛教和藏传佛教虽同为大乘佛教，但由于传入的时间、途径与入驻地区不同，受到各自所处区域的自然地理环境、人文地理因素的影响，尤其是在生存条件、民族文化、社会政治、生活习俗等的影响下，呈现出各自独有的特点。

佛教的传播，对中国古代哲学、文化及民风民俗产生了极其重要的影响。从传入的那一刻起，佛教就受到了中国社会历史条件的影响，与中国传统文化不断融合、本土化。中国佛教所隐含的文化基因，是在不同文化传播、冲突和融合中解构形成的，体现了中国人的审美观和文化性格。佛教自汉代传入我国以来，得到了远比其起源地要大的发展。魏晋、南北朝、唐、辽和清时期是佛教在中国发展的鼎盛年代。南北朝时期，佛教开始向民间普及。这时寺院林立，开凿有大量的石窟，如敦煌莫高窟、山西云冈石窟、河南龙门石窟等等。

佛教对中国古代建筑的发展演变具有尤为直观的影响。可以说，佛教建筑是佛教意识外化的实体，是佛教信仰的直接产物。从文化发展史的角度来看，佛教建筑文化是中国古代建筑文化极其重要的组成部分。

---

① 白马寺是在接待外国宾客的官署鸿胪寺基础上改建的。

东北佛教建筑文化与中国化的佛教建筑文化一样，有两个方面的基本特征。一方面具有神凡不分，佛尘一统性。佛教宫室安置与世俗宫室安置几乎没有区别。另一方面具有世俗的功利性。在建筑文化上突出体现了与现实人生同一的思维方式和向往心态。清中晚期后东北佛教寺院建筑文化更是呈现出明显的世俗化倾向。

（一） 佛教寺院的基本情况

寺院是佛教建筑最主要的组成部分。它是进行宗教活动的场所，又是安置供奉佛像，以及出家僧众止住修行佛道之处所。在中国内地，许多寺院还是具有多种综合功能的建筑群。

东北地区佛教寺院细分为汉传佛教寺院、藏传佛教寺院以及二者结合的佛教寺院。现有的佛教寺院除个别为唐代或辽代建造外，大部分是清代所建或修缮的。

沈阳是清朝入关前的重要都城，在辽宁省现有的 30 余座佛教寺院中沈阳有 12 座，其他的分布在辽宁省其他 14 个市区内。吉林市更是清代宗教特别是佛教发展的集中地，佛教寺院不仅数量多、规模大，而且风格多样。

1. 汉传佛教寺院的沿革与实例

隋唐时期，辽宁境内的营州柳城（今辽宁省朝阳市境内）佛教的发展，对周边少数民族如契丹、库莫奚、靺鞨、高句丽及整个东北亚地区佛教的传播都有很大的影响。[1] 柳城从三燕时期开始就是东北地区佛教文化中心。东晋永和元年（345），前燕王慕容皝在龙山（辽宁省朝阳市凤凰山）所立龙翔佛寺，是可见于历史文献的东北地区第一座佛教寺院。[2] 早在北燕时期，冯弘的第二子冯朗之女（后为北魏文成帝皇后，谥号"文明皇后"），在燕都龙城建思燕佛图，其兄在各地建"佛图精舍，合七十二处"，且在营州建塔寺。据推测，思燕佛图应是一座方形楼阁式木塔，七级塔檐，高约 80 米。它建造在当时已废弃的三燕宫殿建筑夯土台基之上。其规模、形制等"与经过考古发掘的洛阳永宁寺塔和大同思远佛寺塔基本相同"[3]。

高句丽接受佛教应是 4 世纪初期。起初只是在民间流传，小兽林王二年

---

① 林声、彭定安主编《中国地域文化通览 辽宁卷》，中华书局，2013，第 102 页。
② 林声、彭定安主编《中国地域文化通览 辽宁卷》，中华书局，2013，第 253 页。
③ 林声、彭定安主编《中国地域文化通览 辽宁卷》，中华书局，2013，第 255 页。

（372）佛教正式传入高句丽。据《三国史记》卷第十八《高句丽本纪第六·小兽林王》记载："二年，夏六月，秦王苻坚遣使及浮屠顺道，送佛像、经文。王遣使回谢，以贡方物，立太学，教育子弟。"这是现存史料所见佛教传入高句丽最早者。"四年僧阿道来。"这之后，"五年春二月，始创肖门寺，以置顺道，又创伊弗兰寺，以置阿道，此海东佛法之始"。肖门寺和伊弗兰寺均修建于现在的集安市内。有说法肖门寺应为省门寺，在《海东高僧传》卷记："于是君臣以会遇之礼。""奉迎于省门"。"始创省门寺。以置顺道。记云以省门为寺"，"后讹写为肖门"[①]。佛教成为高句丽国家宗教始于故国壤王时期。在《三国史记》卷第十八《高句丽本纪第六·故国壤王》记载，（九年，即392年）"三月下教：崇信佛法求福。命有司立国社，修宗庙"。当时信奉佛教的目的以现世"求福"等功利性为主。今天，高句丽佛教寺院建筑已无原物存世。据推测，著名的丸都山城内八角形建筑址很可能与佛教有关。

渤海时期，佛教盛行，各地兴建了许多规模很大的佛教寺院。例如，上京城内外发掘的9座佛教寺院规模都较大，其中在东城西起第一列北数第二坊西部发现的遗址中，整个寺院由主殿、过廊和东西二室三部分组成，三者通过台基连为一体。主殿东西23.68米、南北20米。东西室为方形，台基每边9.23米。

辽代是东北地区佛教最为盛行的时期。契丹统治者尊崇佛教，特别是辽太宗耶律德光继承皇位后，将佛教作为辽朝国教。中国社会科学院魏道儒研究员认为："契丹人本没有佛教信仰，随着对外征服战争的扩大，契丹人接触到汉族和女真族的佛教。为了使被掳掠的汉民能够在迁徙地稳定生活，契丹统治者开始容许佛教的存在和发展。阿保机即位的第三年夏天，诏命左仆射韩知古在龙化州大广寺建碑，以纪功德。神册三年，又下诏建立佛寺。当燕云十六州这些佛教兴盛的地区被纳入辽的版图之后，又有了真正意义上的辽代佛教。也正是在这个时期，佛教信仰开始渗透到契丹人的宗教生活和政治生活中，与契丹人的原有宗教信仰相互融合。"

佛教大约在900年左右传入契丹。从辽太宗开始，辽朝历代皇帝对佛教

---

① （高丽）觉训撰《海东高僧传》卷，收于《大正新修大藏经》第五十册。《大正新修大藏经》简称《大正藏》。日本大正十三年（1924）由高楠顺次郎和渡边海旭发起，组织大正一切经刊行会；小野玄妙等人负责编辑校勘，1934年印行。

的尊崇有增无减，不仅研究佛教经典，主持礼佛、饭僧等宗教活动，还兴建
了大量的佛教寺院建筑及佛塔。早在唐昭宗天复二年（902），耶律阿保机就
在化龙州修建了开教寺。后梁乾化二年（912），辽太祖在上京临潢府修建天
雄寺。①辽太宗在上京建有义节寺、安国寺。不仅皇帝如此，皇亲国戚、公
主大臣都是忠实的佛教信徒，他们施舍福田，建造庙宇。例如，辽道宗清宁
五年（1059），圣宗次女秦越大长公主舍南京堂荫坊府第，建大昊天寺。②
清宁八年（1062），宋楚国大长公主以左街显忠坊之赐第为佛寺，赐名为
杏林。

　　著名的山西省大同市华严寺既是辽朝皇帝参禅礼拜贮存经藏的皇家道
场，又兼有辽朝皇家宗庙性质。据史料记载，辽代佛教华严宗盛行，辽道宗
曾亲撰《华严经随品赞》十卷，雕印《契丹藏》全书五百七十九帙。《辽
史·道宗纪》记载，清宁八年（1062）十二月，道宗皇帝曾临幸西京（今
大同市），敕建大华严寺薄伽教藏殿安放上述经卷，并于寺内"奉安诸帝石
像、铜像"，从而使大华严寺成为皇家宗庙。在后来的金史、元史中也都有
当朝皇帝驾临西京观辽代诸帝像的记载。

　　华严寺是我国现存年代较早、保存较完整的一座辽金寺庙建筑群。华严
寺位于大同市古城内西南隅，始建于辽重熙七年（1038），依据《华严经》
而命名。后毁于战争，金天眷三年（1140）重建。华严寺占地面积达66000
平方米辽代末年，寺院内建筑十之七八毁于兵火，金代依旧址重建。明宣
德、景泰年间大事重修。明代中叶，华严寺分为上（以大雄宝殿为主体）、
下（以薄伽教藏殿为主体）两座寺院，各开山门，自成格局，始有上、下华
严寺之说。清初寺院复遭摧折，康熙初年曾事修补，但远无前朝风光。2008
年，大同市依据寺内"金碑"记载，投巨资对华严寺进行了大规模整修，恢
复了辽金时期鼎盛格局。

　　华严寺院落布局严谨，建筑规模宏大。主殿大雄宝殿始建于辽清宁八年
（1062），金天眷三年（1140）依旧址重修。该殿面阔九间，建筑面积1559
平方米，是我国现存辽金时期最大的佛殿。华严宝塔是继应县木塔之后全国
第二大纯木榫卯结构的方形木塔。该塔通高43米。塔下近500平方米的千

---

① 开教寺、天雄寺等寺院的修建主要目的是安置被俘和流亡到契丹地域的中原汉族僧尼。

② 该寺于清宁八年（1062）建成。辽道宗诏命以大昊天寺为额，额与碑皆道宗御书。据传，
　寺中殿堂精美雄奇富丽堂皇，犹如皇宫。27年后毁于大火。据考，该寺原址位于北京西便
　门大街西。

佛地宫，采用 100 吨纯铜打造而成，内供高僧舍利及千尊佛像，金碧辉煌，全国唯一。①

彼时，东北佛教寺院数量已相当可观。仅辽宁省境内修建的佛教寺院就有奉国寺、广济寺、天庆寺、云接寺、嘉福寺等。目前，东北地区只有奉国寺大雄殿是辽代佛教寺院遗构。

奉国寺始建于辽开泰九年（1020），初名"咸熙"，金代改称为"奉国"②，其地址位于辽宁省锦州市义县城内东街，金元之际，附近的寺院多毁于兵火，但此寺却未遭受大的破坏。"庚寅"地震（1920）义县城内建筑损毁很多，奉国寺也未幸免。元大德癸卯年（1303）对奉国寺所有建筑进行了全面维修。到明朝时，寺内建筑除大雄殿外都已毁废。清康熙四十五年（1706）奉国寺才又一次进行全面修葺。从遗存的七座清代石碑来看，当时至少对奉国寺修葺过七次。20 世纪 80 年代，大雄殿经过全面大修，使得这座大殿能够更加完好地保存下来。现在的奉国寺虽无鼎盛时期的规模，但仍然是一组完整的古建筑群（见图 5-1）。除大雄殿外，其余均为清代建筑。

图 5-1 义县奉国寺

奉国寺院落平面布局较完整的体现了中国古代建筑的格局特征。整个院落沿南北向中轴线依次布置有外山门、内山门、牌坊、天王殿（无量殿）、大雄殿等主要建筑。左侧东宫和右侧西宫，既自成院落，又依中轴线对称布局。外山门位于整个院落的最南端，是整个院落的主入口，采用屋宇门样式，面阔三间，前出檐廊，明间通门，垫门型，悬山式屋顶。内山门采用一

---

① 大同市华严寺文物管理所：http://www.sxdthys.com/page/html/company.php。
② 杜仙洲：《义县奉国寺大雄殿调查报告》，《文物》1961 年第 2 期。

大二小的形式，大门居中，左右两侧为小墙门，有墙芯有正脊。牌坊是清代康熙年间修建的，为三间四柱三楼式，柱子下部的"夹杆石"相对高大，顶上明楼为一大二小，采用庑殿形式，楼顶布灰瓦（见图 5-2）。天王殿，原名万寿殿，后改称无量殿，始建于金代天眷三年（1141），在清康熙四十九年（1710）重修，2008 年更名为天王殿。天王殿坐落在台基之上，面阔五间，进深四间，周围环廊，歇山式屋顶。

图 5-2　义县奉国寺三间四柱三楼式牌坊

大雄殿又名"七佛殿"，坐落在 3 米高的台基之上，坐北朝南，面阔九间，进深五间，庑殿式屋顶（见图 5-3）。大雄殿斗栱硕大，左右尽间墙身收分明显，建筑面积 1800 多平方米，高 24 米，壮丽宏大，与大同市华严寺大雄宝殿同为国内佛殿中稀有的高大建筑。[1] 该殿不仅是东北地区现存最古老的木构架建筑，也是我国现存最古老庞大的大雄殿及最大的单檐木构建筑。无论是规模与形制，铺作及用材等，均为已知古代遗构之最。梁思成先生称之为"盖辽代佛殿之最大者也"[2]。

大雄殿虽然经历过后代的修葺改建，但目前学术界仍公认其大木结构是辽开泰九年大雄殿初创时的原构，除此之外东北地区再没有辽代佛教寺院建筑的完整实例。"大雄殿及寺院整体，上乘唐代遗风，下启辽、金等寺院布

---

①　杜仙洲：《义县奉国寺大雄殿调查报告》，《文物》1961 年第 2 期。
②　梁思成：《中国建筑史》（修订本），百花文艺出版社，1998，第 179 页。

图 5 – 3 义县奉国寺大雄宝殿

局，是辽金寺院中最具典型的例证。"大雄殿综合了殿堂和厅堂结构的形式，用柱、梁、铺作等构件，组成一个整体。这种方式施工繁难，辽金以后未见再用。

　　大雄殿在建筑形式、梁架构造、建筑艺术等方面具有一定的独特性，达到了辽代佛教建筑的最高成就，代表了 11 世纪中国建筑的最高水平①，也是辽代历史文化的实物见证。古建筑专家杜仙洲先生评论："奉国寺正殿（大雄殿）大木用料比较经济合理，例如，承重梁的断面一般都采用三比二的比例，故至今还平直挺健，没有发生弯折扭戾的现象，足证一千年前我们的祖先设计木结构已掌握了科学原理，积累了丰富的实践经验，是我国建筑史中一项极为光辉的成就。"② 大雄殿内主供的通高超过 9 米的辽代所塑七尊佛像，梁架上保留的 42 幅辽代飞天彩绘及大面积的元明时期佛教壁画都极具历史与艺术价值。

　　金朝时期，东北地区的佛教建筑较辽代时期有衰败的趋势。金朝统治者对于佛教的态度远远比不上辽代诸帝的狂热，总体来讲，金朝历任皇帝对于佛教的态度是利用与限制并重，除了金熙宗曾在上京为僧人海会建储庆寺外，文献中找不到在东北地区有皇帝兴建寺庙的行为。并且命令禁止民间修建佛寺。此外，金朝中期之后，禁止私度僧尼，控制佛教的发展。由于统治阶层支持有限，东北地区在辽代曾盛极一时的佛寺逐渐凋零。金人王寂在东

①　参见 http://www.ln.chinanews.com/news/2016/0919/7443.html。
②　杜仙洲：《义县奉国寺大雄殿调查报告》，《文物》1961 年第 2 期。

北地区亲眼见证了一座佛寺的衰败，"丙戌，复归咸平府。经西山崇寿寺，昔予官守于此，寺已荒废。今十有五年，颓毁殆尽。又非曩昔之比。"[①] 但纵观有金一代，对佛教的态度是支持的。

金皇统三年（1143），金熙宗在上京城皇城内宫殿之侧专门修建了佛教寺院，即储庆寺。这是一所皇家的专门寺院，说明了当时的金朝虽然灭亡了辽、宋王朝，但是，在文化上依然选择了佛教和儒教作为支撑国家和国民精神生活中的重要依托。在宫殿之侧修建皇家佛院的做法，说明了佛教已经被女真皇室全面接受，并十分盛行。[②]

元代，藏传佛教发展很快，被统治阶级确定为国教。与此同时，汉传佛教、道教，乃至外来的伊斯兰、基督教等也有传播。元灭亡后，东北地区繁华不现，包括佛教建筑在内的各类建筑发展日渐式微。

明代，佛教开始传播到了黑龙江下游地区。永乐十一年（1413），在奴儿干都司兴建永宁寺。宣德八年（1433）又重修永宁寺。现存的两通碑《永宁寺记》（永乐十一年立）《重建永宁寺记》（宣德八年立）（即永乐碑与宣德碑）确凿的记述了中原佛教传播的史实。其实永宁寺应是修建在之前的"观音堂"旧址上的，这在《永宁寺记》碑文中也有明确记录，"先是，已建观音堂于其上，今造寺塑佛，形势优雅，粲然可观"。

有清三百余年间，修建的佛教寺院数量多、规模大，且风格各异，颇具特色。今天我们在东北地区能看到的佛教寺院建筑大部分为清代所建或者修缮、扩建的。辽宁省境内保存有30余座古代佛教寺院，如锦州大广济寺。

大广济寺位于锦州市古塔区北三里1号。原名普济寺，俗称大佛寺。广济寺始建于辽清宁三年（1057），目前除大殿基座部分为辽代原构外，其余均为清道光九年（1829）所建。

大广济寺建筑群包括广济寺、天后宫等，占地3000多平方米，有两进院落，平面呈长方形。整个院落沿南北向中轴线依次布置有天王殿、关帝殿、大雄宝殿等主要殿堂。天王殿面阔五间，歇山式屋顶。墙身由青砖砌筑，四边收分明显，明间辟通门，山门型，次间开圆窗，梢间不开窗，居中设菱形砖雕，东为"永"，西为"祚"。过了天王殿后为第一进院落，东西两侧各有一座四角攒尖顶碑亭，东侧碑亭以北边为东配殿，面阔七间，前出

---

① （金）王寂：《辽东行部志》，载金毓黻主编《辽海丛书》第四册，辽沈书社，1984，第2539页。
② 王禹浪、王宏北：《女真族所建立的金上京会宁府》，《黑龙江民族丛刊》2006年第2期。

檐廊，硬山式屋顶。关帝殿坐落在高约 1.2 米的台基之上，一殿一卷式，主体面阔三间，硬山式屋顶，抱厦面阔三间，进深一间，卷棚悬山式屋顶（见图 5-4）。关帝殿左右各有配殿三间。大雄宝殿坐落在高约 1.4 米的须弥座台基之上，台阶居中有丹陛，面阔七间，进深五间，双重檐歇山式屋顶，在其正脊砖刻有阳文"慈云广敷""惠日长明"（见图 5-5）。天后宫院落位于这一路的西侧，其中轴线与前者的平行，也有两进院落，平面呈长方形。沿南北向中轴线依次布置有山门、二门和天后宫大殿。天后宫山门为屋宇门样式的，面阔三间，戟门型，举架高大，硬山式屋顶。二门也为殿堂式，面阔三间，硬山式

图 5-4　锦州广济寺关帝殿

图 5-5　锦州广济寺大雄宝殿

153

屋顶。天后宫大殿坐落在高约 1.5 米的台基之上，须弥座台明，台阶居中有丹陛，面阔七间，进深四间，前出檐廊，两侧廊心墙，硬山式屋顶。

大广济寺整个寺庙群的主入口设在天后宫的山门之前。

吉林市也保存有一批清代佛教寺院建筑。在这些建筑中当属吉林观音古刹最具特色，其正殿坐南朝北的倒座形式，是中国汉传佛教寺院目前发现的唯一一例。

吉林观音古刹旧称观音堂，乾隆三十五年（1770）始建，道光三年（1823）复葺，同治八年（1869）重修，1938 年补修。

观音古刹整个寺院院落方整，二进院落，占地 4620 平方米。山门面阔三间，设一大二小三券门，硬山式屋顶（见图 5-6）。两侧门房设券顶大门各一。山门倒座为天王殿，面阔三间，前出檐廊。进入山门，左右两侧有四角攒尖顶的钟鼓楼。正殿观音殿位于院内正中（见图 5-7），面阔三间，一殿一卷式屋顶，前面抱厅用卷棚歇山式与硬山式屋顶的主体连造，抱厅与正殿的木制明沟与其他建筑构件融为一体，上面有彩绘图案。正殿的左右两侧为三开间的配殿。正殿的东西两侧还设有厢房，均面阔三间，前出檐廊。另外，在观音古刹的北院新建有二层的藏经楼一座。

黑龙江省仅有一座佛教寺院，这就是位于宁安市渤海镇的兴隆寺。兴隆寺最为引人注意的是有两件渤海国时期的遗物，一是三圣殿内的"琢而小之"的大石佛，二是坐落在大雄宝殿之后，三圣殿前的"石灯幢"。

兴隆寺俗称南大庙、石佛寺，初建于清康熙五十二年（1713），道光二十八年（1848）部分建筑被焚，咸丰五年（1855）重建，咸丰十一年（1861）

图 5-6　吉林观音古刹山门

图 5-7 吉林观音古刹观音殿

建成。历史上，兴隆寺历经过多次维修、增建，现有院落为长方形，东西宽63 米，南北长 142 米，分为前后二进院落。沿南北中轴线依次为，山门、观音殿、关帝殿、天王殿、大雄宝殿和三圣殿等。天王殿西侧有配殿一座，无钟鼓楼等附属建筑物。山门面阔三间，明间设拱券式通门，次间南侧开券洞式窗，北侧为传统样式窗洞，硬山式屋顶。进入山门为前院，观音殿位于前院北端，面阔三间，前出檐廊，设廊心墙，硬山式屋顶。观音殿左右两侧辟有墙门二座可进入后院。后院沿中轴线依次布置关帝殿、天王殿、大雄宝殿和三圣殿等四座殿堂。天王殿、关帝殿、三圣殿的形式基本一样，均面阔三间，硬山式屋顶。大雄宝殿坐落在台基之上，面阔五间，周围廊，庑殿式屋顶，是黑龙江省最古老且保存完好的一座大式建筑（见图 5-8）。

图 5-8 渤海镇兴隆寺大雄宝殿

兴隆寺现开辟为唐渤海国佛教建筑文化博物馆，另外，需要强调的是兴隆寺对于黑龙江省而言意义特殊，因为它是黑龙江省仅存的一处清代寺院建筑群。

2. 藏传佛教寺院的沿革与实例

佛教是在 7 世纪吐蕃王朝松赞干布国王时期从尼泊尔和汉地传入西藏地区的。藏传佛教形成之初只在藏区传播。从元朝将西藏地区彻底纳入国家版图之后，藏传佛教开始进入到发展的鼎盛期。中统元年（1260），忽必烈正式确立藏传佛教为国教。

由于地理位置原因，明清两朝都很重视西藏，也很尊重西藏地区的信仰。明朝采取对各个教派多封众建、互相牵制的政策，所以各种教派都有一定的影响。明末清初，藏传佛教新兴的黄教格鲁派对满洲贵族的影响日益加强。清顺治、乾隆时期，在清朝统治者的主导下藏传佛教已经有了很强的凝聚力，传播、信奉藏传佛教已成为稳定边疆的工具和巩固中央政权的手段。乾隆皇帝《喇嘛说》中"兴黄教，即所以安众蒙古，所系非小，故不可不保护之"之句，道出了清朝统治者信奉藏传佛教的缘由。

藏传佛教的传入使得东北地区佛教发生了历史性的重大变革。清太宗皇太极时期，为了争取和笼络蒙古上层，大力提倡藏传佛教，皇太极在沈阳郊区先后修建了喇嘛寺院和四塔寺，使盛京城的规划具有了藏传佛教的含义与色彩。清入关后，统治阶级继续推行满蒙联盟和弘扬藏传佛教的政策。[1] 沈阳实胜寺就是在这种情况下建立起来的。实胜寺是清入关前建立的第一座正式藏传佛教寺院，它的修建对藏传佛教在东北地区的传播具有很大意义。

实胜寺全名为莲花净土实胜寺，始建于清崇德元年（1636），崇德三年（1638）竣工，雍正四年（1726）重修。实胜寺因是清太宗皇太极赐建，故又称"皇寺"或"黄寺"。1952 年国家拨专款对实胜寺进行了维修，1985年沈阳市政府再次拨款重新修建山门、大殿及玛哈噶喇佛楼等。

实胜寺位于沈阳市和平区皇寺路一段 12 号，寺院平面为长方形，二进院落。沿南北中轴线依次布置有山门、天王殿、大殿。山门为屋宇门样式，面阔三间，载门型，前后檐廊，硬山式屋顶。进山门后为第一进院落，居中即为坐落在台基之上的天王殿。天王殿，面阔三间，前后檐廊，硬山式屋顶。穿过天王殿，进入第二进院落，居中为大雄宝殿（见图 5-9）。大雄宝

---

① 林声、彭定安主编《中国地域文化通览　辽宁卷》，中华书局，2013，第253、254 页。

殿坐落在石砌台基之上，有台阶、月台、台明，面阔五间，明柱环廊，歇山式屋顶。大雄宝殿的西南角为玛哈噶喇佛楼（见图5-10）。玛哈噶喇佛楼是为供奉玛哈噶喇金佛而建的，又叫护法楼，为高二层的楼阁式，周围廊，歇山式屋顶。在这进院落靠近南端的左右两侧是钟、鼓楼。院落东西两侧还布置有碑亭、配殿等附属建筑。

图5-9　沈阳实胜寺大雄宝殿

图5-10　沈阳实胜寺玛哈噶喇佛楼（护法楼）

实胜寺山门、天王殿、大殿、玛哈噶喇佛楼等均为黄琉璃瓦、绿琉璃瓦剪边屋面。

清朝诸位皇帝，对藏传佛教莫不信奉。这使得清宫佛堂成为受藏传佛教影响最大之所，其中，北京故宫"雨花阁"是最典型的。雨花阁是目前我国现存最完整的藏密四部神殿，对于研究藏传佛教具有重要的意义。①

辽宁省阜新是藏传佛教东传的中心。阜新作为辽宁地区蒙古族聚居区，在历史上基本是由少数民族政权管辖。清崇德二年（1637），清政府在今阜新市阜新蒙古族自治县境设置土默特左旗，后隶属于卓索图盟。清顺治初年在今彰武县境地置官牧场，名杨柽木牧场，属盛京礼部。清康熙三十一年（1692）改名为养息牧场。清光绪二十八年（1902），在养息牧场地区置彰武县。翌年，在土默特左旗境由朝阳县析置阜新县。实行县、旗并存，蒙汉分治体制。民国初年仍延续清末建置。

清顺治八年（1651）创建的瑞昌寺，标志着藏传佛教自此开始东传。康熙八年（1669）兴建瑞应寺得到皇家的大力支持。"以它为首，阜新地区'十里一寺，五里一庙'，于是形成藏传佛教东传的中心。影响所及，省内的盘锦、锦州以至大连，内蒙古的赤峰、通辽，甚至北京，藏传佛教均得以广泛而深入的传播和发展。"②

瑞应寺是东北地区最具藏传佛教特征的寺院建筑群。

瑞应寺位于阜新市阜新蒙古族自治县佛寺镇佛寺村。佛寺村地理方位处于阜新市区西南，距阜新市中心约 22 公里。该村为蒙古族移民聚居地，具有浓厚的蒙古民族特色。据《蒙古勒津姓氏及村名录》记载，早在 17 世纪前，蒙古弘吉剌惕部的高尔罗斯氏便迁徙到此地定居而形成村落，距今约有 400 年的历史。目前绝大部分村民仍为蒙古族，普遍信奉藏传佛教。

瑞应寺坐落在佛寺村西南角，俗称佛喇嘛寺，蒙古语"葛根苏木"。该寺始建于清康熙八年（1669），属素有"东藏"之称的藏传佛教格鲁派的寺院。

瑞应寺由康熙皇帝赐名题字，匾额上有满、汉、蒙、藏四种文字。称其一世桑丹桑布·呼图克图活佛为"大清东部蒙古老佛爷"。据史料记载，鼎盛时期的瑞应寺"有名喇嘛三千六，没名喇嘛赛牛毛"。康熙四十四年（1705），瑞应寺初具规模，道光年间达到鼎盛。瑞应寺规模宏大，整个寺院占地面积达 18 平方公里，有大小殿堂 97 座，约 1620 间。瑞应寺建筑群规模宏大，整体结构合理、层次明确，分中、东、西三路，中路主要有牌楼、山门、经轮亭、天王殿、大殿（见图 5 - 11）等。东路主要有四大扎仓和德丹

---

① 故宫博物院，http://www.dpm.org.cn/explore/building/236446.html。
② 林声、彭定安主编《中国地域文化通览 辽宁卷》，中华书局，2013，第 277 页。

阙凌（藏语，即安乐具足法殿）等，西路主要有活佛宫等。大白伞盖寺、护法寺、度母寺、舍利寺和关帝庙分别建在核心区周围的东北山顶、东南山顶、西南山顶、西北山顶和西南山坡上。这样的空间分布，呈现出内外呼应、四方对称的独特格局。另外，绕瑞应寺一周的万佛路，有万尊石雕佛像环路而立。

图 5 – 11　瑞应寺大殿

惠宁寺是东北地区现存规模最大、布局最完整的藏传佛教寺院。该寺位于辽宁省北票市下府蒙古族自治乡下府村。据寺内现存碑文记载，惠宁寺始建于乾隆三年（1738）。乾隆二十一年（1756），清帝赐名惠宁寺。该寺最鼎盛时住寺喇嘛千余人，殿内佛像不计其数，素有"万佛仓"之称。乾隆年间，惠宁寺先后修扩建了大雄宝殿、藏经阁、钟鼓楼、山门、讲经堂及配殿等。后又改增建七间殿（又称舍得殿）、关公殿及讲经殿等。

1999 年，因当地修建白石水库的需要，惠宁寺古建筑群整体迁出、易地重建，2005 年春季整体验收。"惠宁寺迁建工程，是新中国成立以来辽宁省因国家重点工程建设的特殊需要而确定的最大规模的一项保护工程，意义重大，影响深远。"[1]

目前的惠宁寺占地面积 12000 多平方米，其院落南北长 192 米，东西宽 63 米。沿中轴线从南至北，依次为山门、天王殿、大雄宝殿、藏经阁和七间殿。中轴线左右两侧主要有配殿、钟鼓楼等。大雄宝殿为三层楼阁式殿堂，也称诵经堂，俗称八十一间大殿，整座大殿坐落于高大月台之上，占地面积

① 郭建永、孙立学主编《辽宁省惠宁寺迁建保护工程报告》，文物出版社，2007。

大约 900 平方米。该殿极具藏、汉、蒙等民族建筑文化特征。

（二） 佛教寺院院落及其建筑特征

历史上，东北地区经历过不同的少数民族政权的统治，所以佛教寺院建筑在整体遵循内地佛教寺院建筑的基本特点基础上，不同程度上经历了汉、蒙、藏等民族文化相互交融的影响，呈现出与典型的汉传、藏传佛教寺院建筑略有差异的民族化、地域性特征，特别是在总体布局规则化，建筑单体程式化的前提下进行着不同程度的地域性的改变和融合。①

东北地区的佛教寺院主要是在寺院总体格局、院落布局形式、单体建筑特征和建筑装饰风格等方面具有一定的特点。

1. 汉传佛教寺院总体格局

东北地区汉传佛教寺院布局大体上分为三大类，分别是以塔为中心的寺院、以楼阁为主体的寺院、以殿为中心的寺院等。其中以塔为中心的寺院、以楼阁为主体的寺院是辽代寺院建筑常见的类型，这通过对山西省应县佛宫寺和天津市蓟县独乐寺等辽代佛教寺院建筑的调查，并参考相关文献记载可以断定。东北地区现存的汉传佛教寺院绝大部分是以殿为中心的寺院。

（1） 以塔为中心的寺院。

这类的寺院自汉代佛教传入中国就出现了，典型特征是，塔在前，殿在后。这种塔院式寺院的格局呈长方形，纵深距离长，左右短。山门之内沿中轴线依次布置有佛塔、佛殿，左右有廊庑。整个寺院布局为前塔后殿，塔院为主要的礼佛场所。例如，著名的山西应县佛宫寺就是前塔后殿的佛教寺院。佛宫寺建于辽清宁二年（1056），该寺院以释迦塔②为主体，塔前为山门，塔后建殿堂。在东北，大广济寺也属于这种塔院。另据《全辽文》卷十所载，辽朝时期著名的大昊天寺在九间佛殿与法堂之间建有一座木塔。说明当时在辽代统治区更能接受以塔为主体的早期佛寺之模式。有研究者认为，吉林省"农安辽塔"应该就是此类型寺院遗存下来的塔。

---

① 陈伯超、刘大平等主编《辽宁　吉林　黑龙江古建筑》下册，中国建筑工业出版社，2015，第 3 页。

② 佛宫寺释迦塔就是"应县木塔"。

（2）以楼阁为主体的寺院。

这类的寺院典型特征是，阁在前，殿在后。这类寺院山门之内首先布置供奉观音的楼阁，阁后依次为佛殿、法堂。例如，建于辽统和二年（984）的蓟县独乐寺，便是以观音阁为主体的寺院，可惜的是，独乐寺的辽代建筑目前只存山门、观音阁。建于辽代的辽宁义县奉国寺就属此类寺院。据金、元碑记等文献资料，奉国寺有"七佛殿九间，后法堂、正观音阁、东三乘阁、西弥陀阁，四圣贤洞一百二十间（即围廊），伽蓝堂一座，前山门五间以及斋堂、僧房、方丈、厨房等"。对照寺址现状，可知其原在山门内有观音阁，阁后为七佛殿、后法堂。另外，除独乐寺观音阁、奉国寺观音阁这类位于中轴线上的高大楼阁外，还有一些小的楼阁，根据其使用情况而位置不同，一般位于主轴线两侧。

辽代佛教寺院中以观音阁为中心的寺院，与辽代皇室尊奉"白衣观音"为家神的信仰有密切关系。据《辽史·地理志》记载："太宗援石晋主中国，自潞州回，入幽州，幸大悲阁，指此像曰：'我梦神人令送石郎为中国帝，即此也。'因移木叶山，建庙，春秋告赛，尊为家神。"[1]

（3）以殿为主体的寺院。

这类寺院的典型特征是，大雄宝殿为寺院的核心建筑。这类佛教寺院的布局形式是在官府、府邸建筑格局上演化而来的。如洛阳白马寺就是用接待外国宾客的官署鸿胪寺改建的。以殿为主体的寺院的大致布局是，沿南北向中轴线，从南至北依次为，山门、天王殿、大雄宝殿、法堂及藏经楼等。山门又称"三门"，因佛教寺院多建于山坡或山顶之上，故将寺院的外门称为"山门"，一般由连为一体的三扇门并列构成，形成中间大两旁小的墙门或门楼格式。许多寺院将山门建成殿堂式，或中间大门建成殿堂式，这类山门称"门殿"。天王殿位于一进院落北侧居中处。殿正中供奉弥勒菩萨。弥勒佛的东西两侧有四大天王。天王殿屏风背面为韦驮。韦驮背对弥勒佛，面向大雄宝殿。大雄宝殿是整座寺院的核心建筑，是佛教寺院中的正殿，也有称为大殿的。殿中供奉本师释迦牟尼佛的佛像。一般在二进院落北侧居中处。通常在大雄宝殿前院落正中摆放有一个刻有寺名的大型宝鼎。法堂是诵经学法的地方。但不少寺院不设讲堂，一般就在大雄宝殿诵读经书或举行佛教仪式。藏经楼（阁）是储藏佛经之所，常为一座两层的楼阁，位置在最后一进院

---

① （元）脱脱：《辽史》卷37《地理志》，中华书局，1974。

落。不在中轴线上的主要建筑有，钟鼓楼、伽蓝殿、祖师殿、观音殿、药师殿等配殿。进山门之后为一进院落，东西两侧对称的设有钟楼和鼓楼，左（东）为钟楼，右（西）为鼓楼。规模较大的寺院在大雄宝殿东西两侧设有配殿，东为伽蓝殿，西为祖师殿。另外，寺院的东侧为僧人生活区。西侧主要是禅堂等。东北地区现存绝大多数佛教寺院都属于此类寺院

目前，有认为这种布局遵循的是禅宗"伽蓝七堂"制，然"伽蓝七堂"是否为我国佛教寺院规划布局的定制，尚无明确结论。在以殿为主体的寺院中，塔仍然是不可缺少的。有在藏经楼后院修建塔的，也有将塔移于寺外的或另建塔院的情况。

2. 汉传佛教寺院院落形式

东北地区汉传佛教寺院的院落和内地汉传寺院总体上是一致的，皆属于为围合式的合院建筑群落。

院落总体采用中轴对称式布局。强调南北中轴，东西对称。绝大多数院落平面都呈长方形。沿南北方向设纵向中轴线，主要建筑依其重要性次序排列并呈南北向建筑朝向，形成纵深的空间序列。同时在中轴线左右，东西对称布置附属建筑。通过建筑单体、连廊等围合成"合院"，大型建筑群一般都由多个合院组成，合院之间通过院门联系。形象地说，就是整个建筑群由若干个"口"字形的院子沿南北方向依次有规律排列的院落布局。其中的一个合院就是通常所说的一进院落。以南北纵深轴线组织院落空间，层次丰富，构图稳重。建筑单体通过规律性组合，对称严谨，主次分明。形式上克服了建筑单体程式化带来的形象一统，但反映出来了的却是中国传统文化的核心价值观。

这种中轴对称式布局方式在我国古代宗教建筑中使用广泛，是最为重要且普遍的布局形式。按照佛教的规制，不同位置的建筑物在整个建筑群中起着不同的作用。一般来说大雄宝殿坐落在建筑群中的重要位置上。有些较大型的建筑群中设有两条或两条以上的南北轴线，并以一条为主轴线，其他则是次轴线，形成所谓的双轴或多轴对称式布局，轴线上单体建筑按照佛教规制布置。从而形成两个及以上围合的大院落空间，为加强两个院落之间的联系，常采用拱形墙门或者一进深殿堂等方式连接，使得它们成为既独立又呼应的整体。除这种主要形式外，还有一种"主从院"院落。这种布局形式一般是在主院落侧后方修建独立的布置佛塔的院落。

东北地区的佛教寺院除遵循一定的宗教建筑营造规制之外，也并不完全

拘泥于程式化的格局，而是根据供奉与祭拜的需要，在局部形成别样的构成形态。例如选址山地的寺庙建筑，依靠地势，顺应地形，使得寺院空间既保持着总体的建造规制，又灵活多变，强调出寺院建筑神圣、幽静和超凡脱俗的观念。①

3. 佛教寺院单体建筑特征

单体建筑最能直观地反映佛教建筑文化所具有的东北地域、民族特征。

（1）藏传佛教寺院单体建筑构造与做法。

藏传佛教寺院单体建筑具有汉、满、藏等民族建筑文化相融合的民族风格，以及一些符合地域特点的建造手法。其中尤以辽宁境内的藏传佛教寺院单体建筑的屋顶最为典型。许多建筑采取的是汉式传统坡屋顶和藏式平顶相结合的组合式屋顶形式，如瑞应寺。在墙体构造与材料方面，有些单体建筑融合了藏式碉楼石结构形式与建造手法，它们常采用土石、木构混合结构，以墙体、梁柱同时承重。另有一些既不是多民族融合的形式也不是按照古代建造规制，而是加入了民间的习惯做法的细部处理方式，如惠宁寺。按照规定，建筑檐部滴下的水应滴在台明外，但是惠宁寺大多数这类建筑从檐部滴下的水绝大部分是滴在台明的上面。这是一种少见的做法，很有地方特色。在个别汉、藏复合式大殿建筑的北立面转角处还设置极富藏族特色的踏步楼梯。有些建筑的墙体材料充分利用当地的材料资源，如惠宁寺用荆条作为墙体原料，以达到冬季室内保温，减轻墙体自身重量的目的。

东北地区的佛教寺院建筑基本上属于木构建筑，其大木作和小木作在符合主流形态的基础上充满地域特点。柱子作为中国古代木构建筑中最主要的垂直承重构件，其截面多是圆形的，但辽宁境内有一些寺院建筑的柱子常常为方形或"亞"字形截面，且安设时也不置柱础。这种做法是典型的藏式构造风格。在有些单体建筑上，同一位置上的柱子或某些构件，外露部分尚能按规范制作，而看不到的地方则常常不符合规制，用材质量、规格尺寸等方面差距都很大，且制作工艺也很粗糙。但这种地方性的做法却也节省原材料、实惠好用。②

---

① 陈伯超、刘大平等主编《辽宁　吉林　黑龙江古建筑》下册，中国建筑工业出版社，2015，第8页。

② 陈伯超、刘大平等主编《辽宁　吉林　黑龙江古建筑》下册，中国建筑工业出版社，2015，第5页。

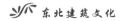

（2）屋顶、屋身。

佛教寺院单体建筑外观的屋顶、屋身部分含有许多地方性构成元素。

屋身部分作为外围护结构，其门窗形式含有许多地方性做法。例如大量采用的格栅式门窗，窗有双扇或单扇二种外形一般是长方形的，个别有圆形造型，窗扇多设各种形式的木棂格。殿堂门多有版门形式。

（3）图案、彩画。

佛教寺院建筑在室内外装饰方面常见的艺术处理方法有雕刻、图案与彩画等。

雕刻、雕塑是佛教寺院建筑最常用的装饰。它们形式多样、内容丰富。最常见的有石雕、砖雕、木雕、泥塑等。最高大雄壮的石雕是惠宁寺山门前设置的一对通高 3 米的石狮。这对石狮，神态各异，雕刻精美，实属罕见。木雕的使用量也非常大，主要是檐下部分最能体现佛教寺院雕刻（砖雕、木雕等）技艺的是单体建筑的屋脊鸱吻瓦兽、山花悬鱼、墀头装饰等。门窗雕饰图案也多种多样。在一些高等级的佛教寺院建筑上，部分大殿正脊处还雕刻有龙纹。还有一些藏传佛教寺院在大殿等殿堂屋脊安置藏式风格的宝塔、大象、武士及宝瓶等。泥塑在佛教寺院佛像造像方面是最为常用的。东北地区佛教寺院最大的泥塑当属奉国寺大雄殿内保留的 7 尊高达 8.6 米以上的彩色泥塑佛像。[①]

彩画主要用在单体建筑室内的梁、藻井和天花等处，以起到烘托宗教气氛、保护木构及艺术装饰的目的。汉传佛教寺院建筑的彩画包括和玺、旋子及苏式彩画等三类，其中尤以和玺彩画的使用最为普遍。藏传佛教寺院建筑的彩画内容兼有汉、藏文化内容，有的寺院殿堂梁枋上的和玺彩画龙纹改成藏文字以及富有藏族文化特点的图案，或和玺彩画图案中添加法轮等藏式纹样。在室外，梁、枋、斗拱彩画的处理大抵如此。

常用的纹样有火焰纹、如意云纹、石榴花与梵文、法轮珠宝等图案，以及二方连续十字、卍字等几何图形。

柱子作为室内最为主要的构件之一，常见的装饰方式是红漆罩面，有些还在红柱上绘制出色彩艳丽的图案。主要殿堂的大门也常施以重彩描绘出山

---

① 大雄殿内塑像皆是辽代原作，形象生动，艺术价值极高，是世界上现存最古老、最大的彩色泥塑佛像群。

水、花鸟、人物及走兽等，还有的在门口左右雕刻彩绘的数道花边。[①]

二 佛塔

塔是中国佛教建筑中的一种特殊类型，其名称源自古印度梵文 Stupa （音译"窣堵波"），初称浮屠（浮图）、佛图。

古印度的窣堵波由台基、覆钵、宝匣和相轮等四部分组成，为实心建筑物。中国佛塔的形制由窣堵波演化而来。一般由地宫、塔基、塔身和塔刹四部分组成。地宫位于塔基正中的地面以下，其他三部分在地面以上。汉传佛教的塔主要有楼阁式、密檐式和亭阁式三种；藏传佛教的塔几乎都是覆钵式塔（俗称喇嘛塔）。

中国现存最古老的一座佛塔是嵩岳寺塔。嵩岳寺塔位于河南省登封市区西北 4 公里的嵩山太室山南麓，始建于北魏孝明帝正光元年（520），为十五层密檐式砖塔，高约 37 米，平面为十二边形，接近圆形形态这在我国佛塔中仅此一例。而位于西安市南郊的小雁塔则是中国早期方形密檐式砖塔的典型代表。小雁塔又称荐福寺塔，建于唐景龙年间（707~710），原为十五层，现十三层，高 43.4 米，是佛教传入中原地区并汉化的标志。

东北地区有史记载最早的佛塔是北魏孝文帝祖母文成文明太后冯氏在龙城建造的思燕佛图。东北地区现有的塔以长白灵光塔建造年代最为久远。

长白灵光塔位于白山市长白朝鲜族自治县长白镇西北郊塔山公园西南端平坦的台地上（见图 5-12）。灵光塔原名无考，清光绪三十四年（1908），长白知府设治总办张凤台将之誉为西汉时鲁之灵光，故名灵光塔。现有塔刹是 1936 年由地方士绅捐资修复的，1955 年、1981 年、1984 年，当地政府投资对灵光塔进行过加固和维修。

灵光塔为一座方形楼阁式砖塔，形制与西安"大雁塔"相似。该塔的塔基位于地宫盖石顶部，夯筑而成。塔身在塔基夯土层上面，用长方形、圭形、多角形砖砌筑，通高 12.86 米。塔身平面呈方形，高五层，逐层收分，每层都有砖砌叠涩出挑，形成密檐，从外表看截面呈三角形。塔身第一层边长 3.3 米，高 5.07 米，底层周围有石砌的石座，高 0.8 米；第二层边长 3

---

① 陈伯超、刘大平等主编《辽宁　吉林　黑龙江古建筑》下册，中国建筑工业出版社，2015，第 5、6 页。

图 5 – 12　长白灵光塔

米，高 1.65 米；第三层边长 2.4 米，高 1.5 米；第四层边长 2.1 米，高 1.2
米；第五层边长 1.9 米，高 1.44 米。在外观上，第一层塔身南面（正面）
有一砖砌拱券门洞，距地表 0.8 米，宽 0.9 米，高 1.65 米，拱顶采用双层叠
砌的形式。在拱券门洞上部两侧和另外三面，分别砌有外形类似文字的整块
褐色花纹砖，东西两面为莲花瓣纹，南北两面为卷云纹，东面砖形如"国"
字，南面砖形如"立"字，西面砖形如"王"字，北面砖形如"土"字，
有学者认为可读作"国立王土"或"王立国土"。塔身北面第一至第五层也
砌有花纹砖。第二、三、五层正面均设有一个方形壁龛，长宽各约 20 厘米。
塔身顶部的塔刹呈葫芦形，高 1.98 米。[①]

　　关于灵光塔的建造年代，目前未发现文献有载。目前仅《长白汇征录·

---

　　①　王绍周总主编《中国民族建筑》第 3 卷，江苏科学技术出版社，1999，第 467 页。

长白山江岗志略》对该塔有描述。《长白汇征录》中记有："塔高五层，围八九丈。日炙雨淋，苔侵藓蚀，尖顶倾圮，砖片零星，质粗而坚，掷地有声。虽无碑碣可考，按法库门①古塔，金石家称为元塔，以此类推，其为辽元间古迹无疑。长郡斗绝大东、沧海变迁，一柱高撑，如鲁灵光殿②岿然独存。因以灵光名其塔云。"③《长白山江岗志略》记有："相传，唐时修建，塔底砖方可盈尺，泥质不甚细腻。塔顶明时被烈风吹折，今尚阙如。"④ 仅上述记载而已。1981～1982 年，吉林省文物考古研究所邵春华和中国科学院自然科学史研究所张驭寰先后对灵光塔进行了科学考察，根据灵光塔的建筑风格，鉴定其为唐渤海国时期建造的佛塔。⑤

目前灵光塔塔内不能登临。历史上，灵光塔应该是可以登临的，刘建封在其《长白山江岗志略》中讲述了自己登塔过程："余自白山归，登塔眺望，见塔内有一木牌，上书朱字。"⑥

东北境内现存的塔主要为汉传佛教密檐式砖塔和藏传佛教喇嘛塔。这些塔绝大多数分布在辽宁省境内，据统计共有 40 座，大都为辽代所建。

辽代密檐式砖塔无论建筑形制还是建筑艺术，都既有继承，又有发展；既有中原风范，又有民族特色。这类塔外观大体上由塔基、塔身和塔刹等三部分组成。平面多为八边形，也有四边或六边形的。塔身内部"塔心"均有"一定宽度的空间"⑦。各种装饰皆以砖雕制，通常外部（如塔身和塔檐等部位）由白垩涂装，故民间称之为"白塔"。著名的"辽阳白塔"名称就是如此而来。

辽阳白塔坐落在辽阳市中华大街一段北侧白塔公园东南隅（见图 5 -

---

① 法库门，为清初柳条边西段"十二边门"之一。光绪三十二年（1906），设"法库门抚民厅"，民国二年（1913），改厅为县，始称"法库县"，今属辽宁省沈阳市。文中所述法库门古塔现无存。

② 鲁灵光殿，汉代殿名。为景帝子鲁恭王刘余在曲阜所建宫殿。东汉文学家王延寿在其著名的《鲁灵光殿赋》中称："鲁灵光殿者，盖景帝程姬之子恭王余之所立也。……遭汉中微，盗贼奔突，自西京未央建章之殿，皆见隳坏，而灵光岿然独存。"后比喻仅存的有声望的人或事物为"鲁殿灵光"，亦省作"鲁灵光"。

③（清）张凤台、（清）刘建封：《长白汇征录·长白山江岗志略》，吉林文史出版社，1987，第 274 页。

④（清）张凤台、（清）刘建封：《长白汇征录·长白山江岗志略》，吉林文史出版社，1987，第 388 页。

⑤ 吉林省长白朝鲜族自治县人民政府办公室：http://wgxj. changbai. gov. cn/whyc/131634. jhtml。

⑥（清）刘建封：《长白山江岗志略》，吉林文史出版社，1987，第 388 页。

⑦ 林声、彭定安主编《中国地域文化通览 辽宁卷》，中华书局，2013，第 267 页。

13）。历史上，辽阳白塔是辽阳广佑寺的寺塔。在白塔塔顶须弥座发现的明代铜碑对广佑寺有所记载。在明隆庆五年（1571）《重修辽阳城西广佑寺碑记》中记述，该寺有牌楼、山门、钟鼓楼、前殿、大殿、后殿及藏经阁、僧房、都纲司衙门等建筑共计 149 间。

图 5 – 13　辽阳白塔

　　辽阳白塔为十三级密檐式砖塔，平面呈八边形，由塔基、须弥座、塔身和塔刹组成，塔总高 70.4 米。塔基与须弥座均为八边形，塔基为石砌，高6.4 米，分两层，下层高 3 米，每边长 22 米；上层高 3.4 米，每边长 16.6米。塔基上覆须弥座，高 8.6 米，底边长 10.3 米，收分明显。须弥座用砖雕刻有斗拱、俯仰莲等，上层俯仰莲承托上部的塔身。塔身高 38.7 米。第一层高 12.6 米，每面砌筑拱形砖雕佛龛，龛内有坐佛，高 2.55 米，檐下置椽，椽上斜铺瓦垄，砖雕斗拱。第二层到第十三层总高 26.1 米，各层逐层内收，叠涩出檐，呈密檐形式。各角置梁，砌垂脊覆筒瓦，装脊兽并悬挂铁风铎。辽阳白塔塔身浮雕、佛像等线条流畅、造型沉稳。仿木构的砖雕部分制作精细而准确，是国内现存辽金诸塔中的代表作。塔刹由砖砌须弥座、仰莲及覆钵组成，高 6.8 米。塔刹上竖刹杆，高 9.9 米，中穿宝珠 5 个，火焰环、相轮各一。

关于白塔的始建年代，一说"始建于唐贞观乙巳（645）"，另一说始建于辽道宗年间。1988 年，在塔顶须弥座下发现明代的五块铜碑，其中四块维修记，一块护持圣旨。其中在明永乐二十一年（1423）《重修辽阳城西广佑寺主塔记》碑上刻有"兹塔之重修，获睹塔顶宝瓮傍铜葫芦上有镌前元皇庆二年重修记。盖塔自辽所建，金及元时皆重修。迄于皇朝积四百年矣"。

在辽宁省与辽阳白塔形制相同的著名佛塔还有广济寺塔。

广济寺塔始建于辽道宗清宁三年（1057），八角十三级密檐式实心砖塔（见图 5-14）。现塔高 71.25 米。形制与辽阳白塔很相似，二者最大的区别在于塔基和须弥座，广济寺塔的须弥座尺度更大，与上部塔身的比例关系更好一些。

图 5-14 广济寺塔

吉林省境内仅存有一座辽代佛塔，即"农安辽塔"。农安辽塔坐落在吉林省长春市农安县城黄龙路和宝塔街交汇处（见图 5 - 15）。该塔建于辽圣宗太平三年至十年（1023～1030）之间。新中国成立之初，塔身已剥落成两头细中间粗的棒槌形，濒临倒塌。1953 年对塔进行了修缮；1982～1983 年，国家文物局、吉林省文物局、农安县人民政府对该塔又进行了一次大规模修缮，使千年辽塔恢复了"原貌"。修复后的辽塔为十三级密檐式砖塔，通高44 米。平面呈八边形，塔身基部东西直径 8 米，南北直径 8.3 米，第一层塔身高 13 米，其他各层均为 1.75 米。第一层上半部修有大小相同、等距的四个龛门、四个哑门，龛门上壁是砖雕仿木斗栱。塔身之上为塔刹，塔刹基部为三层敞口仰莲，仰莲上置宝瓶。宝瓶上是铜鎏金圆光，内为车轮形的卷曲花纹；圆光上筑一铜制镶金仰月，月牙向天；仰月上有宝珠和宝盖。

图 5 - 15　农安辽塔

1953 年，在塔身第十层天宫中发现有硬山式屋顶木质微型房屋，内部有释迦牟尼佛像、观音菩萨、双面阴刻佛像银牌等珍贵文物，为研究辽代佛教提供了珍贵的实物资料。

在内蒙古自治区赤峰市现有的、最具有价值的辽代密檐式砖塔是辽中京大明塔。辽中京大明塔坐落在内蒙古自治区赤峰市宁城县天义镇辽中京遗址内，为辽中京城感圣寺内的塔，称"感圣寺佛舍利塔"。大明塔的体积在中国古塔中最大，其高度仅次于陕西省咸阳市泾阳县的崇文塔和河北省定州市的料敌塔。该塔建于辽代，为八角十三级密檐式砖塔，通高 80.22 米，由塔基、须弥座、塔身和塔刹组成。塔身造型精美，每面居中设拱券形佛龛，各面转角设砖雕柱。塔刹为砖砌。

在东北地区，除了密檐式砖塔外，汉传佛教的塔也有楼阁式的，如庆州白塔。庆州白塔坐落在内蒙古自治区赤峰市巴林右旗境内辽庆州城遗址西北角，称"释迦如来舍利塔"。该塔建于辽兴宗重熙十六年（1047），为八角七级层楼阁式砖塔，通高 73.27 米。

在众多的辽代佛塔中有一座特殊的塔，那就是位于辽宁省朝阳市喀左县大城子镇的"大城子塔"。大城子塔的形制为密檐式与楼阁式塔相结合的形式。该塔总体上为七级密檐式砖塔①，平面呈八边形，由台基、须弥座、塔身和塔刹组成，高约 34.4 米。清乾隆四十五年（1780）在塔前建造了与之相连的灵官殿。大城子塔基座分下中上三部分。下面二部分部为砂岩石砌，上部用砖砌而成。须弥座分四层，其中第二层仿木构形式，第三层每面各雕刻有形态各异的三个狮子。须弥座最上边砖雕仰莲，上托塔身。塔身部分的一、二层为楼阁式的。第一层南面居中设券门，通向塔身内部的塔心室。通过灵官殿后门登上踏道可进入塔心室。第二层塔身结构与第一层基本相同。第三层以上是密檐式的。

东北地区还有一些清代修建的佛塔，如沈阳市内的无垢净光舍利塔等（见图 5-16）。

藏传佛教喇嘛塔在东北各地也多有建造。著名的藏传佛教喇嘛塔有，辽宁境内的沈阳东塔和南塔、吉林境内的洮南双塔以及黑龙江境内的衍福寺双塔等。

---

① 大城子塔现为八层，其中第八层是近年维修时增建的。

图 5 – 16　沈阳无垢净光舍利塔

　　清崇德八年始建的盛京四塔寺是沈阳城满、藏、汉文化的集中体现。四塔寺是指护国永光寺、延寿寺、广慈寺和法轮寺，分别供奉"地藏王佛""长寿佛""千手千眼佛"和"天地佛"，而东塔、西塔、南塔和北塔则分别是这四座寺院的附属建筑物。四座寺院建筑格局也基本相同，院落坐北朝南，沿中轴线依次布置山门、天王殿、正殿等。四塔均采用了相似的实心砖砌喇嘛塔风格，由塔基、塔身、塔刹三部分组成。保存完好的是沈阳东塔和南塔（见图 5 – 17）。目前四塔寺都进行修复工程。

　　洮南双塔，原名"保安塔"，位于吉林省白城市洮北区德顺蒙古族乡双塔村（见图 5 – 18）。塔北 10 米处为莲花图庙遗址。清乾隆年间，在原来莲花图庙的基础上修建"梵通寺"，并由主持罗卜僧却尔和阿旺散布丹大喇嘛负责。寺院建成数年之后，两位喇嘛圆寂，故在庙前建两位喇嘛的骨灰塔，取名叫保安塔。后人称之为双塔。洮南双塔建于清崇德年间（1636～1643）。两座塔通高均为 13 米，东西并列，间距 23.8 米。塔由塔基、塔身、塔刹三部分组成。塔基下部为方形底座，用青砖砌成 4 层塔阶，未加任何装饰。台

图 5 – 17 沈阳南塔

图 5 – 18 洮南双塔

基上部为方形须弥座，四角有方形角柱，两角柱间有施彩绘的大型浮砖，正中图案是三颗火焰宝珠，两侧各有一狮子造型。塔身上部为覆钵形，下部为台阶座。上部呈白色，在覆钵的肩部有浮雕兽头八个。两塔均在南面开券状

龛门，门边饰花纹图案。两龛门大小相同，高 1.25 米，宽 1 米，进深 0.35
米，各置木扉一扇，涂红漆。下部台阶座书梵文经咒并有浮雕围绕。东塔为
三级圆形台阶，西塔为四级方形台阶。两塔通体以白垩为基础色调。塔刹为
铜质，重百余斤，由日、月和莲瓣伞构成，底部悬四个铜铃。塔刹下接逐渐
加粗的实心塔干，上有白色相轮十三重，层层都有梵文浮雕。洮南双塔的形
制为典型的藏传佛教覆钵式喇嘛塔造型。双塔通体以白色为基础色调，装饰
图案大体相同，除塔基外塔身布满浮雕、梵文经咒和彩绘图案装饰。

黑龙江省现仅存有一处佛塔，那就是位于大庆市肇源县茂兴大庙村衍福
寺山门前的二座藏传佛教喇嘛塔——衍福寺双塔。两座塔通高约 15 米，东
西并列，相距约 30 米。采用砖构形式。衍福寺双塔是目前发现的我国最北
端的古代佛塔实例。

三　道教宫观

道教是中国土生土长的宗教，对中国古代社会经济、文化等都有过深远
的影响，很多民间信仰特别是传统生活习俗或多或少都有道教的影子。

道教形成于东汉末期。它的产生，一方面是因为两汉时期的神学思想为
之奠定了思想基础。另一方面是因为东汉末年朝政腐败、民不聊生的社会环
境为它的产生提供了有利的土壤。

道教是中国古代封建社会宗教意识与民族文化的结合。道教教义中所倡
导的阴阳五行、冶炼丹药、东海三神山等思想，对我国古代社会文化有过重
大影响。

道教是一种典型的多神教，它奉祀的许多神灵都来民间。较之其他宗
教，道教是更加贴近民间的宗教，道教把许多民间俗神整合成为自己神仙体
系中的一部分，反过来，又利用它们来影响民间神灵祭祀活动。特别是道教
法术与民间巫术相结合，使得道教借助民俗得以普及。在民间，道教特有的
神灵如八仙，财神，福、禄、寿三星，是最普遍被祭祀的神灵。

在东北，道教宫观以辽宁省境内的最为典型，这些宫观一般规模都较
大，主要分布在辽宁东南部地区，仅丹东市大孤山地区就有四处宫观建筑
群。东北其他地区的道教宫观规模虽不及辽宁省境内的，但也各有特色。目
前，东北地区最大的道教宫观是北镇庙（该庙也是"北镇"医巫闾山的山
神庙）。

（一）道教宫观建筑的沿革与实例

道教传入东北地区虽然比佛教略晚，但在高句丽时期官方即已遣人入唐学习和拜求道教，遂请道出关，并始筑道宫。从集安周边的高句丽遗址可以看出道教文化兴起的遗存，反映出道教在高句丽有过盛传和广泛的影响。[①]

唐朝时期，统治阶层对于尊崇其同姓老子李耳的道教推崇备至。在全国各地营建道观，彼时的道教地位超过佛教。

7世纪初，道教传入渤海国。渤海国受唐朝道教思想的直接影响，民间已经有不少人接受道教思想，而内地的道士也有云游东北者，开始在东北落脚建观，登坛说法。渤海国建立后，通过遣使、册封等活动，与唐朝往来密切。在渤海国大量汲取唐文化的历史背景中，道教也随之传入渤海统治下的东北地区。虽然没有佛教在渤海国那样显赫的地位，但是道教的信仰也不容忽视。虽然从文献上，几乎看不到在渤海国内有道教建筑的记载。但是20世纪60年代，在渤海上京城内出土的文物中，人们发现了一块圆形铜筛，上面刻的是"城隍庙路北"五个字，城隍庙"为护城之庙，所供奉之神，是道家所传守护城池之神"。[②] 这证明渤海国内曾有道教建筑存在。城池是我国古代政权存在的地域保证，渤海人建筑城隍庙借此来祈祷城池坚固，毫无疑问是受到了道教思想的影响。

辽朝时期，道教的地位较之渤海国有所上升。虽然现在已经找不到辽代的道观遗存，但是从文献记载中还可以找到相关记载。辽朝统治者虽然极力推崇佛教，但是对于道教并不打压。尤其在道教建筑方面，相关政策一视同仁。辽太祖耶律阿保机立国不久，即发布诏令，在统治区域之内，兴建道教宫观。此后，辽朝历代皇帝对道教的政策始终如一，这种风气也被王公贵族所承袭。在相关史料中，可以找到辽朝时期在东北区域营建道观的记载："（耶律隆裕）自少时慕道，见道士则喜。后为东京（今辽宁省辽阳市）留守，崇建宫观，备极辉丽，东西两廊，中建正殿，接连数百间。又别置道院，延接道流，诵经宣醮，用素馔荐献。中京往往化之。"[③] 这段记载为我们了解辽朝时期东北地区道教建筑的发展提供了宝贵信息。主持修建道观的耶

---

① 张利明：《论道教在吉林省的历史传播及发展特点》，《中国道教》2012年第5期。

② 朱国忱、金太顺、李砚铁：《渤海故都》，黑龙江人民出版社，1996，第183页。

③ （宋）叶隆礼：《契丹国志》卷14，上海古籍出版社，1985。

律隆裕少年时期即喜爱道教，喜欢与道士来往。担任东京留守期间，大力兴建道观。从整体上来讲，整个道教建筑分为两大部分：一为道观，东西两边为走廊，中间建正殿，道观规模极大，大殿达到数百间。二为道院，是道士接待香客、信徒的场所。东京地区的这种道教建筑模式也影响到了辽中京地区。此后，道教建筑遍及东北地区。

元初，道教全真教得到成吉思汗的大力支持。元至元二十三年（1286），全真派弟子杨志谷来到广宁府（今北镇），在单家寨创建的玄真宫成为这一地区道教传播的重要基地。

明崇祯三年（1630），道教龙门派第八代传人郭守真道长由山东云游至辽东，隐居九顶铁刹山（今辽宁省本溪境内），创立东北道教龙门派，从而使得道教从辽宁向吉林、黑龙江广泛发展。辽宁省的盛京、千山（今鞍山境内）、医巫闾山（今锦州境内）成为东北道教传播的重镇。清康熙二年（1663），郭守真道长在盛京创建三教堂。① "乃分铁刹山为上院，沈阳三教堂为下院，以此二处为传道基地，大力向外扩展，积极布道授业"。这期间，千山"先后建无量观、三清观、圣清宫、太和宫、龙泉庵等十几处道观宫庵"，医巫闾山"先建圣清宫，以后又增建多处"。"吉林宽城子（今长春市）东南的龙泉山泉眼沟建清华宫"，"黑龙江绥化、海伦等地建慈云宫、青云观等道观"②。

郭守真道长及其创建的奉天三教堂（现称太清宫）对道教在东北地区的传播和发展有着重要意义。

太清宫位于沈阳市沈河区西顺城街 16 号，是东北道教第一大十方丛林。据史料记载，康熙二年（1663）春，盛京大旱，时任盛京将军吴库礼，延请高士祈雨。郭守真率刘太琳前往设坛祈雨。祈雨期间普降大雨，旱情解除。经郭守真请求，吴库礼拨款拨地，在城垣西北角楼一段低洼地处修建道观，名三教堂，请郭守真住持修行。当时的规模较小，仅建有大殿、玉皇殿、关帝殿及客堂、耳房等。康熙四十七年（1708），"三教堂"被大火烧毁，而后在雍正九年（1731）重建，乾隆三十年（1765），在一场暴雨过后，三教堂被淹，殿宇倾颓，乾隆三十二年（1767），重新修葺并增建了外院房舍和大殿东西两廊及四周围墙，乾隆四十四年（1779）竣工，至此整个宫观规模

---

① 所谓三教，即是道教、儒教、佛教。三教合祀昭示道教全真教"三教合一"的教旨。
② 林声、彭定安主编《中国地域文化通览 辽宁卷》，中华书局，2013，第 151 页。

基本形成，并正式改名为太清宫。嘉庆十三年（1806）将山门外围墙打开，辟为东西大道，逐渐成为如今太清宫街的雏形。光绪三十四年，又重建关帝殿、玉皇殿等。

太清宫院落平面呈南宽北窄的梯形，占地面积约 4300 平方米，建筑面积约 3000 平方米。太清宫现有四进院落，山门设在第一进院落的东侧。沿南北中轴线从南至北依次为，灵官殿、关帝殿、老君殿、玉皇殿和三官殿等殿堂。

第一进院落（前院）的中轴线南端为灵官殿。灵官殿，倒座，二层楼阁，北开门，面阔三间，前后檐廊，硬山式屋顶。灵官殿原为山门址，1988年修复时改为二层的。灵官殿东西两侧的配殿也是二层楼阁式的，但高度较之低一些，西为云水堂，东为十方堂，均面阔三间，前后檐廊，硬山式屋顶，现十方堂西次间辟有门洞。紧靠十方堂为东西向的山门。在这进院落的北端，与灵官殿相对的是关帝殿。关帝殿坐北朝南，面阔三间，进深三间，歇山式屋顶，须弥座石台基。第二进院落的中轴线北端是老君殿（见图 5 - 19）。老君殿坐落在台基之上，坐北朝南，面阔三间，硬山式屋顶，前出檐廊，设廊心墙。老君殿正脊有双龙戏珠浮雕。在老君殿的东侧有客堂、省心室，西侧有执事室、经堂。第三进院落的中轴线北端是玉皇殿（见图 5 - 20）。玉皇殿坐落在台基之上，坐北朝南，二层楼阁，面阔三间，进深二间，前后檐廊，硬山式屋顶。一层为接待室，上层暖阁祀玉皇大帝。在这进院落的东侧有斋堂、吕祖楼，西侧有善功祠、丘祖楼，均为二层楼阁，面阔三间，前出檐廊，硬山式屋顶。第四进院落，即后院，北端居中为法堂。

图 5 - 19　沈阳太清宫老君殿

图 5-20　沈阳太清宫玉皇殿

清朝之始，尊喇嘛教为国教，道教地位有所下降，但仍然很活跃。

清康熙三年（1664）道教又恢复了东北的活动。能确认宫观旧址、修建年代、宫观规模者，大多分布在八旗驻防地周边、驿站周边、汉人聚落周边。自嘉庆朝后，东北"弛禁"，流入的汉族人口逐年增加，在东北地区修建了数量可观的道教宫观。一时间，道教宫观香火兴旺。清光绪三十二年（1906）以后，清政府倡办新式学堂，诏令各地寺庙宫观的地产交官府改做"学田地"，分配给新式学堂。这一政策虽未普遍推行，但道教发展滞缓和宫观逐减的态势由此发端。总之，道教在清代经历了曲折的发展历程，除一些大的宫观外，民间修建的则呈现出一些地方特点，主要表现为：宫观多，规模小，建筑简陋。相当多的宫观仅有大殿，其建筑面积大多在100平方米左右。

在东北，以道教奉祀为主，兼容儒、释的宫观并不少见。例如，吉林北山玉皇阁等。

吉林北山玉皇阁又名大雄阁。初建于乾隆四十一年（1776），为宽真和尚筹款所建，宽真和尚圆寂后，葬于玉皇阁后砖塔之内。玉皇阁自建成后，曾进行多次修葺，其中以民国十五年（1926）吉林事务督办兼省长张作相筹款维修规模最大，重建后的玉皇阁占地面积约5000平方米。至今仍保持重修后的规模和基本形式。

玉皇阁依山势布置，设前低后高二进院落。院落平面呈矩形，但各院落

的进深较浅，横向比较开阔。南北中轴线上依次布置山门、牌坊、正殿朵云
殿等。

玉皇阁院落前面是平坦的山岗地，通过十五级台阶即可达到山门。山门
面阔三间，明间设一个券洞通门，硬山式屋顶，左右次间南墙面各设一菱形
砖雕，内有"佛"字，红底黄字，格外醒目；门殿朝向内院的北侧完全敞
开，门内祀四大天王塑像。在山门左右两侧约 3 米处是二个小偏门。偏门地
面与山门相比较低，墙门样式，硬山式屋顶。

山门内即为第一进院，由牌坊、钟鼓楼及祖师庙、观音阁、老君殿和胡
仙堂组成。钟、鼓楼没有布置在前院中轴线左右两侧，而是建在了前院墙的
东南角和西南角。山门内一反在中轴线上布置主要殿堂的传统，随坡就势，
设置大台阶，台阶上面平台之上架立一座三间四柱三楼式的木牌坊（见图
5－21）。木柱断面为正方形，前后设戗柱支撑，柱上出挑枋支撑檐檩，明楼

图 5－21　吉林北山玉皇阁"天下第一江山"牌坊

楼顶为悬山卷棚式的;牌坊简洁古朴,仅在明间枋下设置雕饰华丽的雀替,檐下额枋上悬挂的"天下第一江山"匾额,由清道光年间大学士吉林将军松筠所书。牌坊东西两侧由数间殿堂组成,东侧有祖师殿和观音殿,西侧有老君殿和胡仙堂,祖师殿东侧为观音堂,老君殿西侧为胡仙堂,这组建筑物均前出檐廊,硬山式屋顶,规模依距中轴线远近而变化。

第二进院落由中轴线上的正殿及东西两侧的配房组成。正殿称"朵云殿",是整个建筑群体量最大,屋顶等级最高,装饰最华丽的建筑(见图5-22)。朵云殿是二层楼阁式的,面阔三间,前出檐廊,歇山式屋顶,油饰彩画精细。朵云殿坐落在高大的台基之上,九阶台阶,前有月台。朵云殿楼上明间主奉玉皇大帝座像,原来左右配祀太白金星、财神、地藏王、岳飞、老子、庄周等塑像;楼下明间有三尊三霄娘娘塑像。东西两侧次间为七尊各式娘娘塑像。

图5-22 北山玉皇阁正殿"朵云殿"

　　整个玉皇阁建筑群布局严谨，既强调了严格的对称统一，有高低错落，富于对比变化。大小殿堂均用青砖灰瓦，墙面磨砖对缝。屋面铺设板瓦，局部用筒瓦剪边。

　　在吉林省除了吉林北山玉皇阁外，通化玉皇阁也是以道教奉祀为主，兼容儒、释的道教宫观。

（二）道教宫观院落及其建筑特征

　　历史上，道教建筑并未形成独立的系统和风格，但是道教宫观仍具有自己鲜明的特色。

　　1. 选址布局

　　道教宫观的选址、布局，遵循"天人合一"的理念，强调"人工"与"天然"相结合。道教建筑选址布局通常以《周易》八卦和阴阳五行为准则，其平面布局根据八卦乾南坤北，天南地北的方位，以子午线为中轴，坐北朝南，讲究对称，两侧日东月西。其选址强调风水、以"聚气迎神"为准，注重建筑环境，追求与自然之道融为一体的境界。① 具体来说，东北地区的大部分道教宫观选址在山间或清净之地。在院落整体布局上，大部分与佛教寺院的合院式中轴对称布局形式相同，从山门开始，先后依次排列着灵官殿、三清殿或玉皇殿等。而建在山地的常根据山体形势采用较自由方式来布局。

　　在道教宫观建筑群中，更多时候追求的建筑及其环境是否能营造出一种宛如仙境的意境。所以无论是选址、还是内部格局，还是人造景观，都竭力模仿传说中道家神仙的居所，类似蓬莱、瀛洲和昆仑瑶池似的仙境自然就成了模拟对象。②

　　2. 单体建筑尺度

　　道教宫观的建筑形式与佛教寺院建筑大体相仿，各主要建筑在中轴线的位置也一致，单体建筑以木构架为主要结构，以"间"为空间构成单位，以单体建筑组合成庭院，进而以庭院为单元组成建筑群。有人认为二者的差别只是殿堂的名称与所供奉的神像不同而已。虽然这种说法过于表面化，未阐

---

① 白胤：《道教建筑应有的独特风格》，《山西建筑》2005 年第 13 期。
② 许雁冰：《通向心灵的阶梯——宗教思想在现代宗教建筑中的体现》，《华中建筑》2011 年第 5 期。

述个中隐含的宗教文化内涵，但从单体建筑的外观形态这个层面来看，到也有一定道理。

道教宫观的单体建筑尺度普遍偏小，没有佛教寺院建筑雄伟、壮丽的气势。主体建筑的面阔一般为三间。另外，与佛教寺院建筑不同，道教宫观大部分单体建筑不分等级高低常常都建在高台之上，且主体建筑楼阁化。

3. 装饰艺术

道教宫观在建筑装饰艺术方面遵循着传统建筑的普遍规律。装饰的重点部位也是梁枋、门窗、雀替以及墀头等处，各类装饰都有着明显的道教风格。彩画、雕刻所用题材非常广泛，既有传说故事，又有神明人物以及鸟兽花卉等且大多具有浓厚的道教神秘色彩。

总之，随着教派教义及地域性的崇拜神仙的体系的不断变化，历代道教宫观建筑形成了不同的特点。道教宫观建筑虽不如文庙、佛教寺院建筑规模庞大，但其与这些建筑的相互交融中不断地吸收它们的特点，所以道教宫观成为最富变化，没有特定规则的宗教建筑。在技术与艺术方面更加的有所成就。在装饰手法，建筑选址，构造技术等方面无不体现着借鉴之处。除此之外，道教宫观本身的民间化、世俗化，以及其崇尚自然等观念，对道教宫观建筑本身也起到了积极的影响。[①]

四　伊斯兰教清真寺

伊斯兰教兴起于7世纪的阿拉伯半岛，是与基督教、佛教并列的世界三大宗教之一。在中国史书中有清真教等不同称呼。今天，伊斯兰教作为世界性的宗教其传播范围遍布全球。

伊斯兰教传入中国始于唐永徽二年（651）。唐朝时期，中国与中亚各国的联系日益密切，中国、阿拉伯商人频繁往来，联系十分密切。许多穆斯林和阿拉伯商人来到中国经商并定居中国，与此同时，将他们的宗教信仰也带入了中国。但是，唐朝时期伊斯兰教的传播范围相当有限，仅仅在我国西北地区和东南沿海一带以及唐朝首都长安有所发展。这种在有限地域内传播的现象一直持续到南宋末年。

---

① 陈伯超、刘大平等主编《辽宁　吉林　黑龙江古建筑》下册，中国建筑工业出版社，2015，第6页。

13 世纪，由于成吉思汗的西征，大批的波斯人、阿拉伯人被迫迁入中国。这些信奉伊斯兰教人口的移居使得伊斯兰教在中国内地得到了进一步传播，这种传播是以整个民族的集体方式实现的。也正是在元朝时期，伊斯兰教伴随着迁入东北的回族穆斯林传入东北地区。当时的回族穆斯林主要向交通便利、经济文化比较发达的东北南部地区迁徙，以及这一地区部分蒙古人、汉人等改宗伊斯兰教，这是东北地区伊斯兰教的最早渊源。从元初开始，首先由来到辽阳行省任职为官的回族官宦及其家眷、随从和经商的回族商人带到了东北南部地区的辽阳、沈阳、锦州等地。[①]

（一）清真寺建筑的沿革与实例

早在伊斯兰教刚刚兴起的时候，由于社会经济条件的限制和本身游牧民族文化的影响，并未修建有专门礼拜真主安拉的场所，而是采用了较为简单的礼拜方式，即选择一洁净之处作为供教徒叩拜之用的场所。622 年 9 月，伊斯兰教创始人先知穆罕默德在迁徙麦地那途中，修建了第一座简易的"麦斯吉德"[②]，用来礼拜安拉。到达麦地那后，才建造了第一座真正意义上的"麦斯吉德"，后人颂称其为"先知寺"。这之后，"麦斯吉德"逐渐遍布亚洲、非洲、欧洲各地。

在中国，"清真"二字与伊斯兰教发生关系始于元代。明末清初，"清真"二字作为伊斯兰教专用词逐步成为社会共识。由于信奉伊斯兰教的回民生活离不开清真寺，所以在回民聚集区都修建有清真寺。唐宋时期将伊斯兰宗教建筑称为"堂""礼堂""祀堂"及"礼拜堂"等。元延祐二年（1315），咸阳王赛典赤·瞻思丁·乌马儿奉敕重修陕西长安寺，奏请皇帝赐名"清真"，以称颂清净无染的真主。至此，中国始有"清真寺"之名。明代把伊斯兰教称为"清真教"，把伊斯兰宗教建筑统称为"清真寺"。从此，清真寺就成为中国内地伊斯兰宗教建筑的通称。

东北地区早期的清真寺都很简陋，如在居所辟一房间礼拜，至"主麻"等日择一宽敞场所聚礼。可以肯定，从元初开始伊斯兰教在东北地区传播不

① 那晓波：《伊斯兰教在东北地区的早期传播》，《黑龙江民族丛刊》1991 年第 3 期。
② "麦斯吉德"为阿拉伯语音译，意为叩拜真主的地方。今天，在我国西北地区，回、东乡、保安、撒拉等族的穆斯林，至今仍沿袭原称"麦斯吉德"，或称"哲马尔提"（Jama'at，即寺坊）。

久，在辽阳等地定居的回民即建这样简陋的清真寺。所以如此，主要是元代迁居东北地区的回民，除少数服务于官府外，大都忙于筹划生计，以求得生存，尚无力量建立更大规模的清真寺。即使建起一些简随的清真寺，这时的穆斯林也多是自己礼拜念经，并非特别需要规模宏大的清真寺。因此，东北地区元代清真寺的建筑实物都未能保存下来。明代的情况有所改变，清真寺无论规模上还是数量上都大大超过了元代。

辽宁地区最著名的清真寺有沈阳清真南寺、开原老城清真寺、锦州清真寺、辽阳清真寺等。其中，开原老城清真寺始建于明永乐四年（1406），距今已有610多年的历史。

沈阳清真南寺位于沈阳市沈河区小西路三段回民里18号，建于明崇祯元年（1628）。据记载，该寺是由回族官宦铁奎在沈阳市外攘关"跑马占地"所建。早期的清真南寺有礼拜殿一座、讲经堂二处等。光绪二十八年（1902）增建后殿。其后几经修葺、扩建，清真南寺成为东北地区规模最大，最具有中国古代建筑风格的清真寺。①

沈阳清真南寺三进院落，占地面积约9300平方米，建筑面积约1700平方米。沿东西向中轴线，布置礼拜殿、窑殿等建筑。礼拜殿，亦称大殿，坐西朝东，共由三部分组成，前为面阔三间的抱厦，卷棚庑殿顶；主体部分又分为前后二个殿堂，前后面阔均为五间，通进深很大，前殿进深达四间，这使得殿内室内空间开阔。前殿为歇山式屋顶，后殿为硬山式屋顶，二者通过"勾连搭"连接（见图5-23）。前殿山墙南北两侧各设券窗四个，后殿山墙的人字形博风板正中下部有腰花。腰花之下是从墙上向外伸出的半个硬山屋顶，由二明柱支撑，类似东北传统四角落地大门的半幅，内开拱券门。窑殿紧贴礼拜殿的后段修建，平面呈六边形，三层高，底层为米哈拉布，砖木结构，在西南、西北墙身各设券顶窗一个，墙身上端叠涩出挑；二、三层为木构架，楼阁样式，四周环廊，各有明柱六颗，二、三层檐下构造做法相同，二重檐六角攒尖屋顶，高30米（见图5-24）。其他附属建筑有经堂、教长室、办公室和沐浴室等。

清真寺是黑龙江境内现存数量最多的古代建筑类型，其中尤以卜奎清真寺最具特色。

---

① 那晓波：《伊斯兰教在东北地区的早期传播》，《黑龙江民族丛刊》1991年第3期。

图 5 - 23 沈阳清真南寺礼拜殿和窑殿

图 5 - 24 沈阳清真南寺窑殿

卜奎清真寺位于黑龙江省齐齐哈尔市，分为东西两寺。① 最初的东寺是康熙二十三年（1684），从山东、河北移来戍边的"格迪木派"回民所建，当时仅为几间茅舍。咸丰二年（1852），甘肃十二家"哲合林耶"教派的伊斯兰教徒放逐于齐齐哈尔，因这一教派的宗教仪式和"格迪木派"有别，无法使用先前修建的"东寺"，故另建清真寺，即西寺。卜奎清真寺东西两寺建筑格局相似，主要建筑都是由礼拜殿、窑殿、对厅和讲经堂等组成。两寺仅一墙之隔，且有门廊相通，共同组成了具有地方文化特色的伊斯兰教建筑群。

卜奎清真寺东寺的寺门设在东南方向，寺门为屋宇门形式，面阔三间，前后出廊，设檐芯看墙，明间设通门，塾门型，次间为门房，迎面开长方形窗，装饰窗口雕花，硬山式屋顶，在其两边月 3 米处分别设有墙门。墙门居中开拱券门洞，硬山式门楼顶。东寺的礼拜殿和后窑殿是整个建筑群中的主体建筑。礼拜殿坐西朝东，分前后三部分，前为抱厦，面阔五间，进深一间，卷棚歇山式屋顶（见图 5-25）；礼拜殿主体部分由两座殿堂（称中殿、后殿）组成，各面阔五间，硬山式屋顶。整个礼拜殿采用三座连造的形式，室内空间连通为一体，可容纳五百人诵经，屋顶形成二个"勾连搭"。中殿、后殿山墙的人字形博风板正中有砖雕的山坠和腰花，腰花两边有圆形通气孔。腰花之下是圆形窗的窗头，窗头是从墙上向外伸出的半个硬山屋顶，顶部是清水脊，脊端有砖花饰。礼拜殿背立面檐下为仿木的椽飞望板和斗拱造型。后窑殿为方形砖砌塔楼形式，三层三重檐，各层自下而上依次内收，幅度明显（见图 5-26）。底层为米哈拉布，在南北两面墙居中开圆窗，顶部砖砌叠涩出挑成檐，檐下仿木构件造型。中间层墙面满布砖雕，顶部与底层基本相同。顶层四面墙居中都开六边形窗，四角攒尖屋顶，砖砌叠涩出挑，檐下也有仿木造型，宝顶尺寸较大。礼拜殿的对厅面阔三间，硬山式屋顶，檐柱之间有雀替，山墙出墀头，墀头的盘头与上身上部施砖雕。对厅的南侧设耳房一间，其山墙紧贴对厅的山墙。

卜奎清真寺西寺的寺门为"一大二小"式。大门为东北传统的墙门样式，小门也为墙门式，居中开拱券门洞，大小门楼顶均为硬山式。在小门外

---

① 由于卜奎清真寺目前正在大修，不对外开放，我们无法得到第一手调查资料，所以这里的文字选自《辽宁 吉林 黑龙江古建筑》下册一书；使用的照片由汇图网授权。另外，阿城清真寺等目前也在大修中。

图 5－25　卜奎清真寺东寺礼拜殿

图 5－26　卜奎清真寺东寺礼拜殿后部及窑殿

侧有八字影壁。礼拜殿坐西朝东，分前后两部分，前为抱厦，面阔三间，卷
棚歇山式屋顶；主体部分（中殿）面阔比抱厦稍大，硬山式屋顶。两者采用
勾连搭形式组合，中殿与抱厦勾连搭的水平天沟下方亦开敞，成为抱厦的一
部分。后窑殿平面为矩形，二层楼阁式，面阔小于中殿部分。底层外墙体为
砖砌，二层平面向内收进，外露木构架，庑殿式顶。底层西侧正中凸出一间
小龛，上为单坡硬山式屋顶（见图 5－27）。

　　卜奎清真寺的砖雕极其精美，斗拱做法非常奇特，有很高的艺术价值，
是黑龙江省内不可多得的古建筑艺术珍品。

图 5 - 27　卜奎清真寺西寺窑殿及礼拜殿后部

　　除卜奎清真寺外，黑龙江境内的阿城清真寺、呼兰清真寺和依兰清真寺等都是著名的清真寺。

　　吉林省境内的清真寺都是清代以后修建的，起初多由民居改造而成，即使是新建的也采用草房、砖瓦平房等民居形式。这时的清真寺大都比较简陋。由于室内空间狭小可供礼拜、沐浴的人数非常有限。清光绪朝以后，才逐渐有了按中国内地清真寺型制建造的清真寺。但这些清真寺的规模都不很大，有些接近北方四合院的格局，寺院内的建筑物也没有内地如中原地区的宏大。最早的且具规模的是九台蜂蜜营清真寺（见图 5 - 28）。九台蜂蜜营

图 5 - 28　九台蜂蜜营清真寺

清真寺位于吉林省长春市九台区胡家乡的蜂蜜村，距离九台市区约五十公里。康熙十八年（1679），移居当地的回民聚集成村落，为满足礼拜的需求，于是在河岸近处建清真寺一处，当时采用的是传统民居形式的平房样式。宣统元年（1909），该寺被洪水淹没，当地回民募捐筹款，择地重建了现在这处清真寺。九台蜂蜜营清真寺占地约 900 平方米。整体院落呈长方形，现有礼拜殿和北讲堂各一座。礼拜殿坐西向东，面阔五间，前出檐廊，歇山式屋顶，两侧梢间仅一米多宽，南北侧山墙上各开有三个券顶窗洞。北讲堂面阔五间，前出檐廊，硬山式屋顶，在北讲堂西侧山墙附设有耳房一间。

长春地区修建时间最早、规模最大的清真寺是长春清真寺。长春清真寺又称长通路清真寺，位于长春市南关区长通路清真寺胡同 1 号，是吉林省暨长春市伊斯兰教协会驻地。

长春清真寺初建于道光四年（1824），原地在长春市东三道街，由当地回民捐款集资修建。随着信徒数量的增加，原寺已经无法满足需求。同治元年（1862），回民又集资购地，在现址重建清真寺，后经同治三年（1864）和 1919 年两次大的扩建，基本形成现在的规模。长春清真寺占地面积 5000多平方米。大门开在寺院南侧偏东的位置，为"一大二小"，大门采用北方传统的大门形式，左右两侧的小门为墙门式，大小门楼顶均为硬山式。沿院落东西中轴线，布置有礼拜殿、窑殿（望月楼），在中轴线的东端是与礼拜殿相对的讲堂。

礼拜殿坐落在台基之上，月台东西宽 10 余米，南北长 20 余米，十分宽大，便于进行祭祀活动。礼拜殿坐西朝东，面阔五间，前面抱厦的两侧梢间开间缩小，檐廊环绕，卷棚歇山式屋顶，檐下斗栱飞檐，雀替透雕，十分华丽，隔扇、槛窗做工细致，彩绘以蓝色为主。礼拜殿正殿原为一座硬山式屋顶的单体建筑，与抱厦连造。为加大正殿的进深，1929 年对正殿进行了重新整修，将原来进深只有 7 米多的正殿进行改造后，增加了两座单体建筑，形成前中后三殿四座连造的格局，这样室内空间得到扩大，屋顶也由原来的一个"勾连搭"增加成了三个"勾连搭"（见图 5-29）。其中，前两进（前、中殿）为卷棚硬山式屋顶，后一进（后殿）为硬山式屋顶，屋脊正吻高大。前殿南北山墙的博风正中有砖雕彩绘的山坠和腰花，腰花之下的圆形窗及其窗头，与卜奎清真寺的基本一样，窗头檐下设彩绘（见图 5-30）。后面两殿山墙博风下端都设有一圆形小窗，其下为并排的三个长方形窗。窑殿（望月楼）位于纵轴线的最西端，即礼拜殿后殿的背面。窑殿平面呈六边形，三层高，通高 32 米，各层自下而上依次内收。底层为米哈拉布，下端采用砖结构，西南、西北墙各设一长方形窗，墙面有仿木构的线角和构件。底层上

图 5 - 29　长春清真寺正殿抱厦及勾连搭

南侧山墙　　　　　　　　　　　　　北侧山墙

图 5 - 30　长春清真寺正殿前殿南北山墙的造型

端束腰，为木结构，承托第二层和顶层。二、三层为木构架楼阁样式四周环廊，各有明柱六颗，三重檐六角攒尖顶。各层檐下构造做法基本相同。讲堂是礼拜殿的对厅，面阔五间，前出檐廊，硬山式屋顶，两侧山面有看墙，山墙有"山坠""腰花"，其尺度和形式与吉林传统民居非常相似。中轴线的北侧布置有教长室、女拜殿和其他一些用途的房间，其中教长室的等级较高，面阔五间，硬山式屋顶，仰瓦屋面，屋脊上有砖雕。

长春清真寺是北方寺庙建筑和传统民居建筑的融合，其形式有很多民居的色彩，同时又受到当时京师建筑风格的影响。其主要建筑物的彩画、木雕、砖雕充满伊斯兰教和地方特色。2011年，长春清真寺进行了历史上最大规模的一次修缮，增加了一些服务性附属建筑，新建了一座高大的三间四柱三楼式的仿木牌坊，明楼楼顶为庑殿式的。

（二）清真寺院落及其建筑特征

随着伊斯兰教的广泛传播，其宗教建筑受到中国传统建筑的强烈冲击，为适应自然环境、社会文化环境，伊斯兰教宗教建筑逐渐向中国化转型，最终形成了循守中国内地传统建筑样式特征的宗教建筑，即中国内地清真寺。这类清真寺的基本特点是：按照伊斯兰教的要求设置不同功能的建筑物，且采用中国内地的传统建筑样式；每座寺以坐西朝东的礼拜殿为核心；建筑单体依托中轴线有序布置，组成规整的院落；邦克楼改为中国内地常见的多层楼阁形式，称窑殿或后窑殿，亦称望月楼。

明清两朝，信奉伊斯兰教的回族人出于经商的目的以及政治迁徙的原因，移居入东北的人口越来越多。随之而来的是伊斯兰教大范围的传播。东北地区的清真寺就是在这一历史背景下发展起来的，并且成为东北地区宗教建筑的一种类型。这时的清真寺虽然承续着中国内地清真寺的基本特点，但从一开始就受到当地建筑文化的影响，这导致其具有明显的本土化特征。

1. 院落布局形式

东北地区的清真寺大多分布在回民聚居区周边，为了便于教民每日礼拜的需要，选址多为交通便利，方位清晰之处。

东北地区的清真寺遵循中国内地清真寺的规制，院落的形态基本上与佛教寺院一样，属于合院式的，这明显受汉文化影响且有东北地域特征。在院落总体布局上强调主轴线纵深构图作用。主轴线绝大多数情况下是东西向的，这种东西向排列布局的方式符合伊斯兰教的习俗，这样做能保证清真寺的礼拜殿坐西朝东，从而使礼拜的方向朝向伊斯兰教圣地麦加。黑龙江、吉林清真寺均东西向布局，在辽宁地区也是如此，但也有南北向布局的情况。不过，无论是东西向布局的还是南北向布局的，清真寺的礼拜殿必须保持坐西朝东的规制。主要建筑沿主轴线布置，礼拜殿作为正殿，布置在主轴线西端。在此基础上，清真寺其他附属建筑的布置则分两种形式。一种是左右对称式，这也是我国古代建筑群的基本空间构成方式，就是沿着主轴线，以礼拜殿为中心左右对称布置。另一种是自由式，就是没有左右对称，但仍以礼拜殿为中心，按照功能扩散式进行排列布置。

清真寺院落的入口即寺门的位置很有特点。并不强求布置在东西向主轴线上，而是按照具体位置灵活设置。一种是位于主轴线的东端采用传统的门堂形制，与礼拜殿相对且不设影壁。也有在寺门内侧设有影壁的，如在依兰清真寺在中轴线上入口背后，设有一字影壁与礼拜殿相对。另一种是位于主轴线一侧，礼拜殿对面是一个对厅，呈倒座形式。寺门形式通常采用的都是北方传统的形式。大型或重要的清真寺的寺门采用门殿形制。

2. 礼拜殿的勾连搭构造

东北地区清真寺的礼拜殿无论规模大小，建筑平面的进深一般都大于面阔，呈窄而深的长方形或"凸"字形。通常情况下礼拜殿均采用勾连搭的形式。所谓"勾连搭"，是指为扩大建筑室内的空间（纵深方向），将两座或多座建筑的屋面沿进深方向前后联系在一起的结构形式。这是中国古代单体建筑连造的一种形式。这种形式在中国内地清真寺礼拜殿中得到广泛使用。一般多采用三个勾连搭。

最为典型的勾连搭屋顶有两种，即"一殿一卷式勾连搭"和"带抱厦式勾连搭"。"一殿一卷式勾连搭"的屋顶大多是高低相同的。第一进为不带正脊的卷棚屋顶，东北地区一般是硬山前出廊形式的，第二进为带正脊的硬山或悬山屋顶。如依兰清真寺、阿城清真寺。抱厦式的勾连搭屋顶有主有次、高低不同、前后有别。第一进较小，均为抱厦，通常是卷棚歇山式屋顶，其后各进则是较高的硬山式正殿屋顶。如黑龙江卜奎清真东寺、长春清真寺即属此类。

清真寺礼拜殿由于采用了勾连搭做法，故大殿进深一般都大于面阔，这使得大殿内部空间最大限度地满足伊斯兰教聚礼时所需的面积，同时，勾连搭可以减少大量的内柱，非常有利于人数众多的礼拜活动。勾连搭还有一定的空间扩展能力，只要添加勾连搭结构的节数，就能使大殿内部空间扩

大。例如，长春清真寺礼拜殿就是在原有一个勾连搭基础上增加为三个勾连
搭的（见图5-31）。

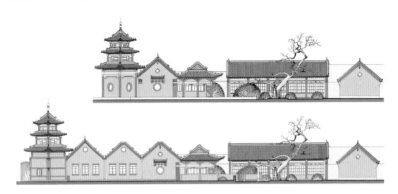

图5-31 长春清真寺正殿改造前后勾连搭对比图

3. 米哈拉布和窑殿

米哈拉布是清真寺礼拜殿内部重要的构造组成部分和进行宗教仪式的设
施。米哈拉布是阿拉伯语音译，为"祭坛"或"壁龛"的意思。米哈拉布
设于礼拜殿后墙正中处，其方位朝向伊斯兰教圣地麦加的克尔白，亦即穆斯
林礼拜的正向。[1] 穆斯林礼拜时必须面向米哈拉布。伊斯兰教义禁止崇拜偶
像，因此米哈拉布并没有人像图画或雕塑，通常会写满向阿拉致敬的字句。

东北地区清真寺的米哈拉布形态与传统的有所不同，主要分为三个类
型，墙绘式、凹壁式和窑殿式。

东北地区清真寺分有窑殿和无窑殿两类。窑殿，又称后窑殿，采用中国
传统的楼阁式塔形式，一般为三层楼阁塔式。窑殿设在拜殿的背后（即主轴
线的最西端），通常情况下与礼拜殿连为一体的，如沈阳清真南寺、长春清
真寺、卜奎清真寺等。但也有的窑殿位于礼拜殿最后一进勾连搭的正中，如
黑龙江阿城清真寺的窑殿。无窑殿的清真寺，其米哈拉布采用墙绘式和凹壁
式的，如黑龙江依兰清真寺、九台蜂蜜营清真寺等。

4. 装饰艺术

东北地区的清真寺具有伊斯兰教和汉文化相融合的基本特征。既吸收有
我国（包括东北地区）传统建筑装饰手法，又显示出自身装饰技艺如彩绘、
木雕、砖雕等技艺。

---

[1] 按照东北地区与伊斯兰教圣地麦加的地理位置关系，米哈拉布应朝向西南方向，所以东北
地区的清真寺，米哈拉布的朝向是相对模糊的西方方向，而不是正西。

木雕集中在正殿前部的抱厦和窑殿米哈拉布处。其中,尤以抱厦檐部的小木作最为精美。窑殿米哈拉布是室内重点装饰部位,其壁上满铺阿拉伯文字图案、几何纹样装饰,同时采用了许多北方地区常见的木雕装饰,且均施以彩画。

砖雕大多位于前殿屋脊、山墙等处,以花卉、山水为主,其他部位的砖雕则通过铭刻古兰经经文等与伊斯兰教的教义有关的内容展现伊斯兰特色。礼拜殿的山墙上均开牖窗,牖窗上方均有精美的窗头。例如,长春清真寺拜殿第一进山墙饰有当地传统民居常见的"山坠"和"腰花"彩绘砖雕,并有砖雕"垂花门"的造型,下部设有圆窗,造型丰富,很有新意。其他建筑山墙大多有"山坠""腰花"等砖雕装饰。这些明显具有当地满、汉建筑传统文化的特点。

清真寺彩绘以蓝色为主色调,进行装饰烘托,绘制的图案别具一格。在建筑装饰上,等级高的建筑不但采用小木作如斗拱来装饰,更注重用彩绘的装饰效果。清真寺的彩画基本延续了汉式彩画的传统,各个建筑部件均有特定的色彩搭配。主要使用的色彩包括蓝色、绿色、白色等,蓝色代表广阔无际,绿色代表蓬勃生机、白色代表纯洁等等。由于色彩搭配合理,效果协调美观。

彩画图案仅为几何图案、文字及植物等纹饰。一方面,伊斯兰教认为"万物非主,唯有真主",除了真主外,不能崇拜其他。所以清真寺内不允许出现人物和动物图案。[1] 另一方面,伊斯兰教发源地处于干旱的沙漠之中,气候炎热。绿洲是人民生活的希望。花叶代表绿色,是当地人的信仰之一。因此,在伊斯兰教建筑中,彩画纹饰的图案多为花卉、树叶、藤条等。

东北是满族的发祥地,其文化在东北地区有着广泛的影响力,清真寺也深受满族建筑文化的影响,例如,许多清真寺采用了跨海烟囱、透风[2]等满族传统营建手法。

---

[1] 陈伯超、刘大平等主编《辽宁 吉林 黑龙江古建筑》下册,中国建筑工业出版社,2015,第8页。

[2] 透风,是中国传统建筑砖墙上雕刻镂空的花砖。用途是给墙里面的木柱子通风,防潮防腐。多设置在后檐墙、两侧山墙里面有柱子的上下部位。透风花砖的纹饰以植物居多。

第六章

东北传统居住建筑的分类及其营造

居住建筑是供人们日常居住生活使用的建筑物。传统的居住建筑主要包括普通民居和府邸两大类。

东北地区传统的居住建筑主要有普通民居和大型宅院、府邸两类。

一 传统民居

民居是居住建筑的最主要类型，主要指普通百姓的居所，是其长期安居、生活的地方。从研究的角度来说，民居不仅能反映特定时期不同人们（民族或地域）的生存状态和生活习俗，还能反映这一时期社会形态等信息。

据现代考古报告显示，秦汉时期，为了对抗严寒，我国东北地区的民居基本上为穴居①或半地上构筑物，这种建筑形式一直到南北朝时期尚且存在。汉人的大量迁入，带来了先进的建筑房屋技术，逐渐开始改变东北人民的居住习惯，人们开始在地面以上建筑牢固、厚重的房屋。然而这种改变并非是一蹴而就的，变化程度、速度和中原的距离呈反比，越靠近中原的地区，改变越早，程度越深。反之，愈往北，对于传统本土的民居形式的采用范围越大。直到北宋时期，使者出访女真，在黑龙江北部地区所见到的民居形式依然是以简单的木板、茅草搭建而成。

今天，东北地区的传统民居可按照世居民族的传统民居和迁入民族的传

---

① 这种穴居属于深穴居，一般在冻土深度以下。

统民居来划分。[①] 但不论是世居民族的满族、蒙古族民居，还是迁入民族的汉族、朝鲜族和回族民居，大都具有明显的民族和地域特征，其中尤以满族、朝鲜族等少数民族的传统民居最具特色。

（一）世居民族的传统民居

1. 满族传统民居

满族作为东北本土的人数最多的少数民族，其民居独具特色。女真人早期的居屋是"地室"。地室一般建在高阜向阳，又有树林遮风的地带，地室内不但设施齐全，有的还用树洞做气眼，上盖也可以活动，以利阳光照射，便于空气流通。在地室基础上，女真人又借着山势建房，门向东开，屋内三面土炕，这样的房屋都是以土筑墙，以草苫顶。大约在16世纪末17世纪初，女真人在土墙草顶的基础上又将整个房屋普遍用泥抹上，这样既可以光整、加固，又可以防火防风。明朝中期以后，在海西女真首领的居室中首先出现了砖瓦建筑物，并开始修建城池。[②]

在当地，人们用"口袋房、万字炕、烟囱立在地面上"来形容满族民居的特点。

满族民居的正房开间和进深都较大，面阔有三间、五间、七间等。[③] 一般人家以三间房的居多。房门设置在房屋南面。三间房多在东面一间开房门，五间房多在中间或东起第二间开门。这样人们进入房间是"穿套式"的，房屋平面形似口袋，故民间称之为"口袋房"。满族民居中有面阔二间的实例，在满汉杂居地区如吉林省伊通满族自治县，普通满族人家从经济角度考虑，就常常修建二开间的房屋，但房门一定是开在东间的。这是我们很早之前就有发现的情况。

满族民居正房进入房屋的那一间，被称为"外屋"，它既是烧火做饭的灶间又是出入内屋各间的通道。外屋炉灶与室内火炕内烟道相通，平时烧水做饭时就可暖炕。烟火通过室内各屋的火炕后，由烟囱排出。在外屋东西两侧的房间分别称为东屋西屋，为起居之所。满族人讲究长幼尊卑的等级差别，奉行"以西为尊，以右为大"。以最西侧的房间（即西屋）为上屋，是

---

① 东北地区的民族大体可以分为世居民族、迁入民族两大类。世居民族主要有满族、蒙古族、赫哲族、鄂伦春族、鄂温克族和锡伯族等，迁入民族主要有汉族、朝鲜族、回族等。
② 谷长春主编《中国地域文化通览　吉林卷》，中华书局，2013，第172页。
③ 通常人们把面阔三间、五间、七间等的房屋，称为三间房、五间房、七间房等，以此类推。

供奉神灵、先祖之所。西屋开间尺寸较其他各间为大。只有才能家中长辈在西屋居住（通常住向阳的南炕），子女、晚辈则居住东屋（或西屋北炕）。西屋室内的西墙供奉"祖宗板子"，禁忌挂衣物、贴年画。西炕禁忌放置东西，更不准将狗皮帽子或鞭子放到西炕上，也不准睡、坐在西炕上，尤忌女人坐。在西屋外墙下一般不堆放物品。满族民居室内陈设比较简单，室内一般没有桌椅，只有炕桌。有的人家有八仙桌，就放在（西屋）西炕前，上面摆放着茶具①。

东西厢房称为下屋。东厢房以北为大，西厢房以南为大。厢房的间数根据正房而定。

炕是东北民居室内家庭活动的中心场所，用于睡觉、起居、取暖、亲友聚会等。所谓万字炕是指满族民居正房的西屋除设南北对面炕外，西山墙也设炕（即西炕）并与南北对面炕联结为一体，形成三面火炕的炕居取暖方式，这种炕俗称"万字炕"，"拐子炕"或"转圈炕"。南北炕与外屋灶台相连，西炕为窄炕，俗称"佛爷炕"。

在南北炕炕梢（靠山墙的一端）摆放与炕等长的木制炕柜（或称"炕琴"），内放衣物，柜盖上整齐地叠放被褥、枕头，俗称"被格"。南炕是人们经常坐卧之处，用炕桌时多摆放在此炕，平时也放着烟笸箩、针线笸箩之类，冬季炕上还摆放火盆，婴儿摇篮挂在炕上方的"子孙椽子"上。北炕如不住人，秋收后可用来烘晾粮食，平日在室内常用到的纺车等较大的工具或用品，也常放在不住人的北炕上。

满族民居的烟囱，称为呼兰。烟囱与房屋山墙外侧有一定距离，是独立式的，称为"跨海烟囱"（见图6-1）。除东间开门的房屋，只在东侧设置一个独立式烟囱外，三间以上的在东西两侧各设一个独立式烟囱。早期使用中空的圆木作烟囱，后多用土坯或砖砌筑，一般为上小下大的台柱形或圆形，高出屋顶，有烟道与火炕相通。由于满族民居多以草苫顶，为防止烟囱里冒出的火星燃着草顶，所以将烟囱独立设置在距离山墙二三尺的地上。

（1）满族老屋。

最早的满族民居叫"纳葛里"（意为"居室"），这种民居是满族先民由穴居走向室居的一种过渡式房屋。女真建国之后，随着社会发展，生产水平进一步提高。普通民居也发展起来。宋朝使者出使金国时，对女真普通民居

---

① 谷长春主编《中国地域文化通览 吉林卷》，中华书局，2013，第493页。

图 6-1　乌拉街满族民居的跨海烟囱

有如下记录："其俗依山谷而居，联木为栅。屋高数尺，无瓦，覆以木板，或以桦皮，或以草绸缪之。墙垣篱壁，率皆以木。门皆东向，环屋为土床，炽火其下，寝食起居其上，谓之炕，以取其暖。"①

　　1621 年"后金"占领明朝辽东重镇沈阳和辽阳后，其社会生活发生了急剧的变化。在居住方面，城镇贵族逐渐吸收汉族民居的特点；农村在保持旧有建筑形式的基础上，揉进汉族建筑内容，逐渐出现了比纳葛里更为理想的新形式——满洲老屋。②

　　满洲老屋以草覆盖房顶，俗称草房，通常以土、木、草等为建房材料。其建造方法简单，防寒保温效果好，可以因地制宜、就地取材，经济实用。所用的草主要有秫秸、谷草、羊草、乌拉草、芦苇等。这种草房一直延续

① （宋）徐梦莘：《三朝北盟会编》上册，上海古籍出版社，2008，第 7 页。
② 王绍周总主编《中国民族建筑》第 3 卷，江苏科学技术出版社，1999，第 479 页。

至今。

草房的墙体用木柱做框架，然后用土坯墙或"拉哈墙"围合。由于土坯墙体不耐雨水冲刷，每年都需用黄土抹面以保护墙壁。拉哈墙又称草辫子墙，是指用拉哈辫子垒砌而成的墙体。"拉哈辫子"是将稀泥涂覆在草编拧成的捆上而成。垒筑时，薄墙直接用拉哈辫子堆垒成，厚的墙则是用拉哈辫子围合，内包干黄土，然后用木榔头砸实成墙。一般在拉哈辫子干后再外边抹一层泥。这种墙是满族民居最长用的墙体形式。这种形式的墙体在黑龙江农村比较流行。拉哈辫子用的草多为乌拉草，具有防寒功能。

黑龙江满族草房屋顶的一般做法是，在木架上铺设一层木板或苇席，然后苫草。屋脊用草编成，其下依次铺苫房草，厚二尺许（约66厘米），草根当檐处齐平若斩。为防止大风将苫草吹落，要用绳索纵横交错地把草拦固，还要在屋脊上置一压草的木架，俗称"马鞍"。苫房要有较高的技术，苫得好，不仅样式美观、不透风、不漏水，还牢固耐用。有的苫一次可用二十年，否则三五年就要重苫一次。还有用厚泥苫草顶的。[1] 满族草房少装饰，仅个别富裕人家以木雕装饰建筑的门窗及室内隔断、炕沿等处。[2]

满洲老屋是吉林地区农村满族民居的基本样式，并为汉族农家普遍采用。这种满族传统民居在20世纪50年代的吉林农村仍随处可见。吉林地区的满族传统民居大体分为农村和城镇两大类，二者形制基本相同，主要区别在于建筑材料和工艺水平等方面，前者更多地保留了满洲老屋的形式风格。[3]

（2）满族合院民居。

清中叶以后的满族民居已有了合院形式。且有二合院、三合院和四合院之分，一般人家较少建厢房，多为一正房配单侧厢房形成"一正一厢"的格局，即所谓的二合院；如果正房东西两侧都有厢房，则为三合院；如果在南侧再建有"倒座"，就形成了四合院。建厢房时也以先建西厢房后建东厢房为习俗。满族合院民居的院落多为一进或二进。

最简单的满族民居只有一座正房，如果设"院落"则形成了独院形式。近年来有人称这类独院为"一合院"。

---

① 中华人民共和国住房和城乡建设部编《中国传统民居类型全集》上册，中国建筑工业出版社，2014，第242页。

② 中华人民共和国住房和城乡建设部编《中国传统民居类型全集》上册，中国建筑工业出版社，2014，第242页。

③ 王绍周总主编《中国民族建筑》第3卷，江苏科学技术出版社，1999，第479页。

满族合院院落为正方形或长方形的，院落占地大，房屋布置松散。每进院落均沿南北轴线布置，各进正门都位于轴线上，第二进院落比上一进院落高些，王公贵族宅院第二进院落常坐落在夯筑高台之上。通过由土夯、土坯、砖砌筑而成的院墙或"障子"（用木杆、秸秆等联结而成）围合成正方形或长方形的院落。院门较宽大，大门扇用木板或枝条做成，多设在正房的中轴线上。大户人家的院门可供车马通行。院内房屋布局以正房为主，厢房为辅。正房位于院落北侧居中处，坐北朝南，房架高大，厢房位于正房东西两侧，房架稍矮小。厢房既可住人，也可用来作仓房，东厢常常用来存放粮食，西厢多设为磨坊或杂物仓房，也有作为马厩的情况。在院落东南角设置神杆——索罗杆。索罗杆为一个碗口粗细、长约九尺的木杆子，上圆下方，上面有斗，顶部尖锐，下有石制基座，大都装饰过，是满族人祭祀的用具，主要用于祭天。

满族合院的形成是满族汉化的结果。早期的民居无明确的等级区分，一切以实用为主。王公贵族宅院都建在高台之上，这是清入关前，满族房屋的一个特征。后期以这种高台形式为基础形成了满族特有的房屋等级制度。

东北各地的满族民居屋顶大多数为硬山式的，屋面折线起坡且坡度较缓。较缓坡度符合当地的气候条件，一方面由于东北地区的夏季降水相对较少，较缓的坡度基本上无漏雨之虞；另一方面略缓的屋面有利于冬季屋面积雪，使之能够有一定保温作用。[①] 吉林地区的满族民居屋面采用小青瓦仰面铺装，这种做法称为仰瓦屋面。满族民居的屋架结构采用檩枋式的梁架形式。

满族民居的外装饰集中在山墙部位。山墙前檐墀头有雕饰。瓦屋面的屋脊（扁担脊）常用瓦片或花砖拼出装饰图案。石雕仅在山墙迎风石、墀头及博风处设置。山墙有砖制山坠、腰花，也有"五花山墙"形式。窗棂格基本形式为"马三箭"等样式，后来受汉族影响，形式多样。

2. 蒙古族传统民居

蒙古族是一个游牧民族。早期的蒙古人居所多为临时搭建的，主要有帐篷、蒙古包、芦苇包、柳编包、草泥包、车轱辘房等。定居后的蒙古族其民居形式与形态基本上与东北满族、汉族民居一致。

---

① 中华人民共和国住房和城乡建设部编《中国传统民居类型全集》上册，中国建筑工业出版社，2014，第240页。

在吉林，蒙古族大多生活在今前郭尔罗斯蒙古族自治县境内，由于区域特点，这里的蒙古族民居主要分为三类：一类是马架房，这是定居后从事耕作的蒙古族农民家庭早期常见的建房形式。但因其门窗开设受限，加之外观形式欠佳，后期已较少能看到。一类是碱土房，多采用当地碱土建造，其形式与当地汉族碱土房基本一样，不同之处是在西侧山墙上开一个火窗子，室内火炕多采用"拐把子炕"形式。另一类是大户人家的砖瓦房，一般是两坡硬山式三间或五间房。

3. 其他世居民族的传统民居

（1）赫哲族。

赫哲族自古以来就生活在黑龙江省境内的黑龙江、松花江和乌苏里江流域，早期的居所以穴居为主。

赫哲族早期居所大多是临时性的，如草窝棚、地窖子、撮罗安口（即满族的"撮罗子"）。这些临时性的房屋，易于就地取材，搭造简单。赫哲族的撮罗安口以木杆扎搭成圆锥体形状的架子，外面用草苫或桦树皮覆盖并固定牢固，也有用狍子等动物的毛皮覆盖的。撮罗子南侧设门，不开窗。内部东、西、北三面用木杆搭设床铺，上铺草或树皮等。通常老人睡在北侧为上位，两侧是青壮年坐、卧的地方。

赫哲族相对固定的居所是马架子，正式的房屋是"正房"。它们大多建造在村屯中，靠近江河的岗地上。马架子是由地窖子发展而来。早期的马架子由木杆简单搭建成三角形架，正面（南面）呈"A"字形，从南至北依次递减，形成南侧屋脊高，北侧屋脊低矮的外观形象。由于北侧低矮，门和窗就只能开设在南侧。考察东北地区的坡屋顶传统民居，"马架子"式的屋顶形式是其典型特征。

正房是赫哲族典型的永久性住房，又称草正房，由马架子演化而成。正房坐北朝南，间数一般为二间或三间。二间房屋的西间为居室，东为灶间（厨房）；三间的为"一明两暗"，中间一间为灶间，左右为居室。西屋为上房，设有万字炕，西炕不住人，只摆设炕柜，西墙供奉祖先与神灵，这点与满族民居相似。东屋为南北炕。

大多数的赫哲族人家有院落，在正房的东西两侧一般设有鱼楼子、仓库、晾架、厕所等。

（2）锡伯族。

锡伯族主要分布在新疆、辽宁、吉林与黑龙江等地，新疆察布查尔锡伯自治县是锡伯族最大的聚居地。早期的锡伯族多以帐篷、草房、马架子、地窝子为居所。

锡伯族民居以独院为主，还有一些三合院、四合院的形式，这些形式的民居受到了满族、汉族民居非常多的影响，在房屋外观上与满族很相似。锡伯族民居院落的围墙有用柳条、秸秆编制的，也有砖砌的形式。独院式的仅在院落最北侧居中设正房，正房多是坐北朝南，开间二至七间，普通民居常常为二开间。房门有居中开门和东侧尽间开门两类。与满族民居一样，西屋为上屋，设万字炕。三合院一般设单侧厢房，若设东西厢房的话，则东厢住人或储粮等，西厢为磨房或牲口棚。四合院较少，形式也为东北四合院常见式样。烟囱多立于山墙之外半米远的地方，也有设置在房屋侧前方或侧后方的情况，采用与满族民居基本一样的落地烟囱形式。

锡伯族民居墙体有草泥、土坯、砖石几种。北侧的墙体最厚，一般约0.45～0.55米，其他三面的略薄一些。屋顶为二坡顶形式，屋架为单檩形式的木构架，与其他民族民居"檩枋式"的相比，这种构架无"枋"，梁柁安置在柱上或搭在厚重的墙体之上。屋架以五檩式较多见。瓦屋顶的民居屋面形式与满族民居相似，仅在屋脊处使用瓦片或花砖做装饰。

（3）鄂伦春族和鄂温克族。

鄂伦春族是我国东北部地区人口最少的少数民族之一，主要居住在大兴安岭山林地带，是狩猎民族，因此他们的衣食住行及歌舞等方面都显示了狩猎民族特点。

鄂伦春族的传统居所为"斜仁柱"，即满族的"撮罗子"，意思是尖顶式的窝棚。这种形式的住所是游猎生活的产物。斜仁柱用三四十根柳、桦木杆搭建成圆锥形架子，冬天在外侧覆盖"额勒墩"（狍皮围子），夏天围上"铁克沙"（桦皮围子）。斜仁柱朝南或东南开口，冬天挂皮帘夏天挂柳条帘。斜仁柱正对门的铺位叫"玛路"，是供神的地方，只许男性客人和男主人坐卧。儿子、儿媳住左侧铺位，父母住右侧铺位。斜仁柱内部居中处有火塘，上吊一铁锅，也有用三角架支锅的。斜仁柱结构简单，可就地取材，可反复拆卸使用。除斜仁柱外，鄂伦春族还有其他的住屋形式。20世纪50年代鄂伦春人下山定居后，修建有木、土结构的"木刻楞"房屋。[①]

鄂温克族主要居住于俄罗斯西伯利亚以及我国内蒙古和黑龙江两省区，

---

① 周立军、陈伯超等：《东北民居》，中国建筑工业出版社，2009，第193页。

蒙古国也有少量分布。"鄂温克"是其自称，意为"住在大山林中的人们"。

鄂温克族的"斜仁柱"与鄂伦春族的基本相同。斜仁柱的外围护结构是可以拆卸，反复使用的。一旦迁徙的时候，只拆卸桦皮或兽皮围子。到新地点后，只需搭建新的"斜仁柱"构架，将原来的桦皮或兽皮围子围合上即可。

（二）迁入民族的传统民居

1. 汉族传统民居

历史上，汉族人是通过战俘、流放、移民等方式进入东北地区的。由于东北区域内自然地理及人文条件不同，中原汉族人口进入这一地区后，在不同的区域与不同民族间融合，形成了既具有汉族的特征又有其他民族特点的民居。从文化上来看，东北汉族民居是中原先进的农耕文化与北方少数民族的游牧文化、渔猎文化和旱地农耕文化等本土文化间的碰撞、融合的产物。

东北汉族传统民居的形式多样，现介绍有代表性的土墙草房、平顶土房、囤顶房、合院和庄园府邸等类型或种类的。

（1）土墙草房。

东北地区的土墙草房都是坡顶形式的，以两间或三间为主。屋架采用檩杭式木构架。三间房布局的基本上采用"一明二暗"布局，中间（明间）开房门，俗称外屋，既可烧火做法，又兼有堂屋的功用。东西间为居室，俗称里屋，室内设南炕或南北炕，火炕与外屋灶台相连。院落形式与平顶、囤顶房一样，也建有一侧或两侧厢房，形成二合院、三合院。厢房有正式住人的，有的为马厩、车棚或杂物间等。院墙多为土墙或篱笆墙，围合的院落基本上是方形或矩形的。

土墙有夯土墙、土坯墙、草辫子墙和垡子墙等形式。夯土墙，俗称"干打垒"，墙体用黄土夯打的而成，一般的做法是，用四根木杆，两根一对绑摞在一起，两端用下宽上窄"墙堵板"固定，将土填在其中用脚踩实，再用木榔头夯打，直到夯遍夯实为止。一层一层往上夯打，形成下宽上窄的土墙。南墙只夯打到窗台部分。[1] 土坯墙的砌筑过程是，用黏土和碎草（羊草、稻草或谷草等）混合，搅拌均匀后放入模具中成坯，脱坯自然晾干后，用泥浆黏结土坯分层砌筑成墙体，然后用黄泥加入碎草搅拌成细泥浆抹面。抹面

---

① 谷长春主编《中国地域文化通览　吉林卷》，中华书局，2013，第487页。

能起到固定墙体，防寒保温的作用。堡子墙是指用地势低洼处或水甸子里挖出的堡土块，稍加整形晾干后垒砌的墙。还有一种叫一面青的房屋，其特点是南面的墙体用砖砌筑，其他三面用土坯。

（2）平顶土房和囤顶房。

平顶土房是东北部分碱土地区常见的民居形式。这些地区大都木材稀少，土壤碱性较大且存量丰富。这类碱土土房的建造可就地取材，造价低廉、经济实用。具有较好的保温隔热效果，有一定的防水性能。缺点是存在结构性差，通透性不良等缺陷。按其墙体形式可分为"干打垒"和土坯房两类。

吉林省境内的平顶土房一般为两间或三间，家境富裕的大户人家也有五间的形式。通常，两间房屋的房门设东面开间；三间房屋的房门开在中间（明间），也有开在东面开间（东间）的情况；五间房屋的房门多开在中间（明间），也有开在东次间的情况。开房门的一间为灶间，俗称"外屋"；睡觉休息的房间（居室），两间的叫里屋，三间以上的叫东屋或西屋。三间、五间房屋的房门开在东间或东次间的称作"口袋房"。①

囤顶房是平顶的一种特殊形式，屋面坡度平缓，不设女儿墙，其屋面从山墙看上去呈现微微向上的弧度，使得屋面中间略高，前后檐略低，形成"滚水"，方便排雨水，避免漏雨。

囤顶房多采用混合结构，有墙体承重的，也有木柱承重的。屋顶采用的是一种特殊木构架结构，使屋架形成向上略微拱起的弧形。通常檩条上置椽子（也有不设椽子的情况），椽子上铺设望板②，也有的用高粱秆（秫秸）、柳条、芦苇等编制的草笆替代望板。屋面有砸灰顶、碱土顶以及秫秸笆、柳条笆或芦苇笆顶等。它们的保温隔热基本上是由各式草笆上铺各类秸秆、羊草等承担。砸灰顶、碱土顶面层做法相似。砸灰顶使用的材料是白灰和炉渣，把它们混合焖出浆汁后抹面，然后还要用木棍砸实排干浆汁。这种做法坚固耐久，广为使用。碱土顶是用碱土抹面，且每年都需用碱土重复抹面。秫秸笆顶、苇子笆顶的做法一样，都是碱土抹面。秫秸笆顶可无椽子，将打捆的秫秸直接铺于檩条上，共二层，厚度 0.6 米左右；苇子笆顶一般有椽子，打捆的苇子铺在椽子上。较厚的各类草笆能达到冬季防寒保温、其他季

---

① 谷长春主编《中国地域文化通览 吉林卷》，中华书局，2013，第 487 页。
② 望板是指平铺在椽子上的木板，用来以承托屋面的苫背和瓦件等。

节防止雨水渗漏的目的。

乡村囤顶农房多数是"一明二暗"三间房，中间（明间）开房门，为灶间，灶台与东西间的火炕相连。东西间为居室，室内设南炕或南北炕。也有一些建有一侧或两侧厢房，形成二合院、三合院。厢房有的为住人的正式房屋，有的较简单为马厩、车棚或杂物间等。城镇囤顶民居多为三合院或四合院。

吉林西部地区的囤顶房施工时，一般是先用土坯砌墙或"干打垒"，待墙体干透后再架梁、檩、椽，上面铺设秫秸笆或苇子笆，上铺土，用石碾压或用脚踩实后，抹大穰草泥，待干后再抹一至二遍碱土穰草泥。[①] 在乡村有的囤顶房连椽子都不用。

（3）合院。

东北汉族民居的院落形式多为合院式的。"合院"形式与满族等世居民族的传统民居基本一样，根据厢房的设置情况分为一合院（无厢房）、二合院、三合院和四合院等。汉族合院一般采用纵向中轴对称的布局，正房坐北朝南，整个院落呈方形或矩形，院落布局比较松散，院内空间宽敞。最简单的合院是一进院落的。规模较大的院落，一般沿中轴线形成多进院落，如二进、三进院落等。院落除南院外，有的在正房北面设后院（北院），但一般情况下这个院子的规模都不大，也有沿东西向形成跨院的格局，以此来扩大规模。二进以上的院落沿东西向设腰墙，在腰墙居中处设二门形成内外院落，有的富贵人家的院落设有院心影壁。整个院落的大门位于中轴线最南端，形式不一。

汉族"合院"房屋多为单层建筑，双坡顶。城镇多为硬山式屋顶。乡村坡顶有采用"五花山墙"样式的。

正房坐落在院落以北居中位置，面阔为三间、五间、七间等，并以三间最为普遍。这既符合传统规制，又反映普通人家的经济状况。正房居中的明间开设房门，兼具堂屋与灶间的功能，左右两侧为里屋。厢房大多是"一明两暗"式的。

乡村"合院"的单体建筑，墙体有夯土、土坯、草辫子墙等形式，只在局部使用砖来加固，屋面既有草顶形式的、也有用小青瓦的。城镇的则以青砖墙为主，且多用小青瓦铺设屋面。通常用小青瓦铺设的屋面，都为"仰瓦

---

① 谷长春主编《中国地域文化通览 吉林卷》，中华书局，2013，第487页。

屋面"形式,铺设时在山墙处用两垅或三垅合瓦压边,屋檐处用双重滴水瓦收口。屋脊分为实心和花瓦脊两种。

单体建筑多采用五檩五枓的檩枓式木构架。这种结构体系相当于中原地区的抬梁式,做法是,石柱础上立柱,柱顶端上承托大柁(大梁),大柁端立瓜柱,上承二柁(短梁),梁头和瓜柱上放置檩条,檩下置枓,檩上挂椽子。这种构架特点是房屋面阔较大,进深较小。

火炕为一字型,用土坯、砖、石等材料砌筑,炕距离室内地面约0.5米,一般靠南侧窗下砌筑火炕,即南炕,但也有的在北侧也砌筑火炕,即北炕。烟囱附着在山墙上,根部与火炕内的烟道连接,烟囱为方形或圆形的,高出屋面0.6~1米。由于火炕炕面多为土抹而成,为了清洁,炕面上要铺上一层席子,即炕席。南炕日照充足,是室内活动中心。炕上摆长方形炕桌。炕尾(炕梢)置炕柜(炕琴),白天设有被褥及备品均放入柜内。睡觉时,头朝向炕外(即炕沿处),脚抵墙。冬季通常是以灶间炉火热炕的形式取暖,同时,在室内火炕下还设有添火口,在严冬季节,有的人家还要在室内安置火盆或火炉来取暖。

汉族合院房屋的建筑装饰相对简单。在各种装饰中最有特色的是砖雕,尤以山墙墀头是重点装饰部位。

在东北,汉族民居不仅具有本民族特点,还融合有其他民族的特色。例如,吉林省松原市的传统民居很难分清汉族和满族之间的区别,除汉族一般不用万字炕而多用南北炕之外,几乎都采用了相同的建造手法。该地区汉族民居典型的做法是,正房居中,坐北朝南,院庭两侧为厢房,庭院由腰墙分为内院和外院。正房为砖木结构,在砖墙垛上架设木梁,正立面开竖向小窗,窗间设墙垛,屋顶做成平顶形式,即大梁上不在架梁而是直接按照檩距设置瓜柱,梢间屋脊高起,形成坡度很缓的平屋顶。屋面用当地的碱土和草抹面,密不透水,同时又有良好的保温作用。檐部做法不同于当地大量的平顶民宅所采用的挑檐悬山式,而是在保留前后挑檐的同时,又在屋顶四周加砌女儿墙。女儿墙高0.5米左右,用板瓦及砖砌筑成通透的花格形式,极富装饰。加设女儿墙改变了当地平顶住宅的低矮形象,又使屋顶成为有防护措施的可登临屋面,独具特色。①

① 王绍周总主编《中国民族建筑》第3卷,江苏科学技术出版社,1999,第492页。

2. 朝鲜族传统民居

我国的朝鲜族是十九世纪末期起从朝鲜半岛迁移过来的，以吉林省境内最多。

清人张凤台在《长白征存录》中，描述了清朝末年的朝鲜族民居，"架木结茅，就地为炕。墙壁皆木，门户不分。户外无院落，屋内无桌椅。牛马同居"[1]。

大体上来说，朝鲜族民居平面大多为矩形，也有 L 形的。乡村民居一般是独立式的，房屋基础简单，是用石块砌一尺左右高的长方形围框，内填土夯实，形成单层台基。在此台基上立承重柱及中控的房墙木框架，框架两面编织草绳或柳条，外抹泥浆做成空心墙。也有在墙体中间填充沙土而成实心墙的。屋面通常是在椽子上铺稻草帘或柳枝条，上抹泥再覆盖一尺至一尺半的稻草，或用稻草帘逐层搭接，将屋顶盖满，最后用草绳将整个屋顶包住，以防大风将草顶吹落。烟囱置于山墙外边，往往用木板做成长方筒形。

朝鲜族民居有带廊的与不带廊的区别。根据廊的设置情况有偏廊、双廊、全廊之别。带廊的民居在屋外正面及左右檐下设深约二尺许的檐廊（房廊），正面设檐柱。廊道高出地面半尺左右，用木板铺上廊道板。进屋前将鞋及杂物放在廊板上。

朝鲜族民居在外观上的基本特征是，将房屋外露部分如墙壁等都涂刷白灰，形成粉墙。[2] 朝鲜族人喜用粉墙的习俗与江南民居非常近似。

朝鲜族传统民居具体可以分为咸境道、平安道以及庆尚道三种类型[3]。

（1）咸境道型民居。

所谓咸境道型民居，是指从朝鲜半岛咸境道迁徙到东北地区的朝鲜族人修建、居住的传统形式民居。它们分布在延边朝鲜族自治州图们江、鸭绿江沿岸和相邻的黑龙江边境地区。咸境道型民居是我国朝鲜族民居中历史最为悠久，形制等级最高，单体面积最大的一种类型，体现了朝鲜族传统居住文

---

① （清）张凤台：《长白征存录》，《中国方志丛书 长白征存录》，成文出版有限责任公司，清宣统二年铅印本，第 182 页。

② 用白石灰等涂料抹刷、装饰后的外墙面称为粉墙。

③ 本书使用的有关咸境道、平安道型民居的资料，原刊载于《中国传统民居类型全集（上册）》（中华人民共和国住房和城乡建设部编，中国建筑工业出版社出版，2014），由编写者金日学提供。

化的精髓。在长期的发展过程中，保护了鲜明的本土特色。

咸境道型民居在选址方面首要考虑的因素是风水，同时考虑周边河流情况及地形等自然因素，以便于水稻的种植。

从建筑平面布局来看，其南面局部凹进，形成退间。退间后面布置"田"字形或"日"字形的统间型布局，各房间不对外设门。平面形式一般以双通间为基本类型，有六间和八间不等房间。居平面中间位置为鼎厨间。鼎厨间是开敞式的，由火炕和下沉式厨房组成，下沉式厨房地面上悬铺木板。室内空间按老幼尊卑、男女有别等传统方式来划分。南面两间寝房从东至西分别为上房、上上房。上房一般年老的主人居住，上上房是少主人居住。老主人的房间居中，空间最高，家里的喜事、丧事都在这里进行。上房和上上房是男人的空间，村里的老人或男人来访直接通过退间从上房、上上房的外门进入屋内，不允许经过厨房、鼎厨间进入上房。北面两间从东到西的顺序分别为库房、上库房，入口分别设在北面和西面。库房一般是长大的女儿用的房间，家里的儿子成家后将使用该空间，女儿就要搬到上库房。上库房又是储藏空间，设有火炕，可以按居住用途使用。鼎厨间一般是家里的女人和孩子们生活在这里。库房、上库房、鼎厨间作为女性空间，限定男性客人进入。

咸境道型民居屋顶根据材料分为瓦屋面和草屋面两种。传统瓦屋面屋顶采用朝鲜族传统的"合阁式"屋顶，这种屋顶从房屋正面看上去其形似"八"字，故又称"八作屋顶"（见图6-2），外观类似歇山式屋顶。草屋面通常采用传统四坡草屋顶，外观类似庑殿式屋顶。

图6-2　咸境道型瓦屋面朝鲜族民居

咸境道型民居属木结构建筑，大多采用木柱土墙木屋架。其建造过程是，先整平地面，砌 0.4 米高的单层台基，台面上设柱础立木柱，上架木屋架覆屋顶，等等。

咸境道型民居室内外露出黏土或表面构件的部分均涂刷白灰，这样不仅提高了建筑的明度，也保证建筑的美观与清洁；在结构构件部分，如柱、梁、檩、椽子、门框等表面刷上油漆，从而防潮、防腐、防蛀。暗红色构构与白色墙面、棚顶形成强烈对比。民居雕饰丰富，多在屋顶山墙及瓦当等各类构件上赋以各种吉祥图案。

从咸境道型朝鲜族民居的空间形态与使用功能上看，体现了风水学与儒家男女有别思想；建筑装饰细腻、手法统一，体现着朝鲜族固有的传统文化，表现出他们对吉祥、幸福的向往和追求。咸境道型民居是我国朝鲜族居住文化的象征。

（2）平安道型民居。

所谓平安道型民居，主要是指从朝鲜半岛平安道迁徙到东北地区的朝鲜族人修建、居住的传统形式民居。它们分布在鸭绿江沿岸及吉林、辽宁省的内陆地区。早期的平安道迁徙民以开垦火田著称，故大部分民居依山而建，就地取材。该建筑类型在我国朝鲜族民居中历史较悠久、建筑形制独特，是朝鲜族传统居住文化与特殊的地域环境相融合的产物。

早期的平安道型朝鲜族民居主要分布在山林地区，建筑布局遵循一定的风水学原理，按照"背山临水"的原则依山而建，且离住宅不远处有河流，既能抵御寒风享受充足的阳光，又能在其周边开发水田。初期的住宅朝向大多自由布置，随着村落规模的增大，住宅群体格局逐渐向网格化发展，建筑朝向统一为正南向。

在院落布局上，通常是房前有菜地、仓库和玉米楼，房后有果树，用木桩和柳条编成围墙。

从外观形象上看，平安道型民居屋身平矮，屋面坡度缓和，倒角平缓，屋顶为前后两坡和四坡等形式（见图 6-3）。

平安道型民居大都坐北朝南，建筑平面呈"一"字形的分间型布局，通常采用单进四开间或五开间形式。住宅主入口在厨房处，厨房为室内中心，居室和仓库、牲口间分别布置在其两侧。厨房与房间通过推拉门分隔，所有房间相互独立，均对外独立开口。由于门与窗通用且多为推拉式，所以又可通过"穿套"与其他房间联系。厨房按"凹"字形布置，一侧布置灶台，灶台上设置四个不同大小的锅；另一侧整齐摆放酱缸、水桶、盆等生活用

图 6 - 3　平安道型朝鲜族民居

具；中间靠墙一侧布置橱柜，方便与灶台和就餐的鼎厨间的炕体空间相联系。此外，在主入口两旁的台基上通常堆放干柴，利用深远的挑檐遮挡雨雪，而且与厨房较近，搬运方便。

平安道型民居墙体采用木柱泥墙结构。其建造过程是，先整平地面，砌0.4 米高的单层毛石台基，台面上设柱础立木柱，柱子之间搭水平木杆，沿木杆的垂直方向捆绑高粱秆，然后将搅拌好的黄土抹砌在上面；最后架木屋架、檩条、覆土层及稻草面，等等。

平安道型民居的门窗采用直棂式，下面附有厅板，防止雨水的溅入。烟囱位于住宅的山墙一侧，高于屋面。烟囱是用原木将芯部掏空而成的。为了增强其横向稳定性，用三脚架套住烟囱，固定在山墙的大梁上。

咸境道型民居与平安道型民居在平面形制方面的区别主要在于"厨房"。具体有二，一是在厨房的空间形态方面，咸境道型民居采用下沉式厨房，上铺木板，而平安道型民居则采用厨房地面标高与室内地平面相同的方式；二是在厨房与炕空间的组成方面，咸境道型民居在厨房与房间之间形成开敞式鼎厨间空间，而平安道型民居则以推拉门的方式将厨房与房间隔开，形成各自独立的空间。

除上述两种类型的民居外，还有一种称为庆尚道型的民居类型。

3. 回族传统民居

东北回族的主体来源应是元初以各种方式陆续迁入的回族人，在明清时期加入回族行列的一些民族的部分成员，也是东北回族历史来源的重要构成。元政府为加强对进入东北的回族人的控制和管理，于至元末年在辽阳行省设立专门处理回族穆斯林事务的"回回令史"。① 辽阳行省首府辽阳也就成为东北回族一个主要居住地。明代迁入东北的回族穆斯林大多落籍于辽西地区，并逐渐在锦州形成相对集中的居住区域。回族大量迁居东北则始于清代。清朝定鼎中原后，回族迁居东北的情况发生了根本转变，不仅人数与年俱增，分布范围也逐步扩展到整个东北。在清初招垦时期迁入东北的回族移民，虽然大多数仍然定居在东北南部，但也有一些回族移民渐次北向进入了吉林、黑龙江。②

东北地区回族分布呈"大分散，小聚居"的格局。"大分散"是指分布在我国各地与各民族混然相处；"小聚居"则是指回族都是相对集中聚居在一起，这是为了保持共同的生活习惯，更是为了他们共同的信仰。在农村往往集中居住在一个村、一个屯；在城市又是集中在一条街道、一个地段。即使在回汉族杂居地方，回族的房屋也往往是连成一片。这种居住特点，便于家族来往，方便生活，相互帮助，同时也便于宗教活动。③

吉林地区的回族民居样式和汉族相同。由于圣城麦加位于我国西方，因此，回族以西为大，通常长辈住西屋，晚辈住东屋。在居住习俗方面，春节时，房门不贴"挂贴"钱"和春联（对联）。不少人家的院门、房门和屋内门上端或山墙正中贴"都瓦宜"。④ 即用一尺左右的长方形红纸，写上认主或赞美安拉至大的阿拉伯词句，贴在或挂在适当显见之处。"都瓦宜"也有用木板雕刻的。墙正中的"都瓦宜"贴挂时角朝上，形似"斗方形"。贴"都瓦宜"除具有伊斯兰教的本意外，客观上还起到了一种回族人家的外观标志作用。⑤

二 大型宅院和府邸

1. 大型传统宅院

（1）满族贵族宅院。

入关以后，满族民居吸收了京师"四合院"的特点，形成富有浓郁地方

---

① 元朝官府属吏名，系回回语文书官，就是用回回文起草文书、翻译文书的专职人员。元时迁入中国的回回日增，故元政府各部多设此属吏。

② 那晓波：《东北地区回族源流考述》，《回族研究》1992 年第 3 期。

③ 马鸿超、田志和主编《吉林回族》，吉林教育出版社，1989，第 231 页。

④ "都瓦宜"，阿拉伯语的音译，为祈祷之意。穆斯林在集体礼拜后，由阿訇带领举手向真主祈祷，然后把手往脸上放一下，称为"接都瓦宜"，有的把听经也作此称。资料来源：马鸿超、田志和主编《吉林回族》，吉林教育出版社，1989，第 230 页。

⑤ 马鸿超、田志和主编《吉林回族》，吉林教育出版社，1989，第 231 页。

特征的瓦房合院居住形式。

从大户人家的住宅到王公贵族宅院大都是合院形式的，且多为二进院落的三合院或四合院。这些宅院的院墙高大，早期有土坯垒墙的，后期多用青砖垒砌。院落大门面南居中而设，院门楼形式丰富，早期的一般没有影壁，后期的贵族宅院有设影壁的情况，常为进入大门后，迎面为影壁。影壁后竖索罗杆。

清代以来，在吉林城区及其所属龙潭区乌拉街满族镇（简称乌拉街镇或乌拉街）都有不少满族贵族的大型宅院。现存最好的当属乌拉街镇的"后府""魁府""萨府"三府，它们在整体建造质量方面及装饰艺术处理方面都堪称吉林地区传统府院建筑的精品。①

乌拉街镇距吉林市城区北 30 公里，是满族的主要发祥地之一。"乌拉"是满语，为"沿江"之意。乌拉街曾是明朝海西女真的扈伦四部之一的乌拉部治所。顺治十四年（1657），清政府在乌拉街设立隶属于内务府的"打牲乌拉总管衙门"，其最高长官为总管。这之后，该地发展很快，有"乌拉城远迎长白，近绕松江，乃三省通衢"之誉。

"后府"是打牲乌拉总管衙门第二十九任（1880～1890）总管云生的府邸。光绪六年（1880）云生上任后，开始修建私人府邸。据资料显示，"后府"是二进的四合院，院落大门开在第一进院落东墙后部；第二进院落在南墙居中处设二门。"后府"现仅存正房、西厢房各一座。"后府"正房，面阔五间，前出檐廊；外墙用青砖砌筑，墙面磨砖对缝；硬山式屋顶，小青瓦仰瓦屋面，两侧由两条合瓦压边，滚脊式山尖。正房西屋作为上屋，采用了扩间形式，占有二开间。在西屋的西墙、北墙供奉"祖宗板子"（即祭祖的神龛——蒙架子）。室内火炕为满族传统"万字炕"形式。西厢房也为五开间，前出檐廊，硬山式屋顶。西厢房的高宽尺寸都比正房要小些，室外台基也低于正房的。

"后府"正房的砖雕、石雕及木雕等非常精美，其中尤以砖雕最为突出。"后府"正房两侧山墙的"腰花"图案都是双喜花篮图（见图 6-4），但花卉图案略有区别，每个"腰花"的尺寸一样，都 1.5 米见方，由十六块砖雕拼装而成，无明显缝隙。二侧博风砖雕分别为文人四友图（琴棋书画）和富贵

---

① 近年，为保护"后府""魁府""萨府"三府，国家文物局拨专款对它们进行了大修。为体现乌拉街三府的原貌，我们在介绍它们时使用的是修复前拍摄的照片。

图。除此之外，"枕头花"也非常精细，只可惜多有损坏。正房在外观重点部位使用了汉白玉材料。檐廊墀头墙下面的迎风石就是汉白玉的，各面雕刻有浮雕图案，中部有龙、麒麟纹样，上有文人四友图及花卉图案等。檐下檐柱采用的均是汉白玉鼓形柱础。木雕多为透雕，如明柱上部的透雕燕尾，接柁处的吉祥图案等等。西厢房砖雕、石雕及木雕与正房相比，则显得简单了许多。

西山墙腰花　　　　　　　　　　东山墙腰花

图 6 - 4　乌拉街后府正房山墙腰花砖雕

"魁府"是出生在乌拉街的官至察哈尔副都统的魁福的府邸。"魁府"始建于光绪二十五年（1899），为两进四合院（见图 6 - 5）。

图 6 - 5　乌拉街魁府（2013 年）

　　"魁府"院落主入口采用的是传统与"西洋"相结合的形式。"魁府"
东西北院墙低矮,青砖砌筑,小青瓦收头。院落正门位于院落南面东侧,为
屋宇式的倒座门房。门房面阔六开间,东四间采用了"西洋门"与北方传统
门房相结合的形式。东侧第二间设通门,其南端外部设砖砌的拱券门洞。为
扩大门前空间,将东侧三间向内退一米许,这样第四间南墙呈斜角边,为求
对称,沿东一间外墙角也设计了斜角边墙,这样从正立面看上去大门左右两
侧就对称了,形成这里所说的"西洋门"。第四间南墙开长方形窗;主入口
两侧间不开窗,只设墙芯;东边斜墙墙芯设菱形砖砌图案,共三组,上下各
砌二个并列,中间一组为三个并列,与上下错位。"西洋门"门墙以开间为
单元设有通顶的砖筑壁柱,柱头有砖砌线角造型,端部采用砖叠涩收头。墙
上端设女儿墙,通过水平线角分割,上下二层线角处用砖叠涩出挑成檐,檐
下有砖造型。为解决门房朝阳面坡顶的排水,在门墙适当处设排水口,有造
型。整个门房屋架仍然是传统的木屋架,硬山式屋顶,小青瓦作仰瓦屋面。
通过正门进入外院后,迎面为墙心影壁(见图6-6)。墙心影壁为南侧东厢
房的南山墙,造型与西洋门的相似。进外院左转即可进入内院。内院采用的
是"一正四厢"的布局形式。正房及东西厢房均面阔三间,前出檐廊,硬山
式屋顶,正房面阔尺寸小于厢房的,但在高度上略高于厢房。左右后厢房又

图6-6　乌拉街魁府院内影壁(2013年)

高于前厢房，且二者的形制略有不同。正房及后厢房次间开窗形式很有特点，是在一个开间设两个小窗。正房和厢房檐廊均有券顶式廊门筒子，通抄手游廊。这种处理手法与吉林地区以往的满族民居不同，可能受到过北京满族民居的影响。"魁府"博风"穿头花"和"枕头花"虽精细但较简单。总体来说"魁府"建筑风格比较朴素。

"萨府"是打牲乌拉总管衙门第十三任（1755～1765）、第十五任（1769～1788）总管索柱的府邸。"萨府"始建于乾隆二十年（1751），原为二进四合院格局。"萨府"现仅存一进四合院，门房及院落仍保存基本完好。院门采用屋宇样式，门房倒座，面阔五间，硬山式屋顶，屋脊为断脊形式，风格独特。正房面阔五间，前出檐廊，硬山式屋顶，小青瓦作仰瓦屋面，两侧用四垄瓦收头。正房檐廊两侧建有廊心墙，两侧原设有拐墙及配门。另在正房的东山墙设有耳房一间。东厢房由两座面阔三间的单体拼合而成，屋面结合部位用三条合瓦过渡，两端则用两条合瓦来收边。"萨府"整体风格朴素，较少有雕饰。

（2）蒙古族王公贵族府院。

蒙古族王公贵族的府院基本上采用的是合院式东北传统民居样式。合院多为三合院，院落空间一般都较宽阔。例如，吉林省前郭尔罗斯古族自治县的"七大爷府"和"祥大爷府"就是典型的蒙古族王公府院。

历史上，前郭尔罗斯古族自治县最为重要的蒙古族王公府院应该是"末代旗王"郭尔罗斯前旗扎萨克辅国公齐默特色木丕勒的王府（又称"齐王府"）。可惜的是该府院在1946年"土改"时被毁。2006年，当地政府易地重建了新的齐王府。新建的王府是一座大型仿古建筑群，共有六进院落，占地面积20000多平方米，建筑面积5200多平方米。

"七大爷府"是齐默特色木丕勒七叔包旺钦的府邸，现存为一进四合院（见图6-7）。院门采用屋宇样式，门房倒座，面阔三间，垫门型，硬山卷棚式。大门内侧的左右设有次间门及看墙。通过院门进入宅院后的十字甬路及抄手游廊均以门的中轴左右分开。院内十字甬路较汉族传统民居宽大，且高出地面约0.5米。正房面阔五间，前出檐廊，硬山卷棚式屋顶，屋面以"燕尾虎头"瓦铺设。檐柱较细，且没有柱础石，砖雕很简单，主要是山墙"枕头花"，无吉林传统民居特有的"腰花""山坠"等装饰。正房虽为五间，但在北面墙上只开有三扇窗。西端山墙处开有一落至室内地炕处的大窗。当年屋内地面是青石铺设的"火地"，下设火道，上面再加铺毛毡，相当于现在的地热。正房室内无隔墙，只在北侧设暖格若干，通过幕帘分隔。两侧厢房均面阔三间，前出檐廊，卷棚式硬山屋顶。东厢房明间设木版暖阁（见图6-8）。另外，西厢房背面开窗，而东厢房则无。正房、厢房及门房檐廊均有廊门筒子，通抄手游廊。廊柱为方形，尺寸较小，抄手游廊为平屋顶，通过女儿墙向院外排水。

图6-7　前郭"七大爷府"全景

图6-8　前郭"七大爷府"东厢房暖阁（外侧）

　　"祥大爷府"为齐默特色木丕勒伯父包祥令的府邸，现存为一进三合院。从建筑的规制上看，其院落空间布局、建筑结构、构造做法等都与"七大爷府"非常相似。二座府院最大的不同之处是，"祥大爷府"大门采用的是"垂花门"样式（见图6-9）。

图 6-9　前郭"祥大爷府"垂花门

　　"垂花门"是我国中原北方地区传统民居中典型的宅院大门形式。传统民居的垂花门通常是进入院落内院的大门，民间称这道门为二门。过去说大家闺秀"大门不出，二门不迈"的"二门"，就是指内宅门中的垂花门。出垂花门后对面就是前院的倒座房。

　　垂花门从外侧的正面看上去，门上有门楼顶，楼顶檐下有两棵没有落地的檐柱（垂莲柱）悬垂在半空，其下端设莲花瓣形式的的"垂珠"，有彩绘。

　　垂花门常见的种类有，独立柱担梁式、一殿一卷式、四檩廊罩式等。"独立柱担梁式"是最简单的垂花门，其构造是两棵柱并排立在地上，承托上面的、前后两侧对称的木梁架，梁头两端各承一根檐檩，下端悬一根垂莲柱。这种垂花门的特点是内外两面完全对称，多用于园林中的院门。"一殿一卷式"是最普遍、最常见的垂花门形式，顾名思义，门楼顶是由前面的悬山顶加上后面的卷棚悬山式顶组合而成，从正立面看，门楼顶为有正脊的悬山形式，左右各有一垂莲柱；从背立面看，门楼顶为卷棚悬山式的，梁头下的两棵柱子落地，无垂莲柱，外观上好像一座小方亭，常用于宅院、园林与宗教寺院，"祥大爷府"的"垂花门"就属于这一类。"一殿一卷式"垂花门常与游廊相连接，柱间进深与游廊进深相同。"四檩廊罩式"垂花门与一殿一卷式垂花门不同是，它前后完全对称的，两面都有垂莲柱。垂花门一般位于整座宅院的中轴线上，进入垂花门后，可通过宅院内的十字甬路或抄手游廊到达正房、厢房等处。

在东北，由于冬季需要争取日照，加之建房用地较大，倒座房绝大多数都被取消了，垂花门也就从二门变成了宅院的外门，即大门。

以"七大爷府"和"祥大爷府"为代表的哈拉毛都蒙古族贵族府邸具有典型的传统"四合院"特征，同时还有着鲜明的民族与地方特色，而平屋顶的连廊还受到近代建筑的影响，甚至，平屋顶的连廊把雨水排到院落外边也违背中国传统的"肥水不流外人田"的风水观，再加上当地人对房主人的种种评说都给后人留下太多谈资。

在吉林省洮南市有一座集办公与私宅双重功能为一体的清朝蒙古王公的府邸，它便是被世人称为"天恩地局"的"札萨克图蒙荒行局"。光绪二十九年（1903），清廷在札萨克图郡王旗设立该行局，开放洮、蛟两河沿岸生熟荒地，当时住所在郑家屯。是年初夏，"蒙荒行局"迁至双流镇，同年秋"洮南设治"。光绪三十一年（1905）清廷赐札萨克图郡王旗第十二代郡王乌泰"天恩地局"金匾一块，该匾被乌泰悬挂于"蒙荒行局"的王府正门。天恩地局采用四合院布局，有门房、正房、厢房多间。正门门房采用倒座形式，面阔五间，明间设金柱大门，硬山式屋顶，东西两侧为卷棚屋顶且低于大门屋顶。明间北侧设卷棚抱厦一间，明柱照壁，形式为东北传统的四脚落地大门样式[①]。正房坐落在四级台阶的青砖砌筑台基之上，坐北朝南，面阔五间，抬梁式木屋架，前出檐廊，硬山卷棚式屋顶。院内的东西两侧厢房形制与正房相同（见图6－10）。

汉族民居中，一些大型的府宅都有一定的防御性。

在辽河平原和辽东半岛地区，目前保留有六处防御性的庄园大院，这些大院又称作围堡，是辽宁地区通过农业生产和商业经营富庶起来的汉族移民在动荡的社会环境下，为保障自身安全而建设的带有高墙和敌楼的规模较大的住宅建筑[②]，如辽阳高公馆。

---

① 这种大门可以看作是"四檩廊罩式"垂花门的简化，简单说，其外观形式与四檩廊罩式垂花门最大的区别就是前后左右都没有垂莲柱。

② 中华人民共和国住房和城乡建设部编《中国传统民居类型全集》上册，中国建筑工业出版社，2014，第206页。

图 6 – 10　天恩地局全景

2. 传统样式的近现代大型府邸

20 世纪二三十年代，一些富商、军阀陆陆续续修建了许多大型府邸。这些府邸集北方各式民居之大成。现介绍吉林省境内的几个典型实例。

万福麟宅邸（俗称万家大院）位于吉林省白城市洮北区文化东路 1 号，白城市市委院内的西南角。万福麟是奉系军阀要员，曾经担任过东北边防军副司令和黑龙江省主席等要职。万福麟宅邸建于 1926 年。第二次直奉战争后，万福麟被提升为东北陆军第十七师师长，便在白城选址修建了这处私人宅邸。该宅邸院落的布局采用四合院形式。

整个院落占地面积约 10000 平方米，现存建筑包括大门、正房、东西厢房等，总建筑面积约 2100 平方米，主体建筑均为砖混结构及钢筋混凝土结构。需要特别指出的是，正房、东西厢房的屋顶形式一反北方传统民居的常见做法，而采用了中国古代官式建筑中庑殿式屋顶，为了与屋顶协调还设计了较高的台基和仿传统官式栏板。

大门作为院落主入口，位于中轴线的南端，为仿吉林传统民居的四脚落地大门样式，用钢筋混凝土仿传统的抬梁式结构，包括圆柱、梁枋、檩椽及雀替等等在内的各构造部位比例与尺度把握都很好，屋顶为卷棚式，灰瓦屋面。大门左右两侧院墙极具特色，是青砖砌筑成的花格墙。

正房位于中轴线的中心，坐北朝南，置于比院落地面高约 1.6 米的台基之上，居中设台阶，共九级。正房主体一层，清水砖墙，庑殿式屋顶，前檐廊设有六根檐柱，柱间为仿传统官式的栏板。柱子、梁枋、栏板等仿古构件均白色涂料罩面。正房各边长约 35 米，呈口字型平面，中间围合成天井。室内由单内廊将正房各部分联系成一体。通过内廊门经过台阶可进入天井内的庭院。正房台基下为出地面约 1/3 高且开设有采光窗户的半地下室（见图 6 - 11）。

图 6 - 11　万福麟宅邸正房

东西厢房平面均长 20 米、宽 11 米，也置于台基之上，但较正房低五级台阶。东西厢房主体都为一层，清水砖墙，庑殿式屋顶，前檐廊有六根檐柱。东西厢房的构造做法与正房基本相同，柱子、梁枋、栏板等仿古构件也是白色涂料罩面。另外，正房与东西厢房屋顶相接，檐廊相连。这与北方传统民居是不同的。

王百川宅位于吉林市船营区德胜路 47 号。王百川是民国时期吉林永衡官银钱号的总经理。王百川宅建于 1932 年，整个院落占地面积约 2400 平方米，现存建筑包括前院门房、东西厢房和后院正房、东西厢房等，总建筑面积约 860 平方米（见图 6 - 12）。

图 6 - 12　王百川宅院落（图中左侧为正房）

该宅院落原为二进四合院，前后院落之间由一道砖砌的花墙分隔，并通过花墙正中设置的垂花门出入。目前，花墙和垂花门都已拆除，二进院落成为一个大院。目前从地面的高差尚能看出前后院原有的关系，这也使得前院较低矮的厢房似后院厢房的耳房。改造后的院落在进入正门后即为一座假山影壁，其上坐有一老鹰造像。整个院内地面均由灰白色大块石材铺贴。屋宇式大门，门房倒座，面阔七间，青砖墙体，悬山式屋顶，中间设金柱大门，次间设门，其他开窗，并均在临街一侧开设高窗。前院的东西厢房面阔三间，一明两暗，青砖墙体，悬山式屋顶。另外，在东西厢房的临街一侧各开有两个较小的窗洞。正房坐北朝南，面阔七间，前出檐廊，青砖墙体，悬山式屋顶。左右次间设其他开窗。东西厢房均面阔五间，前出檐廊，青砖墙体，悬山式屋顶。左右次间设门其他开窗。为方便与正房的联系，檐廊没有设廊心墙。

"吴大帅府"（俗称"大帅府"）位于吉林省双辽市辽河路1799号。原为洮辽镇守使公署，奉系军阀核心成员吴俊升任洮辽镇守使期间在此办公。1924年，吴俊升将公署扩建为私人官邸。

"吴大帅府"是民国时期典型的北方合院式建筑。原来有三进四合院和左右两厢跨院，占地面积约10000平方米。现有一进正院、东跨院和西碑园组成，总占地面积约2100平方米。现有房屋9栋，总建筑面积约910平方米。正院院落为正方形，有正房、东西厢房及门房各一栋。门房倒座，面阔三间，硬山式屋顶，灰色筒瓦屋面。门房左右两侧约4米开外的围墙处，各设垂花门一座，为"独立柱担梁式"，门迎面正对正院东西厢房的南侧山墙（见图6-13）。

东垂花门东侧的院落围墙开有普通大门一座，此为东跨院的主入口。正房坐北朝南，面阔五间，硬山式屋顶。东西厢房，面阔均三间，一明二暗，硬山式屋顶。东厢房面向东跨院一侧也开门窗，形成前后均为"一明二暗"的做法。东西厢房的南北两侧各有一个月亮门，西侧的二个月亮门通向西厢房后面的西碑园（原西跨院位置）。穿过东厢房南北两侧的月亮门，就是东跨院（见图6-14）。东跨院为长方形，南北长，东西窄，其南北向长度是正院的一倍，采用"一正四厢"的格局，正房位于院落北端，坐北朝南，面阔三间，一明二暗，硬山式屋顶。东厢房二栋（后在二栋厢房之间夹建一栋面阔五间的单层建筑），南北并置，南端的东厢房面阔三间，一明二暗，硬山式屋顶；北端的东厢房面阔五间，硬山式屋顶。西厢房二栋，南北并置，

并与东厢房对称,南端的西厢房就是正院东厢房开门窗而成;北端的西厢房
面阔五间,硬山式屋顶,做法与对面的东厢房相同。

图 6 – 13 "吴大帅府"东垂花门

图 6 – 14 "吴大帅府"东跨院院落

三 东北传统民居的营造技艺

在我国，近代建筑学理论传入以前，建造房屋是一种"营造"行为。营造有设计和建造的双重含义。从整个过程来看，既包括选材、施工组织与工具使用，又含有各种仪式及习俗、禁忌等内容。同时，营造还是传递经验与技巧的必由之路，从而形成所谓的"传统技艺"。[①] 纵观中国古代建筑发展史，房屋尤其是民居的建造就是依靠传统技艺得以完成的。是一种兼具技术性、艺术性、组织性、民俗性的活动。

东北地区早期的传统民居大量采用当地木材、土、石材以及天然的草、苇、秸秆等建造，故建筑外观的颜色单一，多为材料本身的颜色，常常呈现棕色和米色，只有朝鲜族民居在外观屋身部位涂刷白色。

由于东北地区冬季漫长、气候寒冷，为抵抗严寒气候传统民居基本上都是矩形平面的单层房屋且形式简单，合院形式的民居以三合院为主，力求最大限度地争取冬季阳光照射。满族、汉族民居的正房多坐北朝南，房屋墙体较厚，多为草土墙，门窗大都设在南侧且开窗较小。屋顶有硬山、悬山、囤顶、平顶等，其中硬山式和平顶式的屋顶使用较为普遍。屋面有瓦、草和土等形式。

东北的"合院"，虽然具有中原地区特别是京师"四合院"的基本形式要素，但除了一些大型宅院、府邸外，大量的合院都属于东北地区特有的"东北大院"。这种院落一般较大，各进院落之间界限不严格，建筑物布置松散，联系不紧密，呈"离散型"格局，常常是一正二厢、一正四厢的情况，很少有中原地区的"倒座""耳房"及连廊等出现。

（一）建造技术

1. 檩枋式木构架

东北传统民居大都采用具有地域特色的檩枋式木构架体系。檩枋式木构架可以看作抬梁式的简化形式。

[①] 传统技艺也叫传统手工技艺，是指具有高度技巧性、艺术性的手工，隐含在各知识主体手中和头脑中体现为技能、技巧、诀窍、经验、洞察力、心智模式、群体成员的默契等文化形态。中国是一个有着完整而发达的手工生产体系的国家，在不断地发展中形成了诸如木作、雕琢、烧造、冶炼、铸造等专门技艺、技巧和知识。

檩杵式木构架的做法与抬梁式木构架基本相同，也是先将柱子立在柱础石或屋基上，柱顶端上承托大梁（大柁），大柁上立瓜柱若干，瓜柱上承托次梁，如是层叠而上，各层梁的长度逐层缩短，梁的两端和瓜柱上顶上支承檩，最上层梁的中间立脊瓜柱以承脊檩，从而形成三角形构架。各三角形构架用杵、檩斗接而成木构架空间体系。檩上挂椽而支承屋顶全部荷载。柱、梁、檩等大多用圆木制作。与中原地区抬梁式不同的是，这种梁架形式用"杵"替换了檩下方的"枋"，因为"杵"的尺寸接近"檩"，有研究认为，用横截面为圆形的"杵"代替横截面为矩形的"枋"，是由于早期木材加工技术比较落后，用圆形的木料可以减少木材加工的复杂程序，不仅节省造价，还符合东北地区木材资源丰富的优势。檩杵式按规模大小，依次有五檩五杵、七檩七杵和九檩九杵等三种结构形式。最常用的五檩五杵式细分为带二柁的和不带二柁的两种。

檩杵式木构架的屋顶举折与清官式作法相似，为折线起坡，但坡度较缓。屋顶的坡度虽然较缓但东北地区夏季降水较少，并不影响到屋面排水。而略缓的屋面坡度在易于积雪，在冬季有一定的保温作用。

为节约木材，后人将檩杵式木构架进行了改造，在灶间和居室的隔墙处设置"通天柱"。这样就能用较小的梁，完成原本需要较大的梁才能达到的跨度。另外，采用硬山式屋顶的房屋多借用山墙来代替木构架承重，以减少木材的使用量。

2. 低技术性的采暖系统

东北传统民居具有低技术建筑的基本特征。简单来说，低技术建筑是指利用当地自然资源，采用传统的技术或手段建造的房屋等。这种传统的技术或手段简单实用，易于掌握、运用和普及。东北传统民居的技术手段是千百年流传下来的经验智慧，尤其在地处偏远地区的乡村，具有重要的作用和影响。

火炕系统是东北民居中典型的低技术建筑构造。

东北大部地处寒带，冬季漫长，民居大以火炕取暖。《柳边纪略》中记载："宁古塔屋皆南向……，土炕高尺五寸，围南、西、北三面，空其东，就南、北做灶，上下男女聚炕一面"，"夜卧南为尊，西次之，北为卑。"可见，当时原住民都睡火炕且男女合居，按辈分、关系的不同，分南北炕。闯关东的汉人为适应气候环境特点也只能入乡随俗地改床为炕而居，但按照中原礼仪对炕进行了改造，如"倒连""连二"等样式的炕等。

为适应东北地区气候条件，汉族、满族、朝鲜族民居的冬季采暖，都采取了火炕形式。这其中尤以朝鲜族民居的火炕系统最具地域及民族特色。朝鲜族民居采用的是一种叫"温突"的满铺式火炕。"温突"是朝鲜族民居的一个特色，即朝鲜族的炕是全屋布局。与汉族、满族的火炕建造成方便穿鞋搭腿坐高度的不同，朝鲜族的炕更为低矮，以适应其坐式生活习惯。因其采暖效果更好，朝鲜民族的墙体也是相比之下最薄的。

烟囱是东北民居火炕系统的重要构件。烟囱又叫烟筒，与炉灶、火炕一起成为日常烧水做饭、冬季炕居取暖不可缺少的设施。大体的构造关系是，在灶间靠居室的部位砌炉灶，并使之同屋内火炕里烟道相通，当烧水做饭时炉灶内的炊烟及灶火通过屋内火炕后，便可使炕面温暖（暖炕），而后炊烟经过火炕另一端墙壁上的烟筒脖子再由烟囱排出。灶火燃料常为胡科作物、树枝或劈柴。炕一般由砖、石、土等材料砌筑而成。满语称烟囱为"呼兰"，在满族民居中烟囱是独立设置的，通过水平烟道与炕相连，烟囱立于室外，不砌筑于墙体内。这种独立于室外的烟囱形式又叫"跨海烟囱"。朝鲜族民居的烟囱也是独立置于室外且不与墙相接的。

（二）装饰技艺

清康熙、雍正年间，民间住宅装饰风甚浓，豪华宅邸从额枋到柱础都有雕刻。硬山式建筑山墙上的山花镂刻精美，且图案复杂，檐下走廊的两端一般部设水磨砖墙。[①]

东北民居最为突出的装饰工艺就是木雕、砖雕。民居的木雕承袭了中原木雕工艺，技艺非常简洁，线条奔放，粗犷。在素材上，以走兽居多，其次是花鸟。砖雕是民居中常用的装饰艺术手段之一。在大型府宅，大到影壁，小到滴水瓦，砖雕艺术随处可见。砖雕内容带有强烈的叙事色彩，表达出人们对幸福、富裕、吉祥、平安的美好憧憬。

大部分东北民居采用支摘窗的形式进行采光。支摘窗具有使用时占室内空间少，冬季透风少的特点。支摘窗可以分为上下两端窗扇，通常上段可以支起，下段可以摘取下来。支窗与摘窗都分为两层，支窗外层多为木棂条做成四方格或步步锦；摘窗同样多采用外层糊纸的形式。"窗户纸糊在外"是

[①] 金正镐：《东北地区传统民居与居住文化研究——以满族、朝鲜族、汉族民居为中心》，中央民族大学博士学位论文，2004，第137页。

以满族民居为代表的东北民居的一大特点。在东北，由于冬季严寒并且风力较大，居民们常把一种拉力较强的材料"麻纸"（后期用"高丽纸"）糊与窗扇外侧，这是适应当地气候的一种做法。"窗自外糊，用高丽纸，纸上搅盐水，入苏油喷之，籍以御雨"。

满族民居的窗扇装饰纹样丰富，早期有码三箭，后受汉族文化的影响，常采用盘肠、万字、喜字、方胜等多种图案。满族有贴窗花的习俗。窗花有多种式样，如正方形、长方形、菱形、盘肠形、寿字形等，长辈居住的房间一般贴寿字窗花。

第七章

东北近代建筑多元化发展及其
文化特征

中国近现代建筑文化是指 1840 年鸦片战争爆发，中国历史从古代进入近代后产生的建筑文化。

在近代化进程中，随着殖入或引入并逐步吸收了源自西方的建筑文化，中国千多年来沉积的传统建筑文化开始向现代转型。特别是 19 世纪末 20 世纪初，这种建筑文化基本上是跟随着世界范围内建筑文化发展潮流、趋势而动。今天我们所说的中国近现代建筑，就是指 1840 ~ 1949 年中华人民共和国建立为止这段时间内，在中国（包括港澳台地区）设计建造的所有建筑。这一时期的中国建筑文化是在继承传统文化、吸收外来文化并举中变化、发展的。原有传统建筑体系仍在延续的同时，从西方引进并发展了的新建筑体系渐成气象，为国人所接受。

20 世纪 20 年代末 30 年代初，东北地区是当时中国经济最具活力的地区，初步形成了轻工业和重工业两大工业体系，其中轻工业以粮食加工、食品、纺织为核心，重工业以煤炭、钢铁为核心。除外国资本进入的殖民地区及俄、日铁路附属地工商业得到飞速发展外，东北地区的民族资本主义工商业也得到了蓬勃的发展。可以说，这时的东北在俄国（哈尔滨为中心）、日本（以大连为中心）和奉系军阀张作霖（以沈阳为中心）三股势力的共同推动下，已走在了中国近现代化的前列。

在近现代化的进程中，东北地区的营口、大连、沈阳、长春、哈尔滨等城市虽然最早接受西方建筑文化的洗礼，但大都笼罩着殖民化的阴影，如设立租界、开辟通商口岸、租借港湾、圈占铁路附属地等。这一时期，在影响城市转型及建筑转型的各种因素中，俄国、日本等列强的殖民活动占有非常显著的地位。[①]

20世纪初叶开始，东北近现代建筑文化的演进与国际社会的发展趋势是基本同步的。一方面，不论是建筑文化的发展、转型，还是文化类型、艺术风格，都走在了同时期中国其他地区的前列；另一方面，不论是建筑技术和材料，还是设计理念、艺术审美等都对东北地区建筑文化的发展产生过直接而深远的影响。与此同时，具有传统形态表象的建筑文化仍然持续不断地在近代东北的土地上发展着。

一 西方宗教建筑文化的传播

基督教与佛教、伊斯兰教并称世界上三大宗教。就规模与影响而论，基督教是当之无愧的世界第一大宗教，它对人类发展有着极其深远的影响。无论是政治、经济、科学、教育、文化和艺术，基督教都对人类文明贡献巨大。今天基督教文化依然是西方主要发达国家的核心文化。

基督宗教有三大教派，分别是天主教、东正教和新教。392年，基督宗教成为罗马帝国的"国教"后，形成了较完备的教义神学体系，后来逐渐分化。395年，罗马帝国分裂为东西两部分，即东罗马帝国（拜占庭帝国）和西罗马帝国，基督教也随之形成分为东西两派。1054年，东西两派正式分裂为以君士但丁堡为核心的东方正教和以罗马为中心的西方公教。正教是东派的自称，这就是我们说的东正教；公教是西派的自称，这就是我们说的天主教。16世纪欧洲爆发的宗教改革运动，瓦解了从罗马帝国颁布基督教为国教以后由天主教会所主导的政教体系，也分化出一些脱离天主教会的新教派，这些新教派被统称为"新教"。从而形成了旧教[②]、新教的对立。至此，基督宗教形成了天主教、东正教、新教三大流派。

早在元朝，基督教聂斯托利派、天主教都有在东北地区传播的历史。近代以来，天主教最早传入东北地区，并先后在营口、沈阳和吉林市设立主教府，统理东北地区的教务。除天主教外，在东北地区传播的还有新教、东正教以及犹太教等。

---

① 戴有山：《文化战争》，知识产权出版社，2014，第141、142页。
② 16世纪欧洲宗教改革后，称天主教为旧教。

西方宗教①传入近代东北地区的路径主要三条。第一条路径是"陆路"。经由陆路传入的又有二种情况，一是经由中原地区传播到东北地区的，如早期天主教的传入，二是通过陆地邻国俄国传入的东正教。第二条路经是"水路"。营口开港给天主教传入东北打开了新的局面，这之后天主教在东北地区的传播出现了持续发展势头，即使经历了义和团运动的沉重打击，它也能顽强生存。新教也是借助这条黄金水道传入东北地区的。第三条路经是"中东铁路"。随着中东铁路的修建，俄国东正教在哈尔滨等沿线城镇得以快速传播，犹太教也在这一地区有所传播，但教徒多为俄国人。

随着西方宗教的传教入，为各自教义服务的宗教建筑包括场所及相关的设施也相继建设。

（一） 新教及其教堂建筑

早在天主教产生之前，基督教聂斯托利派就曾传入唐朝，当时称波斯经教或景教。蒙元时期，随着大批教徒的东进，该教派传入东北地区。近年来，考古工作者在辽宁地区发现了一些元代基督宗教遗物。元代辽阳行省辽宁地区的基督教聂斯托利派被称为也里可温教（"也里可温"为蒙古语，意为有福缘的人）。这是一种"中国化"了的基督宗教，与西方的原始基督教在信仰方面稍有不同。②

1807 年，新教③传教士马礼逊最早进入中国，来到广州传教。鸦片战争后，基督宗教各派涌入中国。20 世纪初期的中国是基督宗教信徒人数增长最快的地区之一。据统计，中华人民共和国成立之前，基督宗教（含新教、天主教）信徒总数已达 200 多万人。④

第二次鸦片战争后，基督教借助于条约首先登陆营口开始了在东北的传播。1867 年，基督教始在营口创设"福音堂"⑤。随后以营口起点，基督教迅速传入沈阳及其周边各城镇，并开始向东北地区辐射。据考证，大部分基督教派在东北都有活动。长老会是基督教的主要教派，是进入东北地区基督

---

① 通常我们把天主教、新教、东正教以及犹太教等，这些源自西方的原始宗教统称为西方宗教。

② 林声、彭定安主编《中国地域文化通览　辽宁卷》，中华书局，2013，第 144 页。

③ 在中国，新教被称为"基督教"。按这个习惯说法，且为与引用资料及教堂名称相对应，在本段落后续相关文字中也称新教为基督教。

④ 高乐才、邹丹丹：《近代中国东北基督教教会学校评析》，《长春师范学院学报》2006 年第 9 期。

⑤ 王树楠等：《奉天通志》卷 99，1983 年影印本，第 2273 页。

教势力最大的教派。传入初期就在东北各地设立了 17 个教区，其中辽宁就有 10 个教区，据统计，中华人民共和国成立前，辽宁境内长老教会约有 200 处，仅锦州一地就有 53 处。

1872 年，基督教正式进入沈阳。苏格兰长老会首先在沈阳设立东关长老会。随后，英国大英圣公会、美国基督教复临安息日会、英国伦敦救世军及朝鲜汉城东洋宣教会等基督教组织陆续在沈阳建立教会。当时，在东北地区各大城市都建有基督教堂。

起初基督教在东北的传教活动难度较大。由于东北地域辽阔，人口众多，而基督教传教人员的数量却很少，致使宣教工作难以拓展，再加上中国人历来信仰本土宗教，对基督教的内容、形式非常陌生，从而持冷淡、排斥和反对态度①。但外国传教士发现，在中国"教育极受人们推崇"②，于是开办学校被认为是最为有效传播其教义的方法。早期的教会学校主要学习中国经典和基督教《圣经》，主要任务是教育、培养当地的基督教传道人。后来，随着教会学校的发展演变，也大量地传授西方的科学技术等，这在客观上对东北地区教育事业的发展起到了不可忽视的借鉴和促进作用。

沈阳的"文会书院"就是苏格兰长老会于 1876 年 2 月初设在沈阳的义塾基础上发展起来的第一所教会学校。1891 年 4 月 16 日，东北的苏格兰长老会与爱尔兰长老会合并，称基督教长老会关东长老会，简称英国长老会。之后，义塾因故停办。1894 年，英国长老会复办教育，成立文会馆，1910 年，更名为文会书院。这期间经历过，迁到北镇市又迁回，升级为高等文理学院，并增设中学，英国长老会和丹麦路德会合署等事件。1912 年文会书院部分资源参与组建奉天医科大学（辽宁医科大学的前身，现并入中国医科大学）。而文会书院的文会中学部分，在经历了停办，抗战胜利后复校，中华人民共和国成立后与其他中学合并，成立轻工业管理局工科高级职业学校（后先后改名为沈阳轻工业技术学校、沈阳轻工业学校）的过程后，并入现在的青岛科技大学。仅看这些经历，沈阳文会书院就当是东北地区的第一所高等学校。

东北地区最早、最重要的基督教堂是苏格兰长老会苏格兰籍约翰·罗斯（即罗约翰）牧师创立的沈阳东关基督教堂（见图 7-1）。

---

① 高乐才、邹丹丹：《近代中国东北基督教教会学校评析》，《长春师范学院学报》2006 年第 9 期。

② 陈学恂主编《中国近代教育史教学参考资料》下册，人民教育出版社，1993，第 14、15 页。

图 7 - 1　沈阳东关基督教堂

沈阳东关基督教堂位于沈阳市大东区东顺城街三自巷八号，初建于 1876 年。1872 年，受苏格兰长老会派遣罗约翰牧师（时年 30 岁）新婚不久就偕妻子远渡重洋，经烟台抵达当时商埠牛庄（营口）购地筑室。1876 年，罗约翰在中国籍传道人的帮助下在奉天（今沈阳）小北关租房设堂讲道。第二年，迁至西华门，不久又迁四平街（今中街一带）。1888 年在大东门外购地，即今天东关基督教堂所在位置筹建教堂，1889 年 10 月 22 日落成。这座建筑在平面为矩形的双坡顶礼拜堂的前面设有塔楼。该塔楼是中西合璧式的，下部三层是以西洋风格为主的"基座"部分，顶部是"一座完全中式的十字交叉歇山顶的二层亭阁，为追求整体风格的协调，又将一些中式传统的手法运用到西式风格的基座上"。① 教堂的内部可容纳七八百人做礼拜，为当时东北最大的基督教堂。1890 年教堂按立第一位华人牧师刘全岳牧师管理教堂事务。1900 年，在义和团运动中教堂被毁。1907 年，在原址重建，当年竣工。新建的礼拜堂即现在的的东关基督教堂"大礼拜堂"的东侧主体，是沈阳东关基督教堂目前唯一的"西洋建筑"，但其形态较之最初的教堂简单了许多。

1910 年 4 月 8 日，年近七旬的罗约翰牧师因年迈体弱退休回国。在奉期间，罗约翰牧师除以东关基督教堂主要活动中心传教外，还翻译出版了朝鲜文《圣经》，所以许多韩国基督教信徒将这里视为韩国教会的母会。

沈阳东关基督教堂目前共有两个院落，占地 4300 平方米，总建筑面积

---

① 陈伯超、刘思铎等：《沈阳近代建筑史》，中国建筑工业出版社，2016，第 24 页。

2830 平方米。教堂创设之初，仅在院落东侧建有一个长方形的礼拜堂，并在其北侧独立建有一钟楼。最早的钟楼是中式塔楼样式的，为三重檐四角攒尖顶，塔楼尖顶立十字架，现存的这座钟楼位置南移，与东侧礼拜堂贴建在一起。1992 年，紧靠钟楼修建西侧礼拜堂。这样三座不同时期的建筑结合在一起形成一完整的建筑，而内部空间是相通的。在外观上，看起来像是两侧长方形的礼拜堂之间夹着一座方正的钟楼。1998 年，在礼拜堂后院又建四层高的附属礼拜堂一栋。

沈阳东关基督教堂是西式教堂样式与中国传统建筑相融合的产物。该教堂院落基本上为中式合院布局方式。东侧礼拜堂是英式哥特式建筑风格的建筑。室内空间宽敞明亮，外露的木屋架是英国都铎风格大厅内常用的锤式屋架。其他附属建筑均为东北传统的民居形式。东侧礼拜堂正门前设有一简洁的中式门廊，明柱红漆，饰有简单的雀替。基督教在沈阳的传播，除以沈阳东关基督教堂为核心外，北市基督教堂也是重要的传教场所。

基督教安息日会也是进入东北地区势力较大的新教派别。沈阳北市基督教堂就是基督教安息日会创办的。

1909 年，美国基督教复临安息日会全球大总会派遣丹麦籍白德逊牧师到沈阳传教。1914 年在北市场（现沈阳市和平区皇寺路 146 号）建"北市基督教堂"，成立"基督复临安息日会满洲联合会"和"基督复临安息日会奉天区会"，白德逊任两会会长，直到 1941 年前历任的会长均为美国传教士担任。太平洋战争爆发后，日本以俘虏名义将美国宣教士遣送回国，改由中国人担任会长。1993 年，因城市更新改造的需要，当年的北市基督教堂已经被拆除了，现在的北市基督教堂移址新建的，1996 年 9 月落成，具体位置是沈阳市和平区皇寺路 144 号。

在当时，东北各地大多有基督教传教士传教并建有教堂。除了西方各国基督教会的传教活动，日本基督教会、圣公会在东北地区也有各种活动。日俄战争后，日本基督教传入大连地区。1905 年 4 月日本基督教会在大连设立临时教会，1907 年 8 月，正式设立日本基督教会并修建基督教堂。例如大连西通日本基督教堂就是日本基督教会修建的。该教堂旧址位于大连市友好广场 8 号，现为肯德基餐厅。1928 年 10 月，大连圣公会教会成立，归中华圣公会华北教区管辖，教堂由英国驻大连领事馆于 1924 年筹划建设，设计师是德国人威廉姆斯。该教堂于 1928 年 4 月 11 日动工，当年 10 月 15 日竣工，由英国圣公会和日本圣公会共同管理。1941 年 12 月太平洋战争爆发，日本当局驱逐英美等国侨民，在大连的英国人全部回国之后，这里为日本圣公会所用，称为"大连圣公会圣堂"。该教堂建筑面积 420 平方米，砖木结构，清水砖墙，塔楼高四层，顶端为木架结构，为哥特式风格的建筑。该教堂旧址位于大连市中山区玉光街 2 号，现为大连市基督教玉光街礼拜堂（见图 7 - 2）。

图 7 - 2 大连圣公会教堂旧址

（二）天主教及其教堂建筑

在唐朝，当时尚未分裂的基督教"景教"就曾经进入中国。后随唐武宗灭佛而一起消亡。作为"独立"的教派，天主教最早是在元朝传入中国的。1293 年意大利方济各会会士约翰·孟德高维奴，以罗马教廷正式使节身份登陆泉州进入中国，第二年抵达元大都（今北京市），获准设立教堂传播天主教。这是天主教正式传入中国之始，后随元朝灭亡而中断。天主教进入东北也是元朝时期。据史书记载，元成宗年间，在辽宁西部曾经出现过天主教徒的身影，但在当时，并未有成规模的传教活动。

　　天主教正式传入东北地区是在清乾隆年间，是在"解禁"背景下通过信奉天主教的移民迁徙东北而实现的。许多天主教徒迁入东北地区后，保持了其原有的宗教信仰，并在徙居地开始了传教活动。同时，外籍传教士进入东北地区从事的传教活动，极大地推进了当地天主教传教事业的发展，这也为东北地区天主教打上了浓重的西方外来文化烙印。从传播的时间上来看比中原地区晚，这是由于东北地理位置偏远，清政府采取"封禁"政策、"禁教"政策等原因造成的。

　　1693 年，东北和蒙古地区的教务被罗马教廷归由法国遣使会负责管理的北京代牧区①管理。1696 年开始，就有北京代牧区的法国籍传教士来营口、朝阳一带传教。为清廷服务多年的法国籍传教士巴多明也在东北传教过。②

　　1838 年 8 月 14 日，罗马教皇格里高利十六世把东北和蒙古地区的教务从北京代牧区划出，成立满蒙代牧区，由法国巴黎外方传教会代管，并任命该会会士方若望③神父为教区的宗座代牧④，掌理教务。1840 年底，罗马教宗又将满蒙代牧区分为满洲代牧区和蒙古代牧区，满洲代牧区仍由方若望担任宗座代牧，主教府设在营口市，教务仍然由法国巴黎外方传教会负责管理。1841 年，方若望来到营口，开始了在东北地区的传教。这期间，天主教的影响及传播范围小，尚未形成规模，教徒多是来自河北、山东的移民，且多居地处偏僻的农村地区。

　　1858 年《中英天津条约》签订，清政府被迫增开牛庄为通商口岸，实际开埠的是牛庄辖管的没沟营（即后来的"营口"）。营口开港给天主教传入东北打开了新的局面。开港后不久，清政府就谕令奉天旗民地方官，"向该国领事官言明，牛庄、下没沟新设埠口，该夷如欲建盖天主教传教，听其自便"。⑤ 1900 年前后的义和团运动，使东北天主教受到了沉重的打击，据

---

① 代牧区是天主教宗座代牧区的简称，是天主教会教务的一种临时的管辖机构。按照天主教会的规定，当达到足够数量的教徒，才能成立正式教区。所以，代牧区只设立于尚不足以满足成立教区的传教地区。
② 黑龙江地方志编撰委员会编《黑龙江省志　宗教志》，黑龙江人民出版社，1999，第 197 页。
③ 方若望（Emmanuel Jean Francois Verrolles）（1805～1878），法国人，1830 年来到中国，初在四川传教。
④ 宗座代牧是天主教宗座代牧区的负责人，一般由邻近教区的主教兼任或委托一位神职人员担任。
⑤ 吴文衔：《营口开港和外国资本主义势力侵入东北》，《学习与探索》1984 年第 2 期。

记载："庚子之乱，教堂尽毁，惟二三处存。育婴堂、小学堂等毁减无遗，教友被难死者不甚众，大都匿迹山中"①。1901 年开始，天主教在东北地区的传播又出现了较大的发展势头。据统计，1901 年到 1911 年的 10 年间，入境的传教士人数、中国信徒人数，都超过了前 60 年的总和②。截至 1949 年，东北共有"有 8 个主教区、3 个监牧区，辖辽宁省、吉林省、黑龙江省共 18 市、160 县"。③

随着越来越多的传教士的来到，东北地区天主教发展迅速，传播规模不断扩大。

1898 年，满洲代牧区划分为南北两个代牧区。其中，南满代牧区负责辽宁省的教务，由纪隆任主教，主教府设在沈阳市，北满代牧区负责吉林、黑龙江二省，也就是清朝吉林将军、黑龙江将军辖区范围的教务，由兰禄业任主教，主教府设在吉林市。1924 年，分别改名沈阳代牧区、吉林代牧区。这之后，两个教区均发展壮大，沈阳代牧区的变化有：1929 年由沈阳教区及热河教区分出四平街宗座监牧区④（1932 年升代牧区），1932 年抚顺成立监牧区（1940 年升为代牧区），1937 年林东成立监牧区，1949 年营口成立主教区，1946 年各代牧区均升为主教区，沈阳升为总主教区。吉林代牧区的变化有：1928 年分出延吉监牧区（1937 年升为代牧区）、齐齐哈尔分设自治区（1931 年升为监牧区），1937 年佳木斯分设自治区（1940 年升为监牧区）。

东北地区最早的天主教堂是松树嘴子天主堂。据资料记载，1830 年法国遣使会负责的北京代牧区传教士就在朝阳县松树嘴子村⑤设堂传教。1840 年前后，比利时圣母圣心会传教士在这里建立天主堂。1883 年 12 月，从蒙古代牧区分出东蒙古代牧区（1924 年改名为热河代牧区），委托 1865 年进入中国传教的比利时圣母圣心会管理，宗座代牧由比利时圣母圣心会会士荷兰籍吕继贤神父担任，主教府就设在松树嘴子天主堂。

---

① 李杕：《拳祸记》下册，土山湾印书馆，1909，第 264 页。
② 吉林省地方志编纂委员会编《吉林省志 宗教志》，吉林人民出版社，2000，第 211 页。
③ 尚海丽：《东北地区天主教教区历史沿革述略》，《中国天主教》2016 年第 5 期。
④ 宗座监牧区简称监牧区，按照天主教会的规定，因特殊环境而未成立为教区，委托宗座监牧，以教宗名义负责管理该传教地区的事物，该地区称之为宗座监牧区，其规格、地位低于代牧区。
⑤ 现辽宁省锦州市朝阳县东大屯乡土毅村。该村历史上是从山东、河北逃荒来的天主教信徒的落脚点。

在东北，天主教的传播与发展离不开法国巴黎外方传教会。[①] 巴黎外方传教会是以罗马教廷代理人的身份进入中国传教的，它的创始人被罗马教宗委任为中国教区教务总理。巴黎外方传教会于 1680 年进入中国。入华初期，在福建、浙江、江西等地活动，禁教时期退居到西南边陲的云南、贵州、四川等地坚持秘密传教。鸦片战争后，其在华势力扩大，陆续开辟了多个教区。巴黎外方传教会与耶稣会、遣使会并称法国三大在华天主教组织。

小八家子天主教堂就是巴黎外方传教会在东北建立的第一座教堂。小八家子天主教堂坐落在长春市农安县小八家子村，该村位于长春市区的西北部，二者相距 35 公里，是清朝末年东北天主教五大自治村之一[②]，全村居民98% 为天主教徒。小八家子村最初由关内迁徙而来的八户人家组成，其中，"齐云、黄珍、陈启福、陈启龙、魏元吉等五户，在原住地便是天主教徒"[③]。尽管居住地点发生变化，但是他们的宗教信仰并没有改变，依旧虔诚地信奉天主教。

1840 年，法国巴黎外方传教会毕罗尔神父来到小八家子传教，成为第一位到吉林省境内传教的外国传教士。1841 年 5 月，第一任满蒙代牧区主教方若望"巡视满洲"到来小八家子村。方若望的到来极大地推动了小八家子村天主教的发展，促使当地的天主教信仰及宗教仪式走上正轨。随后，在法国巴黎外方传教会的影响下，小八家子村教会于 1844 年创立了拉丁修院，开始培养中国的神职人员，1858 年，小八家子村教会创立了圣母圣心修女会，开始培育中国修女。这是满洲代牧区内的首个修女院。据《吉林省志》记载："1858 年 8 月 22 日，是圣母圣心瞻礼日，由包、袁两法籍神父提议，经巴黎外方传教会总会和满洲代牧区主教统一，这个修女院正式成立。"[④]

据记载，最早的小八家子教堂仅是一座简易的三间土坯房。随着天主教的传播，那座简易的教堂无法满足需要，故 1858 年，新建起了一座砖瓦结构的教堂。后又于 1866 年至 1868 年间修建了新教堂，称"圣母圣心堂"，教堂建筑面积 550 平方米，设有钟楼一座。1900 年，义和团运动爆发，该教

---

① 巴黎外方传教会 1659 年成立于巴黎（其总部），1664 年获罗马教宗批准。巴黎外方传教会与传统的天主教修会不同，是历史上最早的全力从事海外传教的天主教组织。巴黎外方传教会主要在亚洲从事传教工作。
② 除小八家子村外，其他四个自治村庄分别是，黑龙江省海伦县海北镇、吉林省扶余市苏家窝棚、辽宁省朝阳县松树嘴子和辽宁省辽中县三台子。
③ 吉林省地方志编纂委员会编《吉林省志 宗教志》，吉林人民出版社，2000，第 210 页。
④ 吉林省地方志编纂委员会编《吉林省志 宗教志》，吉林人民出版社，2000，第 234 页。

堂被天主教教友自行焚毁。1902 年，长春府向清廷呈报辖内天主教堂损失情况时，要求利用赔款重建教堂。1903 年，开始动工重建教堂，1909 年竣工。这次建造的教堂，建筑面积 710 平方米，高 13 米，设有钟楼两座，各高 40 米。砖木结构，青砖砌筑，坡屋顶，灰瓦屋面，檐瓦皆刻教会十字架圣号标志。1967 年 10 月，这座教堂被拆除。现在教堂是 1985 年 10 月新修建的，建筑面积 655 平方米。建筑形式仍然是哥特式的，但钟楼为单塔，高 21.5 米。

除法国巴黎外方传教会外，加拿大魁北克外方传教会和瑞士白冷外方传教会分别管理过四平街宗座监牧区（后升为代牧区）和齐齐哈尔自治区（后升为监牧区）。其中，瑞士白冷外方传教会在齐齐哈尔的教务发展很快。1916 年瑞士白冷外方传教会的瑞士籍传教士英贺福就在齐齐哈尔城区传教。1928 年从吉林代牧区分出成立自治区，1931 年升为监牧区。齐齐哈尔圣弥勒尔教堂修建就是瑞士白冷外方传教会修建的。该教堂位于齐齐哈尔市龙沙区海山胡同，是齐齐哈尔市最大的天主教堂（见图 7-3）。圣弥勒尔教堂初建于 1929 年。现在的教堂是 1994 年修复的，建筑面积 1250 平方米，总高度 43 米（塔楼）。瑞士、德国、法国、波兰、英国、加拿大等外国传教士先后在这里从事过传教活动。

天主教是在 1896 年传入由清代吉林将军管辖之延珲地方。[①] 在这里，天主教的传播与朝鲜元山代牧区的关系特殊。朝鲜人是最早进入这一地区传播天主教的。1896 年夏，朝鲜人金永〔英〕烈从朝鲜进入中国境内，来到龙井通过走亲访友方式传教，波及延吉、和龙一带。1897 年春，金永〔英〕烈先后率两批 12 人到朝鲜元山施洗入天主教，俗称"北关 12 徒"。1897 年 12 月，朝鲜元山代牧区法籍白类思神父、南一良神父入境中国，也来到这一带传教。次年 2 月返回，这之后，二人往来于元山和龙井一带。到 1903 年，这一地区的天主教信徒已发展了 30 余户。当时，朝鲜元山代牧区已委派专人负责管理这一地区的天主教传教活动。

1897 年前后，法国巴黎外方传教会也派传教士到珲春、宁安一带传教。巴黎外方传教会将延珲地方的天主教传教权划归北满代牧区。1914 年第一次世界大战爆发，巴黎外方传教会法籍人员陆续回国。1920 年 3 月，罗马教廷将这一地区的教务划归朝鲜元山教区管辖，仍由巴黎外方传教会负责，1928

---

① 主要是指今天的吉林省延边地区，以及黑龙江省的宁安、东宁等地。

图 7-3　齐齐哈尔圣弥勒尔教堂

年 7 月，又将之从朝鲜元山教区分出，成立延吉监牧区，德籍神父白化东为主教，主教府设在延吉市，管理权由巴黎外方传教会转给德国圣欧笛勒本笃会。这之后在延吉市天主教经历了许多大事件：1930 年德国圣欧笛勒本笃会派遣一批德国籍修女到延吉成立圣十字架修女会（即圣心修女院）；1933 年瑞士白冷外方传教会派遣一批修女到延吉，成立阿利味丹修女会；1934 年德国圣欧笛勒本笃会派遣修士到延吉，成立圣十字架隐修院；1936 年 6 月 7 日，朝鲜元山教区的朝鲜人金忠务、韩允胜两人晋铎[①]，被指派到龙井教堂任神父，这是延吉监牧区首次出现的朝鲜人神父。

伪满洲国成立后，延吉教区教务发展速度非常快。1937 年 4 月，从宗座监牧区升格为代牧区（1946 年 4 月，升格为延吉教区）。据统计，1940 年有

---

① 天主教把从修士、修生、执事晋升到神父的这一个过程，叫作晋铎。

17 座大教堂、27 座小教堂，19 名德国圣欧笛勒本笃会外籍传教士、16 名瑞士阿利味丹修女会外籍修女，13998 名信徒（1945 年人数达到 18000 名）。有研究认为，伪满洲国时期是延吉教区的"黄金时期"，除与德国圣欧笛勒本笃会传教士的努力外，更是与伪满洲国的政治环境分不开。这时的延吉教区教务具有明显的政教相关联的时代特征。

　　近代东北地区的天主教堂多为哥特式建筑。著名的沈阳南关天主教堂就是最具哥特式特征的教堂（见图 7 - 4）。

图 7 - 4　沈阳南关天主教堂

　　沈阳南关天主教堂圣名"沈阳耶稣圣心教堂"，亦称小南天主教堂，是一座风格纯正的哥特式大教堂。天主教是 1696 年传入辽宁境内，进入沈阳的时间大约是 1875 年。1878 年，在沈阳修建了第一座天主教堂，即沈阳南关天主教堂。1892 年，南满代牧区纪隆主教将主教府迁至沈阳市后，该教堂成为主教座堂，沈阳也由此逐渐成为东北地区天主教活动中心。

最早的沈阳南关天主教堂始建于 1876 年，由方若望主教主持兴建，1878 年建成。1900 年 7 月 3 日，义和团团首刘喜禄、张海联络盛京都统，用火炮摧毁了这座教堂。将纪隆主教、5 名法籍神父、2 名中国籍神父、2 名修女、400 余名信徒全部烧死在教堂内，造成历史上最大的"沈阳教难"。1901 年《辛丑和约》签订后，继任南满代牧区主教的法籍苏斐理斯神父利用庚子赔款、法国教会捐献，耗资 14 万两白银，在原址上修建了现在的沈阳南关天主教堂。新教堂由苏斐里斯主教主持建造，法国巴黎大学毕业的梁亨利神父设计、监工。从 1907 年至 1912 年历时六年建成，新建成的沈阳南关天主教堂是"以本地材料与技术替代西洋做法的经典之作"，"在沈阳近代建筑发展过程中，具有里程碑的意义与价值"。①

沈阳南关天主教堂位于沈阳市沈河区小南街南乐郊路 40 号。教堂坐北朝南，平面为巴西利卡式，建筑面积 1140 平方米，东西宽约 14 米、南北长约 66 米，钟楼高 40 米，砖石结构，青砖素面。教堂正立面采用与巴黎圣母院相似的构图形式。几何中心由大玫瑰窗及其上的尖券构成。正面纵向分为三部分，中间分上下两段，下部是入口，未做成透视门，而是设半室外前室，作尖券于铁栅栏门两侧束柱上。内门上部石过梁上加嵌板于尖券之中，并雕刻以十字架、小麦、葡萄。入口券上为水平饰带，其上山墙中央为大玫瑰窗，与大尖券一起成为统领全局的整个立面的构图中心。左右塔楼对称，自身四面相同，上下分为四段。底部为次间入口，设有外室、门洞。往上是小尖券、玫瑰窗，再上为方尖形水平饰带，将中间部分与塔楼联系成为一体。中间两段开方尖窗，以饰带划分，最上为八面锥体塔冠，由八个小尖塔围绕的主塔尖上立金属十字架。②

吉林省境内的天主教堂主要有吉林市天主教堂、长春天主教堂等。吉林市天主教堂建于 1898 年，圣名"耶稣圣心堂"（见图 7-5）。长春天主教堂建于 1895 年，二者均为典型的哥特式风格的天主教堂。

黑龙江省境内除齐齐哈尔圣弥勒尔教堂外，还有一些天主教堂，如哈尔滨斯坦尼司拉夫天主堂。该教堂位于哈尔滨市南岗区东大直街 211 号，1907 年由信奉天主教的波兰侨民建造。

虽然近代东北地区的天主教堂多为哥特式建筑，但由于资金、技术、地

① 陈伯超、刘思铎等：《沈阳近代建筑史》，中国建筑工业出版社，2016，第 25 页。
② 刘晓光：《沈阳天主教堂》，《沈阳建筑工程学院学报》1992 年第 1 期。

图 7 – 5 吉林市天主教堂

理环境、政治等因素的影响，其建筑规模、设计建造质量都无法与西欧的天主教堂相比。在保持基本风貌的前提下，具有一定的特殊性和中西建筑文化互融的特征。教堂建筑虽然由西方人设计、监理，并采用西方样式、工施工艺，但哥特式建筑的风格特征和细部装饰远不如其他地区丰富、多元。建筑材料大都就地取材（如东北当地青砖灰瓦的使用），施工也是由中方人员操作完成的。局部还采用了中国传统做法，如沈阳南关天主教堂的屋顶采用的就是中国的传统屋面做法。受东北严寒气候的影响，教堂的墙体也比其他地方为厚，且大门多偏南向（大多数教堂坐北朝南）。

（三）东正教及其教堂建筑

东正教于 16 世纪末成为俄国的国教。1727 年中俄签订《恰克图条约》后，俄国东正教正式派传教士来到中国。[①] 19 世纪末，随着中东铁路的修建，为使进入中国东北地区的俄国人过上正常的宗教生活，在铁路沿线的哈尔滨等地先后修建了许多东正教教堂。1898 年 8 月，在哈尔滨香坊修建了第一座东正教教堂——圣尼古拉教堂。直到 20 世纪二三十年代，哈尔滨市已建有十余座东正教教堂。

---

① 宋彦忱主编《中国地域文化通览 黑龙江卷》，中华书局，2014，第 253 页。

东北地区最著名的东正教教堂当属哈尔滨的圣索菲亚大教堂（见图7-6）。

图7-6　哈尔滨圣索菲亚大教堂

圣索菲亚大教堂位在黑龙江省哈尔滨市道里区兆麟街，是哈尔滨现存最大的东正教教堂。该教堂始建于1907年，1923年重建，具有典型的拜占庭建筑风格。设计者为俄国建筑师科亚西科夫。教堂通高53.35米，占地面积721平方米，高四层。教堂平面设计为东西向拉丁十字，上冠巨大饱满的洋葱头穹顶，统率着四翼大小不同的帐篷顶，形成错落有致的主从式布局。整幢建筑设有四个不同方向的入口，主入口（正门）顶部为钟楼。

需要强调的是，圣索菲亚大教堂是近代东北地区红砖结构建筑的典型代表。红砖技术的传入及红砖的使用，除了改变东北地区以"青砖"为墙体的主要砌筑材料的历史外，还带来了西方的传统建筑文化。在红砖技术的传入之前，东北城乡制作和使用的砖主要有土坯砖和烧制砖两大类。土坯砖大量使用在农村低烈度房屋建筑上，它的制作办法是将湿泥土塑造成砖坯，自然风干；有时也在湿泥土砖坯中放一些"羊角"、稻谷壳以增加砖的强度。这类砖成本低，但质量差。烧制砖早期用木柴烧制，也有用苇子、秸秆等烧制的，这样烧制成的砖，强度低易破碎，砖密度不够。后来改用煤炭烧制，但煤炭价格高。许多烧制砖户主为了节省燃料，降低成本，在烧制过程中减少煤炭使用量，导致砖坯内部烧不透，使得砖强度不高，抗风化性差。按传统工艺烧制的砖就是"青砖"。"红砖"引进之初，采用的是俄国用机械压制技术，后来改用"西洋法"。同俄国压制红砖相比，西洋法烧制的砖，烧制时间长，温度够，降温合理，烧结成型的砖块抗压强度高，密度大，成品呈红色。到了 20 世纪 30 年代，已经出现了红砖空心砖，这类砖主要起保温隔热的作用，目前在长春市发现有用空心砖作为屋顶"空气隔层"的情况。

除圣索菲亚大教堂外，在哈尔滨现存重要的东正教教堂还有圣·阿列克谢耶夫教堂、圣母安息教堂等。

圣·阿列克谢耶夫教堂旧址位于哈尔滨市南岗区士课街 47 号。该教堂始建于 1931 年，建筑面积约 1000 平方米。1980 年修复后改为天主教堂。现为黑龙江省天主教爱国会、哈尔滨市天主教爱国会和黑龙江省天主教教务委员会所在地（见图 7-7）。

图 7-7 哈尔滨的圣·阿列克谢耶夫教堂旧址

总之，在东北地区传播的西方宗教主要以新教、天主教和东正教为主。犹太教在哈尔滨地区也有传播。中东铁路时期，信奉犹太教的犹太裔俄罗斯人在哈尔滨市内修建有犹太教教堂和教会学校。

二 西方近代建筑潮流的影响

19 世纪 40 年代，中国进入了半殖民地半封建社会，传统农业文明受到西方近代工业文化的冲击。但在这一历史时期，东北地区仍处于以农耕、渔猎为主的自然经济的阶段。由于特殊的政治、军事及地理环境，东北地区的社会制度结构也与"关内"不同，地方政权实行的是以"将军"为主体的军政体制。整个社会尚处于一种封闭、滞后的状态之中。直到 19 世纪末 20世纪初，随着中东铁路的开工修建，这种状态才被打破，近代工业文明开始以不可阻挡之势进入东北地区。特别是到了 20 世纪 30 年代，伪满洲国的成立使东北地区全境率先成为外来文化的"试验场"。

（一）"中东铁路"引发的近现代化城镇建设

可以说，"中东铁路"引发了东北地区建筑与文化的转型。中东铁路的建设使得沿线城镇的结构、功能和人口都发生了本质上的变化，从而产生了一批近现代的城市，如哈尔滨、大连、鞍山和长春等。也使得欧美不同历史时期的建筑风格特别是西方近现代建筑思潮涌入这块待耕耘的土地上，从而为东北地区的近现代建筑文化的发展一时间立于时代的前列奠定了较坚实的基础。

1858 年 5 月 28 日（咸丰八年四月十六日），清朝黑龙江将军奕山与俄国东西伯利亚总督穆拉维约夫签订不平等条约《瑷珲条约》（即《瑷珲城和约》），将中国黑龙江以北、外兴安岭以南约 60 万平方公里领土割让给俄国。但这一条约当时未得到清政府官方认可。1860 年第二次鸦片战争后，中俄签署《北京条约》时，清政府承认《瑷珲条约》，并将原先规定中俄"共管"的乌苏里江以东约 40 万平方公里的中国领土归俄国所属。从此，中国在东北地区总共失去约 100 万平方公里的领土，同时也失去了对日本海的出海口。这之后俄国仍然觊觎中国东北地区。为满足其扩张野心，1875 年，俄国开始计划修筑西伯利亚铁路。

1896 年 6 月 3 日（光绪二十二年四月二十二日），李鸿章作为清政府特使与俄国外交大臣罗拔诺夫、财政大臣维特在莫斯科签订《御敌互相援助条约》（即《中俄密约》）。在这一不平等条约的第四款中规定，"今俄国为将来转运俄兵御敌并接济军火、粮食，以期妥速起见，中国国家允于中国黑龙江、吉林地方接造铁路，以达海参崴"。

中东铁路是 20 世纪初我国境内里程最长的铁路，1897 年 8 月 28 日举行开工典礼，1903 年 7 月 24 日正式通车运营。中东铁路起初名为"满洲铁路"，但遭到李鸿章的反对，认为"必须名为'大清东省铁路'，若名为'满洲铁路'，即须取消允给之应许地亩权"。俄国将铁路的俄文名定为：Китайско-Восточная железная дорога（简写 КВЖД），意"中国东方铁路"，简称中东铁路。在《中俄密约》第四款中规定，"其事（指中东铁路建设等事宜，作者注）可由中国国家交华俄银行承办经理。至合同条款，由中国驻俄使臣与银行就近商订"。1896 年 9 月 8 日（光绪二十二年八月初二日），清政府驻俄、德等国公使许景澄与华俄道胜银行董事长乌赫唐斯基、银行总办罗启泰在柏林签订《中俄合办东省铁路公司合同章程》，清政府委托华俄道胜银行属下的"中国东省铁路公司"承建这条铁路。故而这条铁路又称中国东省铁路。

1897 年 3 月 13 日，中东铁路公司正式成立，总部设在彼得堡，分公司设在北京东交民巷的华俄道胜银行内。同年 8 月 28 日，在中国小绥芬河右岸三岔口附近举行了开工典礼。1898 年 6 月 28 日，中东铁路工程局在香坊屯"田家烧锅"（今属哈尔滨市）开始办公。1898 年 10 月 26 日，在哈尔滨埠头区（现道里区）建木材加工厂和铁路机械厂。

中东铁路筑路工程进展相当迅速，1901 年 2 月，东线（哈尔滨—绥芬河段）与俄罗斯乌苏里铁路的乌苏里斯克（双城子）站接通；同年 8 月，位于哈尔滨的第一松花江大桥竣工，该桥全长 949 米（见图 7－8）；1902 年 2 月，位于富拉尔基（齐齐哈尔市下辖区）的嫩江大桥竣工，该桥全长 650 米。至 1903 年 7 月，哈尔滨至旅顺的南满支线陆路部分全部完工；1904 年 3 月，位于陶赖昭（属吉林省扶余市）的第二松花江大桥竣工，该桥全长 736 米。这样，南部支线全线竣工。①

---

① 姜振寰、郑世先、陈朴：《中东铁路的缘起与沿革》，《哈尔滨工业大学学报》（社会科学版）2011 年第 1 期。

图7-8 哈尔滨的第一松花江大桥

日俄战争后，长春至大连、旅顺段铁路南部支线被俄国转让给日本，后者将之改称南满铁路。1914年1月1日，中东铁路经南满铁路与京奉铁路联运，从哈尔滨可直达北京。第二次世界大战结束，日本战败投降后，中东铁路和南满铁路合并，定名为中国长春铁路，简称中长铁路。"中国长春铁路"名称是在《中苏友好同盟条约》①换文（一）中出现的，该条约规定中苏双方"共同经营中国长春铁路"。实际上，在中华人民共和国成立前，中长铁路一直由苏联控制。

中东铁路分干线、支线二部分，全长2489.29公里，如果加上其他支线的话，其总长达2556.05公里。干线西起满洲里，经哈尔滨，东至绥芬河，总长1514.39公里；南支线由哈尔滨经长春、沈阳、大连等地，南至旅顺，总长974.9公里。干线支线形成丁字形的铁路主干线。

哈尔滨作为中东铁路的枢纽城市，最早受到西方，尤其是俄罗斯文化的熏陶。"哈尔滨"系满语，即晒渔场的意思，原是松花江边一个只有十几户人家的小渔村。因哈尔滨地处中东铁路"丁"字形的铁路交叉点，其位置尤为重要。中东铁路开始修筑后，大兴土木开始建设哈尔滨。铁路的修筑以及松花江的通航，使哈尔滨由一个小渔村迅速发展为一个带有殖民色彩的近代化大都市，成为东北地区乃至东北亚重要的交通枢纽和商业中心。

随着中东铁路的修筑，"铁路附属地"开创了哈尔滨最初的城市规划建设。这时的城市建设无疑要充分考虑俄国在远东的政治、经济、军事与文化

---

① 《中苏友好同盟条约》于1945年8月14日在莫斯科签订，是中华民国政府与苏联政府就对日作战后期及战争结束后解决双方争议问题的一个不平等的条约。

需要。"哈尔滨早期的城市规划，既利用了松花江南岸丘陵起伏的地理条件，又结合了 19 世纪末在欧洲尤其是俄罗斯流行的巴洛克规划思想，同时也借鉴了 19 世纪新兴的花园城市理念。"① 哈尔滨最早的规划源自中东铁路工程局的办公地"田家烧锅"。1989 年，建筑师 A. K. 列夫捷耶夫制定了首个城市规划，规划将城市分为行政区、商业区和居住区等主城区，以及工厂、兵营等区域。

在铁路附属地建设的同时，中东铁路局的俄国工程师们最先把俄国与欧美各国的建筑风格、样式带到哈尔滨。哈尔滨地处中国北方的边远地区，地理位置远离中原地区，历史上，中国传统建筑文化对它的影响非常少，当近现代化的城市建设迅速开展的时候，容易接受新的文化，这使得西方近现代建筑文化能够顺理成章地根植。由俄国人带入哈尔滨的具有明显拜占庭风格的俄罗斯传统教堂建筑样式，是这座城市建筑的标志性风格，它与当时在西方流行的各种建筑风格样式如新艺术风格建筑等，共同奠定了近代哈尔滨城市多元化的基本特征。最具代表意义的实例有圣索菲亚大教堂、香坊火车站、秋林洋行道里分行等。

城市的建设，加快了哈尔滨殖民化的进程，由中国工匠模仿俄国人带来的巴洛克风格而建造的"中华巴洛克"建筑就是明证。为此，哈尔滨工业大学刘松茯教授认为，"在近代中国，存在着中外建筑交融共生的大环境。哈尔滨虽然远离中国传统文化的核心，但仍未脱离其巨大影响。正是由于根深蒂固的文化传统和顽强的表现欲望，中国不自觉地完成了将外来新体系建筑'本土化'的尝试。而在同期的中国其他城市，这种尝试是由专业建筑师来完成的"。

中东铁路开通后，出于修筑、维护和经营的需要，中东铁路局开办有专门的学校培养为铁路服务的工程技术人才。1906 年在哈尔滨开设"哈尔滨男子商务学堂"和"女子商务学堂"，1920 年设立哈尔滨中俄工业学校。哈尔滨中俄工业学校就是现在的哈尔滨工业大学的前身。哈尔滨中俄工业学校是 1920 年 5 月开始筹建的，同年 10 月 17 日，举行开学典礼。当时设有铁路建设和电气机械工程两个科。首届三个班共招收 103 名学生，实行学分制，学制四年，学校按俄国的教育模式办学，一律用俄语教学。1922 年 4 月 2 日，学校改名中俄工业大学校，学校由四年改为五年，原设两个科分别改为

---

① 刘大平、王岩：《哈尔滨新艺术建筑》，哈尔滨工业大学出版社，2016，第 3 页。

铁路建筑系和机电工程系。毕业生经考试委员会答辩合格，授予工程师称号。1928 年 2 月 4 日，学校改由中华民国东省特区领导，改为东省特区工业大学校。1928 年 10 月 20 日，学校正式定名为哈尔滨工业大学，由中苏共管，张学良任校理事会主席。直至 1935 年，日本用物资换取中东铁路苏联一方的产权，学校的教学活动开始向日本教育模式过渡。1945 年，抗日战争胜利后，哈尔滨工业大学由中长铁路局领导，属中苏两国政府共同管理。从 1920 年建校到中华人民共和国成立前，"哈尔滨工业大学"一直按俄或日式办学，用俄语或日语授课，这使哈尔滨工业大学自建校起就具有鲜明的国际性特征。[①]

除作为铁路枢纽城市的哈尔滨被大力建设外，殖民者还大兴土木建设南支线的大连等地。[②]

1897 年 11 月，德国以其两名传教士被杀为由，占领山东胶州并迫使清政府签订为期 99 年的租借条约。俄国则以保护中国不受德国侵略为由，于当年 12 月 l5 日派兵强占旅顺口和大连湾。1898 年 3 月 27 日，清政府派李鸿章、张荫桓与俄国驻华代办巴布罗夫在北京签订《旅大租地条约》，其主要内容为俄国租借旅顺口、大连湾及附近水域，俄国享有行政权；俄国享有修筑中东铁路支线的特权。条约允许俄国在中东铁路干线上选一车站为起点，修筑到旅顺、大连以及向西至营口、向东至鸭绿江的铁路。同年 4 月 25 日，在彼得堡签订《续订旅大租地条约》，俄国由此获得了铁路沿线的采矿权和工商权。同年 7 月 6 日，根据《旅大租地条约》中俄国修筑中东铁路支线的规定，俄国财政副大臣，东省铁路公司经理罗曼诺夫与许景澄签订《东省铁路公司续订合同》（又称《东省南支路合同》），修筑哈尔滨到旅顺的中东铁路的支线。合同将这条铁路命名为中东铁路南满支路（即南满支线）。俄国以旅顺为首府，将以旅顺、大连为中心的租借地定名为"关东省"。1899 年 7 月 12 日，俄皇将青泥洼（大连）开辟为自由商港[③]。

大连位于辽东半岛南端，地处黄渤海之滨，与山东半岛隔海相望。汉称三山浦，唐之后称青泥浦，明清时称青泥洼。清朝时青泥洼一带的海湾

---

① 《历史上就是一所国际性大学》，哈尔滨工业大学官网，http://www.hit.edu.cn/237/list.htm。

② 李国友：《文化线路视野下的中东铁路建筑文化解读》，哈尔滨工业大学博士学位论文，2013，第 40 页。

③ 姜振寰、郑世先、陈朴：《中东铁路的缘起与沿革》，《哈尔滨工业大学学报》（社会科学版）2011 年 1 期。

被称作大连湾。清朝时因东北"封禁"而使得这里处人烟稀少。直到 19
世纪 80 年代，清政府才在大连湾北岸建海港栈桥、筑炮台、设水雷营，
这里也才成为小镇。1897 年年底，俄国为争夺清朝领土，将军舰强行开进
旅顺口，随之便派人到大连湾和青泥洼勘察，决定在此开港建市，俄国人
将称之为达里尼。但中国人仍称青泥洼。1899 年开始称大连。1902 年，
随着第一期工程建设的完成，大连港初具规模。这期间开始较大规模地规
划建设大连，简单来说，俄国人规划的区域，道路呈放射网状，以圆形广
场为交通枢纽，多个广场相联系。到了满铁时期，日本人规划的道路呈长
方网格状，交通枢纽仍为广场。这一时期城市"交通、供水系统追求完
善"，建筑类型丰富。

长春也是因中东铁路的建设渐入近现代化轨道，而后一跃成为东北地区
重要的城市。中东铁路南部支线的哈尔滨——宽城子段是 1898 年开始动工
建设的。在这期间，沙国"以防护铁路所必须之地"为借口，直接出动军队
和"铁路警察"占领了距长春老城（宽城子）约十公里外二道沟的 552 公
顷土地，用以设立"帝俄特区北满洲铁路附属地"，即现在所说的中东铁路
长春附属地。

中东铁路长春附属地是长春市第一块"规划先行"的近代街区，这一
独立于老城之外的街区标志着长春近代城市建设的开始。1903 年 7 月 13
日，中东铁路建成后，俄国人对宽城子站附近约 4 平方公里的用地进行了
成规模的规划开发建设。在附属地，以火车站为中心，对铁路两侧约 4 平
方公里的长方形地块进行了规划。整个附属地以秋林街（今一匡街）和巴
栅街（今二酉街）为主干道，形成方格网状的街区道路格局。使得这一街
区初步具备了近代意义上的较完善的城市基础设施、公共服务设施等。修
建了一批近代建筑，这些前所未有的建筑类型，第一次出现在了长春，俄
国人首先修建了火车站站房，并命名为宽城子火车站，随后修建一定量的
工业与民用建筑，主要有铁路附属建筑、工厂厂房、仓库等，商业建筑、
学校建筑、娱乐建筑、居住建筑、宗教建筑，以及这些建筑不同于中国传
统建筑形式，基本上是照搬西方的，大多采用俄罗斯传统建筑样式、新艺
术运动风格等形式。

中东铁路长春附属地的建设有许多长春市的"第一"：宽城子火车站是
长春历史上第一座火车站；车站俱乐部是区域内规模最大的公共建筑；亚乔
辛火磨是长春市历史上第一座近代工业厂房；站前的方形小广场是长春历史

上第一个广场；火车站的水塔是长春历史上第一座水塔，等等。

宽城子火车站是中东铁路的南端终点站，遗址现存于长春市宽城区凯旋路 2155 号，中国北车集团长春机车厂院内。最早的宽城子火车站站房始建于 1898 年，1899 年建成。1900 年 7 月 12 日被长春的义和团烧毁，后在原址重建。1935 年 3 月，伪满洲国用 1.64 亿卢布从苏联手中收购了中东铁路北满段。随着城市的建设，功能的调整与完善，宽城子火车站于 1936 年 1 月被关闭。

宽城子火车站俱乐部旧址位于长春市宽城区凯旋路 1717 号，现为吉林省人民医院凯旋院区（原长春机车厂职工医院）。该建筑高二层，砖木结构，最初的建筑平面为一字形的，四坡屋顶，铁皮屋面，东侧角楼设有一个具有俄罗斯建筑的风格特征帐篷式的尖顶。该建筑目前的外观是经多次改扩建而形成的（见图 7 - 9）。

图 7 - 9　宽城子火车站俱乐部旧址

亚乔辛火磨是长春市近代工业的标志。亚乔辛火磨，俗称"大红楼"，建于 1903 年，它是中东铁路的工程师、塞尔维亚裔俄国人苏伯金，在宽城子火车站西北部 300 米外设立的一座机械化面粉加工厂。当年苏伯金耗巨资从德国引进了以蒸汽机为动力的面粉加工机，称"火磨"①，生产的面粉主要供给中东铁路上的俄国人。1904 年日俄战争爆发后，亚乔辛火磨停工，苏

---

① 在中国，传统的面粉加工都是以人力或畜力驱动磨盘来完成的，而用蒸汽机作为动力的面粉加工机械及方式最初被称为"火磨"。到后期，火磨大多以电动机为动力。

伯金逃往哈尔滨避难并委托给中国人王荆山①照管。战争结束后，火磨重新开工，苏伯金将生产的面粉全部交由王荆山包销。这之后，王荆山在长春老城三、四道街之间开设了一座米面店，名号为"裕昌源"，经销亚乔辛火磨的面粉，获得巨大利润。1914年第一次世界大战爆发，因战争源发地是塞尔维亚，苏伯金急于回国，便将火磨出兑给了王荆山。王荆山接手后将其改称为"裕昌源"火磨。当时俄国为满足军事需要，开始在中国东北大量收购面粉，这导致面粉价格上涨，裕昌源火磨因此生意非常兴旺，据资料，当时火磨大约有工人60名，每昼夜可磨小麦4.4万公斤，日产面粉800包，行销长春、哈尔滨、沈阳及东北其他地方。当时的《盛京时报》，称之为"亚洲第一火磨"。

亚乔辛火磨旧址位于长春市宽城区凯旋路2155号，中国北车集团长春机车厂院内。该建筑平面为长方形，地上四层、地下一层，其高度相当于现在普通住宅楼房的八层，结构形式为内框架砖混结构，外围护结构由红砖砌筑，墙体厚度1.0米。整体为新艺术风格的，外墙设转角通高柱，顶端设有类似十字脊的尖顶，四角另设一小尖塔，墙身有通高壁柱；屋顶出挑与柱一平，设有水平线角，檐下由红砖叠砌出倒三角造型。窗洞口为长方形竖向条窗，上口为券。一至三层通高，四层稍低。亚乔辛火磨是长春历史上第一座采用钢筋混凝土为结构材料的多层建筑，安装的直升电梯、引进的大型成套机械设备都是第一次出现在长春的。2010年春，"大红楼"被拆，目前仅存部分残垣断壁。

俄国在长春宽城子设立的中东铁路附属地由于远离长春老城及后来建设的几片街区，加之受到铁路线的分隔，对"新京"（长春）城市的影响远没有后来的满铁附属地明显。

1904年2月8日，日俄战争爆发。这是一场日本和俄国为争夺中国辽东半岛和朝鲜半岛的控制权，在中国东北的土地进行的一场帝国主义列强之间

① 据目前可见的资料记载，王荆山（1876～1952），祖籍山东，生于长春大屯，从小家境贫寒，少年辍学，21岁时进入俄国境内做小买卖，后学会俄语。回国后，他结识了苏伯金。苏伯金当时正在筹办亚乔辛火磨，他雇王荆山负责采购建筑材料，又又让其负责招募工厂所需工人。1922年起，历任长春头道沟商务会会长、长春益通商银行董事长兼长春信托会社社长等。九一八事变后，为伪满洲国效力，历任萨尔瓦多驻满洲国名誉领事、新京特别市咨议、日满实业协会常务理事、中央禁烟促进会委员、满洲军援产业株式会社社长、银行协会会长、新京防范协会会长等。1945年被苏军捕获，后获释。1951年在镇反运动中被捕，1952年以"汉奸卖国"罪被处死。

的战争。

1905 年 9 月 5 日，经美国调停，日俄两国在美国新罕布什尔州朴次茅斯海军基地签署了《朴次茅斯和约》，俄国将霸占的中国库页岛南半部及其附近岛屿割让给日本，同时将旅顺、大连及附近领土领海的租借权转交日本。朴次茅斯和约的签订标志着日本和俄国重新瓜分了中国东北，实行了南北分治。同年 12 月，清政府签《中日会议东三省事宜条约》，除接受《朴次茅斯和约》中有关中国的各项规定外，还接受日本取得经营安（安东）奉（奉天）铁路、修筑长春到吉林的铁路以及在鸭绿江右岸伐木等权利，又开放东三省十六处为商埠等权利。这就意味着以长春宽城子站为界的中东铁路南支线的路权归日本所有。从此，中东铁路被一分为二，宽城子以南改称为南满铁路。与南满铁路相关的事件是"满蒙五路换文"。1913 年，袁世凯为派员访问日本，谋求日本政府承认袁政府及取缔孙中山等国民党人在日本的活动，日本乘机提出"满蒙五路"要求，同年 10 月 5 日，日本驻华公使山座圆次郎与袁世凯政府外交总长孙宝琦在北京交换了《满蒙五路借款修筑预约办法大纲》密文①，即满蒙五路换文。所谓满蒙五路，是指四洮（四平至洮南）、开海（开原至海龙）、长洮（长春至洮南）、洮热（洮南至承德）、吉海（海龙至吉林）五条铁路。换文使日本取得前三条铁路的借款权及后两条铁路的借款优先权，实际上日本取得了五条铁路的全部修筑权，这为日本势力从东北南部延伸扩大到东北内陆地区，及日后占领东北全境提供了有利条件。

1906 年 6 月，日本天皇敕令在中国东北设立"南满铁道株式会社"，即满铁，总部设在原来俄国人修建的中东铁路大连事务所内。

日本以《中俄合办东省铁路公司合同》获取"保护铁路必须之地"的条款，胁迫清政府承认了南满铁路沿线原俄方附属地之一切权益转归日本，并将其改名为"南满铁路附属地"，即满铁附属地。1908 年，满铁附属地占地面积为 182.76 平方公里。包括从大连至长春 704.3 公里、奉天至安东 260.2 公里、旅顺线 50.8 公里、营口线 22.4 公里、抚顺线 52.9 公里，以及甘井子、浑河、榆树及其与这两条干线相连接的铁路支线的铁路用地，全长 1129.1 公里。到 1936 年，已扩大为 524.34 平方公里，其中包括铁路沿线许

---

① 袁世凯政府与日本达成的掠夺东北地区铁路权利的满蒙五路换文在当时是秘密的，第一次世界大战结束后由日本对外公布。

多大小不一的城镇、市街及矿区。

受时任陆军大将儿玉源太郎的举荐，后藤新平出任满铁首任总裁。后藤新平是日本著名的殖民地经营家，任满铁总裁职（1908 年 7 月卸任）虽不足两年，但在这一段时间中，制定了满铁的基本发展方向，同时他也参与了东北部分城市如大连的规划建设。1923 年关东大地震发生后，时任东京市长后藤新平出任由日本政府设置的政府救灾机关"帝都复兴院"的首任总裁。就任"帝都复兴院"总裁后，后藤新平制定了一套完整的《帝都复兴计划》，这套极具先见性的东京灾后重建方案，对于东京在日后成为世界超一流现代化都市，具有不可估量的贡献与影响。

满铁成立以后，用各种手段强占鞍山、抚顺、辽阳、本溪等矿产资源，同时酝酿"满铁移民"。随着从日本国内移民到满铁附属地的日本侨民数量的增加，加快了满铁附属地面积的扩大。在铁路沿线的各处附属地，基本上已经有了具备现代意义的城市规划活动，并付诸实施。

满铁附属地是东北主流城市近现代商业金融类建筑最早的舞台之一。在当时大连、长春等地的满铁附属地内商业发达，建设了许多会馆、会社、银行、百货商店、剧院、邮局、医院、学校以及工厂等，市政设施如水电煤气等一应俱全，已具有较高的现代化程度。附属地内的建筑设计大部分是由日本本土的、所谓"在日"建筑师或事务所完成的。

如果说哈尔滨、大连、长春等城市的近现代化建设是"铁路"引发的，那么近代沈阳的城市发展则是"在外国势力、中央政府、地方势力三者之间的相互较量与博弈过程中进行的，其中又以日本殖民势力、地方奉系军阀的作用为最大"①。至 1932 年伪满洲国成立，沈阳已然成为伪满洲国的工业中心，这从 1934 年制定的《奉天都邑计划》中能够很清楚地看出。

（二）伪满洲国时期以"首都"建设为标志的东北城市发展

经历了中东铁路附属地、满铁附属地，以及奉系军阀张作霖政府以沈阳为中心的城镇的建设和经营，各类功能各异、规模不同的城镇有了很快的成长，哈尔滨、大连、沈阳等大中城市城市功能完备，其他中小城镇也大多具备了近现代化城市的雏形。伪满洲国成立以后，东北城市的发展更是以前所未有的势头前行。考量这一时期的东北城市，长春无疑是最具典型意义的。

---

① 陈伯超、刘思铎等：《沈阳近代建筑史》，中国建筑工业出版社，2016，第 7 页。

近代长春的城市建设、发展，大体上可以分为二个历史阶段，其一是伪满洲国成立之前，也就是从 1800 年"借地设治"到"九一八"事变爆发；其二是伪满洲国成立后的 1932～1945 年间。

1. 伪满洲国成立之前长春的城市状态

明末至清中期，长春之地是清政府封赐给蒙古郭尔罗斯前旗札萨克辅国公之御封领地，史称"蒙地"，且是"世袭罔替"的。1761 年（乾隆二十六年）前后，为了让这辽阔的土地能为自己增加财富，解决人口增长缓慢的问题，辅国公恭格喇布坦开始私自招民在蒙地上垦荒收租，到了 1785 年（乾隆五十年），垦种规模增大。不断聚集到封禁区内、伊通河两岸的长春之地的"流民"，开始在柳条边外定居。1791 年（乾隆五十六年）蒙古王公的招民垦种公开化了。1792 年（乾隆五十七年），直隶歉收，导致大批的河北灾民拥入东北境内。至 1799 年（嘉庆四年），来自山东、河北等地"流民"进入伊通河一带的蒙地，已达到 2330 户、7000 人，形成 200 多个自然屯，开垦荒地达 26 万多亩。

1800 年 7 月 8 日（嘉庆五年五月戊戌日）[①]，面对越来越多的"流民"进入蒙地，这个无法回避的事实，清政府承认了现实，打破了先例，同意了时任吉林将军秀林的奏请，采取在蒙地上"借地设治"的办法，设立"长春厅"，置理事通判管理汉人事务。印信为"关防"，长官为"通判"。礼部铸发印章满汉合璧的"吉林长春厅理事通判之关防"。

厅是清政府对地方行政级别的称谓，可分为两类，一类是直隶厅，隶属于省，与府同制；另一类是散厅，隶属于府，与县同制，多设在多民族杂居的地域，或设在距省城较远的偏僻地方。由于当时吉林境内尚未设府，长春厅隶属于吉林将军。[②] 长春建治时设厅而不设县，有两个因素，其一设治的区域，是汉族、回族、蒙古族和满洲八旗杂居的地方；其二"借地设治"是一时权宜之计，非正常的设置，具有临时性和过渡性。所以设厅而不设县，虽然厅与县是同一级别的行政单位，但厅的主官职掌不

---

① 从城市的起源来说，长春市就是这一天创立的。2000 年 1 月 17 日，在《纪念长春建城 200 周年活动总体方案》中确定 1800 年 7 月 8 日为长春设立纪念日。

② 吉林将军原为宁古塔将军，是清代统辖黑龙江、吉林广大地区的最高统帅，顺治十年（1653）设置，初称宁古塔昂邦章京，康熙元年（1662）更名为镇守宁古塔等处将军，简称宁古塔将军。康熙十五年（1676），宁古塔将军奉旨移驻吉林乌拉（今吉林市），乾隆二十二年（1757）正式更名为"镇守吉林乌拉等处将军"，简称吉林将军。宁古塔位于黑龙江省牡丹江市海林市境内，是宁古塔将军最初的治所。

如县的主官完整。

长春厅是吉林将军辖属的第二个民署①，是清政府在东北地区的第 14 个行政机构。长春厅只管理民人事务，"弹压地方，管理词讼，办命盗案件"，地租由蒙旗自行收取，长春厅署协助。境内的蒙古族及事务归郭尔罗斯前旗札萨克管理，满洲八旗事务与长春厅无涉，归吉林将军署管理。长春厅始设于伊通河东岸的"长春堡"的流民定居点，称为新立城。1825 年（道光五年），长春厅治所向北迁到伊通河下游西岸的"宽城子"，从此"宽城子"成了长春最早的名称。迁址"宽城子"，最重要的原因是原治所地自然环境差，交通不便，地处低洼，伊通河水常发生泛滥，殃及土地和屯落。而彼时的宽城子，经过流民开垦，已形成了一个较大的集镇，地理位置优越，交通四通八达。居民主要是农民，村落里有农田、宅地，虽没有形成完整的街坊，但手工作坊、店铺，互相交错。厅治所的迁移，特别是 1865 年（同治四年）挖城壕、修筑木板城垣的建设，使原本已初具规模的宽城子的性质逐渐发生了变化，成为长春厅的政治、经济中心，从而加速了这一地区的发展。

长春厅是清政府在蒙地内设立的首个地方政府机构，也是长春历史上第一个行政机构。它的设立标志着汉族人开垦蒙地合法化，一时间，闯关东拥入蒙地的流民迅速增长，人口达到了 7 万余人。这对于松花江下游和黑龙江流域广大地区由游牧业逐渐向农业、种植业转化起到了重要的推动作用。

1888 年（光绪十四年），清政府决定将长春厅升格为长春府。这一时期，开始采用夯土和砖墙代替早先修建的简易的木板围合的城墙，基本完成"老城区"的区划。至 20 世纪初，城区街路初具规模，建成了长春关帝庙、长春清真寺、长春文庙等一批有代表性的建筑。

清末民初，长春的城市建设发展很快。特别是铁路的开通车，使长春的城市功能特别是交通能力快速增长。这一时期，与沈阳、哈尔滨、吉林等周边地区的货运往来频繁，特别是原木材、大豆的经济作物的运出量居东北首位。此时的长春由清政府以及后来的北洋军阀和日俄两个帝国主义势力共同管理。可以说，已具备了半封建半殖民地城市的许多典型特征，除了老城以

---

① 吉林将军辖属的第一个民署是吉林厅。吉林厅的前身是永吉州，隶属奉天府。乾隆十二年（1747）二月，宁古塔将军奏请改州为厅获准，改永吉州为吉林厅，由宁古塔将军，也就是后来的吉林将军直领。

外，先后开发建设了宽城子中东铁路附属地、满铁长春附属地、吉长铁路用地和商埠地等四片市区，这些奠定了长春后续建设的基础。毫不夸张地说，这时的长春已经具有了成为东北中部地区中心城市的条件。

日俄战争后，长春成了俄国控制的中东铁路、日本控制的南满铁路的分界点，客、货运输均需在长春中转，客观上为长春经济发展与转型创造了条件。从 1907 年起到 1932 年伪满洲国成立前，满铁以建设满铁长春附属地的名义，在长春大兴土木，建设铁路附属地，拉开了长春进入近现代城市的序幕。

满铁作为日本政府在中国东北的代言人，成立后，在长春头道沟地区购买土地建设所谓的"满铁长春附属地"①，其政治意义无外乎是为了扩大日本在中国东北地区的地位，并取代俄国。1916 年，日本又从俄国手中买下了二道沟地区 552 公顷的中东铁路附属地，并将其与原有的附属地合并。1907 年，满铁在头道沟和二道沟之间修建火车站（今长春站址）。新站的建设切断了老城区与宽城子火车站之间的联系，这使得俄国势力被孤立在远离市区的西北角。今天，长春站站前广场附近的三个广场——西广场、东广场和南广场，都是满铁附属地时期规划完成的。此后，日本人多次对长春进行的城市规划，都是以这座车站为重要前提进行的。

在满铁长春附属地，满铁引入当时欧洲流行的城市规划理念，大规模进行了城市建设。整个附属地以长春站前广场为中心，道路网呈放射状。城市市政设施如电力、照明、给排水（自来水、雨污分流排水系统）、电话通讯、管道煤气等完善。第一次有了硬质铺地和沥青罩面的各种街路。附属地内的建筑类型丰富，建筑样式、建筑结构、建筑材料与施工工艺等都已经开始与近代接轨。

2. "新京"长春的城市土木建设情况

在我国近现代史上，长春市是一个特殊的城市。作为日本军国主义侵略我国东北地区，对东北人民进行殖民统治的大本营，其明显的基于政治、社会、经济和文化等方面考虑而完成的城市规划及其开发建设，对这座城市的影响是深远的。

长春市的近代化建设是伴随着城市的殖民地化而实现的。这一时期长春城市化速度居于当时全国首位。这不但与当时的历史背景密不可分，同时也

---

① 满铁长春附属地于 1937 年核销，划归"新京特别市"。

和伪满'新京'规划中体现的一些现代规划思想和技术有关"，可以说，"长春是受日本人理解、掌握的城市规划思想支配的新殖民城市的典型代表"。

长春成为伪满"国都"后，城市的性质和职能发生了重大变化，其城市功能被确定成"满洲国"的政治中心、文化中心、金融中心、交通中心。

1932年3月，满铁经济调查会开始编制新京城市规划。随后成立的伪满国务院直属"国都建设局"承担了新京"制订到实施规划的全部任务"。

1932年8月，日本关东军、奉天特务机关、伪满国务院三方举行联席会议，对满铁调查会和国都建设局的两个方案进行比较，决定由国都建设局深化设计，同年11月，国都建设局再次制订了城市建设规划范围，确定新京的建设规划控制区域为200平方公里，除近郊农村的100平方公里以外，以100平方公里为建设区域，其中原有建成区域为21平方公里，第一期5年建设区域为20万平方公里，规划人口为50万。该规划报请关东军司令部，由关东军参谋长小矶国昭和副参谋长冈村宁次最后定案，完成《国都新京建设计划》编制。

《国都新京建设计划》方案是利用已有的满铁附属地市区规划和建设基础，重新进行的城市总体规划（见图7-10）。设计借鉴了19世纪巴黎改造规划、英国学者霍华德的"田园城市"理论，以及20世纪20年代美国的城市规划设计理论和中国传统城市规划理论。城市风格接近澳大利亚首都堪培拉。

在《国都新京建设计划》中，依照日本对殖民地长期统治的方针，把长春定位为"对内昭明民心，对外震扬国威"的中心。因此，在划分城市功能区域时，重点突出了以伪满"帝宫"和日本关东军司令部为首的军事政治设施的地位。

《国都新京建设计划》实行"地域制度"的土地利用规划，在100平方公里的建设区域，对土地用途进行功能划分，用地总体上分为伪满政府机关及其公共用地和民用地两大类，分别占47平方公里和53平方公里。其中，伪满政府机关及公共用地包括政府机关的建筑用地、公园、运动场、公共设施用地和军事用地。民用地包括居住、商业、工业、特种用地（蔬菜、畜牧）及杂种地（备用地）等。这样城市就形成了六大功能区域。规划分区明确，既互不干扰，又联系便捷。规划充分利用业已形成的商业基础，把商业、金融区布置在邻近已建成区的部位，即大同大街北侧沿线地势较高处。规划充分考虑城市的常年主导风向，将小型重工业区布置在城市下风侧的伊

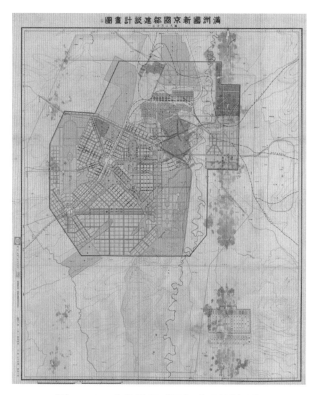

图 7 – 10 伪满洲国 "国都建设计划图"

通河东岸二道河子一带；由于满铁长春站和吉长铁路线都处在这一区域，所以铁路专用地及轻工业用地也被布置在这一区域交通便利的东北角。在城市的六大功能区域中，政治中心占据新建市区的核心地区。这样的规划设计，反映了长春城市规划的政治性格，也从根本上决定了长春市的城市格局。

《国都新京建设计划》采用双主轴线的城市规划布局方式，政治、商业（含金融）等重要的功能区被规划在城市中轴线沿线。以大同大街（今人民大街）为南北向城市主轴，从北端的满铁长春站开始，在轴线重要节点处设置日本关东军司令部为首的军事政治设施，以及商业建筑。至城市核心大同广场（今人民广场），布置新京特别市政公署、首都警察厅，以及伪满电信电话株式会社和伪满中央银行等机构。规划将伪满"帝宫"和伪满国务院为首的政府主要机构安排在当时的城市南郊，形成城市第二主轴，这一区域以顺天广场（今文化广场）——顺天大街（今新民大街）——安民广场（今新民广场）首尾，形成完整的城市空间序列。根据规划，顺天大街南起安民广场，北端为伪满帝宫和顺天广场，与兴仁大路（现解放大路）直角交叉，将用地为南北两个区域，北区为伪满"皇宫造营用地"区，南区为"政府"行政办公区，布置伪满国务院及下辖的伪满军事部、伪满司法部、伪满经济部、伪满交通部和伪满祭祀府，及伪满伪满综合法衙（包括伪满立法院，伪满最高法院和伪满最高检察厅）等。伪满"帝宫"的规划及政府机构的布局，参照中国宫城规划的方法，试图体现"龙位长青、顺天安民"的王道政治。

在城市分区布局中非常注重起骨骼作用的干线道路网设置，及其对分区布局的制约。道路系统采用放射状、环状、矩形组合模式。通过大型广场与干线道路将各功能区域相联系。城市形态呈现出明显的向心性，大型广场如大同广场、顺天广场成为城市中心，其他广场如安民广场也起着城市次中心的作用。

随着城市的快速建设和发展，"新京"的人口也急速增长，到了1940年，就突破了规划要求的50万人，为解决人口增加带来的诸多问题，伪满当局于1941年对《国都新京建设计划》进行了扩容修改。即第二期（5年）建设规划。改编后的规划要点是，鉴于城市人口的显著增加，城市人口规模由原来规划的50万人改为100万人。相应的城市建设用地规模由100平方公里扩展至160平方公里。市中心移往西南，规划南新京驿为客运主站，充当新京的门户。整个规划重点加强住宅地建设、道路建设、上下水道、提供管道煤气及其他城市设施的建设。修改后的规划将第一期建设区域与原有的宽城子沙俄铁路附属地、满铁长春附属地、商埠地及老城区连为一个整体。

1941年，随着太平洋战争的爆发，伪满洲国财力日趋紧张，导致"新京"的城市建设受到很大影响，城市基础设施、各类建筑物的建设步伐也明显变慢。至1945年伪满洲国覆灭，《国都新京建设计划》宣告终结。

不但是基于近现代城市规划理念的《国都新京建设计划》奠定了长春作为现代化城市的基础。在伪满洲国时期，大凡县镇以上的城市都完成了"城市总体规划"，而且许多已建设成形了。

3. 有关"新京"城市规划的评析

（1）《国都新京建设计划》的实施对城市发展的意义。

经历中东铁路时期的扩大、南满铁路时期的发展，到"九一八"后成为伪满洲国的首都"新京"，长春的城市发展演进，除有铁路贸易的带动外，更多的得益于其作为"满洲国""国都"的规划建设。经过伪满时期十几年的建设，长春已成为中国东北地区当时先进的现代化城市。

一定程度上讲，"新京"规划是日本近代城市规划理论的一次全面"试验"，获得的实际经验及形成的理念，是"日本现代城市规划理论的源泉之一"。由日本城市规划专家设计的《国都新京建设计划》其实施方案的规划思想直接受到在欧美出现和发展的城市规划新思潮、新理论的影响。

从城市的形态上来看，《国都新京建设计划》的实施奠定了长春市的基本构架。"新京"的规划具有较明确的"国都"的纪念性。它既借鉴了欧洲古典主义和巴洛克风格的构图形式，又引入了中国传统都城建造形制和手法。从而确定了长春作为近现代化城市的基本格局和形态。

从城市的类型来看，具有殖民地特征的"新京"城市规划改变了长春的性质，成为以"消费型城市"为主的，且初具"生产型城市"的"政治中心"城市。这是长春城市转型的重要历史节点。

从城市发展史的角度来看，今天，在城市中保留有具有殖民地色彩的历史街区、建筑群体或者单体建筑的情况在国内并不少见，但像长春这样历时长达几十年的，从不同侵略者的殖民附属地设置开始，到经历了城市的完整规划建设的全过程，实属罕见。

（2）《国都新京建设计划》的实施对城市建设的影响。

从 1932 年到 1945 年间，"新京"从十几万人口的小城镇，发展成为接近百万人口的现代化都市。虽然"新京"规划并没有完全实施，但这个规划确立并形成的城市结构和空间布局，已然影响着今天长春的城市发展建设。仅从"规划"本身来说，有以下几方面的影响。

首先，道路系统对城市特别是交通的影响。"新京"规划，通过城市主要干道和道路的核心节点——广场来进行城市功能分区。这种分区结构决定了长春市今天的城市空间结构。长春市处于东北平原腹地、南北交通要道，除东部有小面积的低山丘陵，绝大部分为台地，地势平坦，空间广阔。在"新京"的城市规划中，设计人员较好地把握了长春的这种地理特征，如利用地势的起伏，主干道均在台地高处设置环岛式圆形广场，广场既组织交通，又在周边布置公共建筑。

"新京"规划由于受当时政治要求、经济发展水平以及当时世界规划潮流的影响，城市路网建设过于强调几何形构图，城市道路的框架由方格网及斜向路网组成，整个城市道路结构呈发射状。主要的城市主干道包括南北走向的大同大街，还有东西走向的兴仁大路（今解放大路）、至圣大路（今自由大路），以及西北至东南斜向的兴安大路（今西安大路）和西部的铁路线等，这些道路和大同广场等是决定城市空间结构的主要构成因素，至今仍对长春市的城市发展产生着深刻的影响。受这种结构的影响，城市愈来愈有"摊大饼"外扩的后遗症。

"新京"规划设计参考了华盛顿和堪培拉，具有明显的巴洛克式特征。巴洛克式特点之一是道路在"各个方向上的可达性"，然而受原有铁路、伊通河及已建成的几块城区的影响或干扰，"新京"规划没能做到这一点。新中国成立后特别是进入新世纪以来，随着长春市的快速发展，这种规划形式导致城市中心区以人民广场为单一交通核心的放射性路网，既缺少南北向干道，又没有间距合理的东西向贯穿干道，从而无法适应当前日益增加的交通需求。面对繁重的交通压力，自然产生严重的通行不畅、交通阻塞等一系列问题。

另外，由于规划没有将西侧铁路适当外迁，导致当时铁路两侧的发展不平衡。今天这些西部铁路线的留存，还限制或影响着长春市西部的发展。从这一点上来看，保留这些铁路线是"新京"规划的短视。

其次，居住用地等级划分对城市的影响。划分严格的居住用地等级制度，使城市各区域发展失衡，质量不均。当时为殖民服务的区域，均设在地势较高、日照、通风的新开辟的街区，各项设施比较齐全，环境景观也比较整齐。而中国劳动人民居住的旧城区，则基本上没有现代化的基础设施，道路网很不规则，路面狭窄，简易铺装，土井供水，明沟排水。特别是殖民主义者将扩建新区中的居民赶到二道河子、八里堡、宋家洼子和东安屯等处，那里更是贫民窟式的街区。新规划建设的街区在伪满末期只占整个建成区的一半左右。今天，随着长春现代化城市的快速发展，"新京"规划建成"新街区"的基础设施，早已不适应发展的需要，由于年代久远，老化程度也比较严重。

再次，绿化景观系统对城市的影响。在"新京"规划中，公园绿地面积所占比例较大，人均绿地面积达到 31 平方米。[①] 一方面，规划充分利用地形、水系，如街区内的小河沟如伊通河的部分支流和低洼地被充分利用，通过整理形成公园、绿化带，并且之间相互贯通成为整体。另一方面，绿化系统与城市排水系统一同起着城市排水的作用。在绿化系统中考虑城市排水、

---

① 此为 20 世纪 40 年代前的指标。

排涝，采用"雨污分流"使雨水、污水分别排放，并利用雨水解决市内人工湖及临水公园，如黄龙公园（现为南湖公园）、顺天公园（现为朝阳公园）、大同公园（现为儿童公园）等几个大湖面的蓄水问题。同时，人工湖与绿地相结合，形成点线面一体的城市景观公园系统。为加强城市景观效果，在城市各主要交通节点设设置的环岛式圆形广场，兼备街头公园的功能。利用介于道路与建筑之间的快慢车道的分隔带种植树木（常为四排树）。

绿化系统不仅具有城市美化的单一功用，还是涵养城市水源地的重要技术措施。著名的"净月潭"就是由此而成为今天的国家森林公园，"亚洲第一大人工森林"的。

最后，备战防灾等因素对"新京"规划的影响。"新京"规划对新区建设的密度、建筑的限高、公园和开阔地的分布都有严格而具体的要求，并制定法规进行保障。比如，建筑有严格的后退红线的要求；除特殊情况外，建筑有限高20米的要求；大中小公园面积的总和要占到城市面积的7%以上等。这里固然有景观方面的考虑，但同时也是考虑对苏联备战的防空要求和地震等防灾要求。

（三）伴随中东铁路建设进入东北的西方近现代建筑思潮

西方建筑文化是被动引入到中国的。早在鸦片战争之前，起源于意大利的巴洛克建筑样式就已出现在中国，设计者都是西方的传教士等，如北京的圆明园"西洋楼"① 建筑群等。1840年以后，特别是1901年《辛丑条约》签订后，伴随着西方各国势力在华空前活跃，西方建筑文化开始涌入并渐成潮流。到20世纪30年代，大量不同功能、类型和风格的西方建筑出现在了中国的土地上。在各口岸及沿海城市，绝大多数建筑都是外国人设计的，建筑风格样式则逐渐以折中主义为主。②

伴随中东铁路建设进入到东北的以近现代建筑文化为核心的西方建筑文化代表着工业文明的成果，它的介入与中国农业文明下产生并延续千年的传统建筑文化势必发生对撞。一方面，西方建筑文化进入东北地区后，不论是

---

① "西洋楼"建筑群位于颐和园内长春园，由谐奇趣、黄花阵、养雀笼、方外观、海晏堂、远瀛观、大水法、观水法、线法山、线法画等十余座西式建筑及庭院组成。乾隆十二年（1747）开始筹划，乾隆四十八年（1783）最终完成。咸丰十年（1860）被英法联军破坏，今仅存残迹。
② 戴有山：《文化战争》，知识产权出版社，2014，第142页。

其设计理念、艺术审美，还是其应用的建筑技术、新型材料等，都对东北地区的建筑文化发展产生了直接而深远的影响。另一方面，中原地区移民带来的传统建筑文化得以传播，在广大乡镇地区大多数房屋仍为传统形式，结构技术和施工都采用手工业方式来完成，即使在城市包括商埠地，许多新式建筑都试图反映中国传统建筑文化内涵及形式特征。

在工业文明的推动下，在东北地区各主要城市建造的建筑物、构筑物按照结构体系及使用功能的不同，大体可以分为民用建筑、工业建筑两大类。民用建筑主要包括公共与居住建筑，并以商业、教育、娱乐及住宅等为主。工业建筑主要包括各种工矿企业的车间、仓库和站场等，以及各类工业设施、桥涵、坝堤等，也包含具有工业技术特点的农业类建筑物。工业车间和仓库等的结构体系以木构架、砖木混合结构、钢及钢筋混凝土结构为主。在一些轻工业领域开始出现了多层厂房。

1. 主要建筑流派与风格

通观这一时期东北地区受到西方近现代建筑思潮影响的近现代建筑特别是民用建筑，从建筑文化的风格表现来看，伴随着"中东铁路"进入东北地区的，主要有新艺术风格、新古典主义风格、装饰艺术运动风格、折中主义及早期现代主义等。

（1）新艺术风格。

新艺术运动是19世纪末和20世纪初流行于欧洲的一种艺术运动，涉及的领域包括建筑、美术及实用艺术方面。受到新艺术运动影响的大多是工业化较早的国家。新艺术风格在不同国家表现出不同的特点和风格，新艺术风格建筑在外观上的特色是简洁，常用简单而流畅的几何曲线或弧形墙面。在欧洲，新艺术运动更多的是一种"装饰"运动。新艺术风格的建筑代表作品并不是很多，现有实例的体量也较小。很多研究世界建筑史的学者认为，"新艺术运动只不过是一种运动，并不是一种稳定、成熟的建筑风格"。

新艺术运动在欧美流行的时间仅十多年，而在东北地区的哈尔滨却持续了近30年。

哈尔滨的新艺术风格有着明确的西方源头和俄国文化移植轨迹。① 它是中东铁路的俄国设计师带入的，彼时也正是新艺术风格在欧洲流行之时。最早具有新艺术风格的建筑物是建于1898年的香坊公园餐厅（已毁）。该建筑

---

① 刘大平、王岩:《哈尔滨新艺术建筑》，哈尔滨工业大学出版社，2016，第1页。

二层，局部带塔楼，砖木混合结构，是俄国人在哈尔滨建造的第一座建筑物，也是哈尔滨第一家餐厅，该建筑还曾经是哈尔滨最早的气象站站舍。[1]

哈尔滨新艺术风格建筑特色鲜明、类型广泛、持续时间长，是哈尔滨具特色和具代表性的建筑类型。这些建筑主要集中在道里区中央大街、红博广场和大直街附近。这些地方分别是当年繁华的商业区，行政中心和中东铁路职工办公和生活的核心区。哈尔滨新艺术运动风格的大型公共建筑多为砖混结构，小型的居住建筑多为砖木结构，均为中东铁路高级官员和职工的住宅。

中东铁路管理局大楼是现存规模最大的新艺术风格建筑群，也是近代东北地区最早的、规模最大的办公建筑群。中东铁路管理局大楼旧址位于哈尔滨市南岗区西大直街51号，俗称"大石头房子"。该建筑群初建于1902年4月，1904年2月竣工，后被义和团焚烧，1906年重建。1945年抗战胜利后，中苏共管的"中国长春铁路局"就设在这里，哈尔滨解放后成立的"东北铁路局"也设在这里，现为哈尔滨铁路局办公大楼。

中东铁路管理局大楼建筑设计方案是在圣彼得堡通过设计竞赛优选产生的，设计师为奥勃洛米耶夫斯基。整个建筑群由主楼、东配楼、西配楼、东楼、西楼和后楼等六部分组成，内部功能分区明确，各楼之间的交通主要靠过廊联系。总建筑面积2.33万平方米，最初为砖木混合结构，重建时改为钢混结构。主楼、东配楼、西配楼、东楼、西楼平面均为长方形，后楼为T字形。中轴线沿主楼主入口一直延伸至后楼。建筑群围合出两座左右对称的庭院。建筑群前设计有宽阔的广场。主楼建筑地上部分为三层，地下一层；左右配楼为二层，主配楼之间过廊的下部为拱券门洞，上为封闭连廊。主配楼形成的正立面呈对称式布局，总长度达187米。东西楼为二层，后楼为三层。从外观上来看，中东铁路管理局建筑群的建筑墙身部分、屋檐部分的造型及装修都非常丰富、生动。

原秋林洋行道里分行是哈尔滨典型的新艺术风格商业建筑。秋林洋行道里分行旧址（现为秋林国际商城）位于哈尔滨道里区中央大街107号，中央大街与西六道街交汇处东南。秋林洋行道里分行原为法籍犹太人商会萨姆索诺维奇兄弟商会，建于1910年左右，1915年被俄国人伊万·雅克列维奇·秋林收购。秋林洋行道里分行建筑主体为三层，砖木混合结构，面积约3510

---

[1]　刘大平、王岩：《哈尔滨新艺术建筑》，哈尔滨工业大学出版社，2016，第55、211页。

平方米。最初为清水墙面，细部装饰较简单，后经改造形成现有面貌（见图
7 - 11）。

图 7 - 11　哈尔滨秋林洋行道里分行旧址

　　除此之外，哈尔滨还有很多新艺术风格的建筑，如原中东铁路公司旅
馆、马迭尔旅馆、莫斯科商场等。

　　东北其他城市的新艺术风格建筑虽然没有哈尔滨集中，但也有一些值得
肯定的作品，如长春市的大和旅馆①就是其中一例。长春大和旅馆是吉林省
境内新艺术风格建筑的典型代表。旧址位于长春站前广场人民大街的北端东
侧，现为吉林省春谊宾馆迎宾楼。设计师是满铁建筑师日本人市田菊治郎和
平泽仪平，1907 年动工建设，1909 年竣工。建筑坐北朝南，平面布局似巾
字形，主体二层，局部一层或三层，主入口开在北侧，正立面采用"纵五"
式对称构图，构图中心为高三层的主入口部分，东西两侧端部凸出，分三等
分，中间由高出女儿墙的竖向造型凸显层次，底层长方形窗较之同层其他窗
要高大许多，具有典型的新艺术风格。它们通过连接体与主入口部分联系，
连接体的上层后退形成室外露台。整个正立面造型既丰富又统一，具有非常
高的艺术价值。可以说，大和旅馆是当时最先进的旅馆。在建筑内部，基础
设施完备，包括电力、给排水、供热等，1925 年增加煤气设备，且大部分客

---

① "大和旅馆"是 1907 ~ 1945 年间设在当时南满铁路沿线城市，由满铁运输部旅馆课管辖的
　　高档连锁宾馆，为军政要员活动场所。当时在哈尔滨、大连、旅顺、长春、沈阳等地均开
　　设有大和旅馆。

房设有卫生间。

哈尔滨最后一座纯正的新艺术风格建筑是米原尼阿久尔茶食店。[①] 米尼阿久尔茶食店旧址位于哈尔滨道里区中央大街 58 号，建筑二层，砖木混合结构。米原尼阿久尔茶食店最早由犹太人 Э. A. 卡茨开办，当时主要经营莫斯科风味的果子、咖啡等食品和西餐。1965 年改用于哈尔滨摄影社。2013年改造后成为一家时装店。

米尼阿久尔茶食店于 1926 年开建，1927 年建成。该建筑的落成标志着新艺术风格在世界范围内的终结。

（2）新古典主义风格。

新古典主义风格，又称古典复兴式，是 18 世纪 60 年代到 19 世纪在欧美一些国家流行的建筑设计形式。主要以希腊、罗马古典建筑为设计"模板"。

由俄国人设计建造的香坊火车站就是哈尔滨古典主义风格建筑的典型代表（见图 7 - 12）。香坊火车站旧址位于哈尔滨市香坊区香站街 4 号。最早的"哈尔滨站"始建于光绪二十四年（1898）十月，光绪三十年（1904）中东铁路开通后，为与新建成的火车站相区分，将其更名为"老哈尔滨站"，1924 年，改为"香坊站"，沿用至今。1925 年 10 月，重新修建具有古典主义风格的香坊站舍。关于设计师，目前仅知道是俄国人，但具体身份待考。

图 7 - 12　哈尔滨香坊火车站旧址

香坊站建筑主体为一层，砖混结构。正立面采用典型的"横三纵五"式西方古典构图形式。构图的水平方向共划分为三部分，由基座（含台阶）、屋身、屋顶（包括檐部）构成。基座采用石块砌筑，无细部修饰。屋身墙体

---

① 刘大平、王岩：《哈尔滨新艺术建筑》，哈尔滨工业大学出版社，2016，第 56 页。

采用砖块砌筑，黄色涂料罩面。窗洞为双扇并列式，欧式圆弧额窗。窗间墙设壁柱。壁柱正面居中设一竖直中缝，壁柱柱头及壁柱中间部位水平线脚或带状装饰。屋顶设有一大二小三个两折式"孟莎顶"屋顶，它们之间通过坡屋顶联系成为一个整体。檐部装饰有三条白色水平线脚，上面一条的局部有半圆形的过渡线脚。屋面采用墨绿色涂料罩面。构图的垂直方向共划分为五部分。中央入口部分与两端凸出部分等三部分由墙身部分连接。以中轴线为中心左右对称布局。

香坊站虽然属于新古典主义风格的建筑，但从整体造型来看还有一定的折中主义的影子。20世纪初叶，哈尔滨古典主义风格的建筑尚存不少，如汇丰银行哈尔滨分行等。

伪满洲国成立后，新古典主义风格仍有延续，最具代表性的是长春伪满中央银行总行、哈尔滨伪满中央银行哈尔滨分行等。

伪满中央银行总行旧址位于长春市人民广场西北，占地面积3万平方米，地上四层，地下三层，总建筑面积26075平方米，现为长春市中国人民银行大楼（见图7-13）。该建筑是伪满洲国时期长春唯一的钢、混凝土结构的建筑，所用的钢筋达5000吨，占伪满洲国建筑工程使用量的一半。它的主体是以钢结构为框架，然后再浇注混凝土，钢结构与混凝土共同受力，这要比普通钢筋混凝土结构更加坚固。建筑主立面10根直径2米的多立克柱式粗大而挺拔，建筑细部已大大简化，较少的开窗同石材贴面都使这栋建筑显得更加坚固、稳重。入口处侧大门采用水平推拉式，以增加其防冲撞性

图 7 - 13　长春伪满中央银行总行旧址

能。室内设有通厅，高大而宽敞，28 根大理石贴面的塔司干巨柱式凌空支承屋顶，大厅中部有一个巨大的拱形钢结构玻璃天窗。总之，伪满中央银行总行具有日本国内银行盛行的古典主义典型特征，是长春当时唯一的此类风格建筑物。

在东北地区特别是哈尔滨当时流行的巴洛克风格也应属于古典复兴样式的范畴。典型的实例有，松浦洋行、吉黑邮务管理局等。其中松浦洋行的设计从一个侧面反映了日俄二国之间的"合作"（见图 7-14）。松浦洋行建于 1918 年，由日本商人水上均比左开办，建筑高五层，砖木结构，设计者是俄国建筑师 A. A. 米雅可夫斯基设计。日俄战争后，这种情况在东北地区也是常见的。

图 7-14　哈尔滨松浦洋行旧址

（3）折中主义风格。

折中主义是 19 世纪上半叶至 20 世纪初流行于欧美国家的一种建筑风格，其中法国、美国最为典型。其特点是对历史上各种建筑风格、样式，如希腊、罗马、拜占庭、中世纪、文艺复兴和东方情调的建筑等进行模仿或组合集仿，但不讲究任何固定的形式，只追求比例的均衡和整体的形式美。这种建筑风格似是一种创新，但从建筑发展史的角度来说，折中主义思潮是保守的。折中主义实际上属于新古典主义或称古典复兴式的范畴。

在中国，20 世纪初至"九一八"事变前，折中主义思潮也是建筑样式发展的主流趋势。在这一时期涌现出的大量折中主义建筑作品，无论从其使用功能、构筑材料、内在结构和外在形式，已经明显地不同于传统建筑形式了，成为向近现代转折的一个标志。

哈尔滨是东北地区折中主义建筑的博览地，今天大部分受到保护的历史建筑都属于折中主义建筑，甚至在新艺术风格建筑中也很容易看到折中主义的影子。哈尔滨中东铁路俱乐部就是较早且重要的实例（见图 7 - 15）。中东铁路俱乐部旧址位于南岗区西大直街 84 号，现为铁路文化宫，始建于 1903 年，1911 年 12 月 2 日建成，设计师为康·赫·德尼索夫，砖混结构，地上二层，地下一层，建筑面积约 3020 平方米，仿莫斯科大剧院风格。1919 年、1923 年两次扩建，相应地建筑面积也有所增加。除中东铁路俱乐部外，中东铁路职员竞技会馆、外阿穆尔军区司令部、秋林商行道里分行、中东铁路警察管理局、中东铁路督办公署、契斯恰科夫茶庄等都是这一时期哈尔滨比较重要的折中主义建筑。

图 7 - 15 哈尔滨中东铁路俱乐部旧址

同一时期大连的横滨正金银行大连支店（现为中国银行辽宁省分行）（见图 7 - 16）、大和旅馆（现为大连宾馆）、大连民政署等，也都是著名的折中主义建筑的典型实例。

伪满洲国成立后，折中主义仍然是东北地区近代建筑的主要形式，特别

图 7 - 16　横滨正金银行大连支店旧址

是大量的商业金融与旅馆类建筑大多喜好这种样式。

（1）早期现代主义风格。

现代主义建筑思潮产生于 19 世纪后期。第一次世界大战之后，现代主义建筑已日趋成熟。现代主义建筑作为一种世界范围内的流派且形成完整的思想和建筑体系是从包豪斯学派开始的。

现代主义风格是工业化的产物，实用功能和经济问题是首要考虑的设计因素。强调在建筑设计中发挥新材料、新结构的特性。有人称现代主义为"功能主义"或"理性主义"，不过更多的人则称为"现代主义"。

20 世纪初期，当时的东北各主要城市出现了一些具有现代主义早期风格特征的建筑物。大连火车站就是这类建筑的杰出代表（见图 7 - 17）。

图 7 - 17　"大连驿"旧址

在大连，最早的正式火车站是 1902 年由俄国人在靠近其附属地和码头的地方修建的火车站，该车站于 1907 年正式开通，1937 年 6 月 15 日废弃。这座火车站的旧址位于西岗区胜利街 46 号，目前站舍已修缮。

1935 年，日本人开始修建新的火车站"大连驿"，1937 年 6 月 1 日竣工。这就是现在的大连火车站。大连火车站站舍由满铁建造，设计师是日本人太田宗太郎和小林良治，建筑面积约 1.4 万平方米，钢筋混凝土框架结构，地上四层，地下一层，整个车站功能流线合理，分区明确；充分利用地形，采取立体交通的方式组织人流，通过弧形大坡道将站舍与较低的广场空间联系。建筑造型简洁大方，通过高大的开窗解决室内采光、通风。大连火车站是当时亚洲最大、最先进的火车站，是当时规模最为宏大，设计理念、方法、技术最为先进的大型公共交通建筑。它的建成使用是现代主义风格在东北地区最具建筑史意义的最大事件。2002 年，国家铁道部、大连市政府和沈阳铁路局共同出资 1.4 亿元人民币，对大连火车站进行改造和扩建，并于 2003 年 8 月 1 日正式启用。改建后的大连站的新站舍由南站房、高架候车室和北站房三部分组成。

除了大连火车站这类不多见的大型建筑物，更多的现代主义风格建筑是普通的公共建筑，如哈尔滨的中央电报局新楼、前田钟表珠宝店等。

伪满洲国成立后，现代主义风格的建筑仍然时有出现，如大连的关东州厅舍（见图 7-18）、长春的伪满大陆科学院本馆（见图 7-19）等。

关东州厅舍旧址位于大连市中山区人民广场 1 号，现为大连市人民政府办公楼。该建筑 1936 年春开工建设，1937 年 5 月竣工。建筑面积 1.22 万平

图 7-18 大连关东州厅舍旧址

图 7-19 修复后的伪满大陆科学院旧址

方米,主体为钢筋混凝土结构。地上三层,西侧设地下室一层,东侧设两层地下室,第一层地下室都是半地下的。日字形平面,沿中轴线将建筑分成了左右两个内庭院。

伪满大陆科学院本馆(即办公大楼)旧址位于长春市人民大街 5625 号,中国科学院长春应用化学研究所院内。伪满大陆科学院设立于 1935 年 3 月 22 日,是为了配合日本的政治统治、经济侵略和资源掠夺而成立的一个综合性科学研究机构,是伪满洲国最高的研究机构。客观上说,它的科研工作对当时东北地区的科技发展起到了许多作用。① 从 1936 年至 1941 年,伪满大陆科学院先后修建了十八栋房舍,"本馆"是整个院落的主体建筑。

(5)装饰艺术运动风格。

装饰艺术运动是 20 世纪初期在欧美国家流行的一种设计风格,以法国、英国、美国等为中心。其强调现代、工业化的设计手法,对装饰设计方面的影响最大,对建筑设计也有影响。

在东北,装饰艺术运动风格的建筑典型实例有,俄国人设计的新哈尔滨旅馆(见图 7-20)、日本人设计的哈尔滨会馆(见图 7-21)等。它们都位于哈尔滨市。

2. 对"中东铁路建筑文化"的解读

一直以来,社会各界对"中东铁路建筑"描述方式很多,如中东铁路附属建筑、中东铁路沿线建筑、中东铁路历史建筑、中东铁路近代建筑等。我

---

① 晓宇、夷声:《大陆科学院》,《科学学研究》1991 年第 4 期。

图 7 - 20　新哈尔滨旅馆旧址

图 7 - 21　哈尔滨会馆旧址

们认同中东铁路建筑是指在中东铁路建设和运营过程中设计、建造的，坐落于中东铁路附属地范围内的铁路交通建筑设施和配套生活、公共服务建筑设施的说法。[①] 从种类上看，既有工业建筑、民用建筑和军事建筑，也有各种铁路及城市市政设施等。按功能来分，主要有铁路交通站舍与附属建筑、铁路工矿建筑及工程设施、护路军事及警署建筑、铁路社区居住建筑、市街公共建筑与综合服务设施等。

　　"中东铁路建筑"作为近代东北全域文化现象，所具备的建筑文化遗产的各种价值属性，是值得关注、需要研究的，有研究认为"中东铁路建筑"文化

遗产是典型的文化线路。① 近年来，以"文化线路"立论研究中东铁路及其附属地（包括沿线）建筑文化的有刘大平《文化线路视野下中东铁路近代建筑文化特质与保护研究》（2013 年国家自然科学基金），李国友《文化线路视野下的中东铁路建筑文化解读》（哈尔滨工业大学工学博士学位论文，2013）及"文化线路视野下的中东铁路建筑文化传播解读"（《建筑学报》2014 年第 S1 期）。

为使读者了解"中东铁路建筑文化"，我们从李国友《文化线路视野下的中东铁路建筑文化解读》文中，摘录几段话：

> 中东铁路是中国境内现存的一条重要的文化线路。在其历史过程中，铁路附属地内修建了数以千计的交通、工业、军事、公共、居住建筑和各种铁路工程及城市市政设施。各种体现不同民族建筑文化的建筑样式和当时世界上最流行的时尚风格流派通过各种途径传入铁路附属地，上演了一场精彩纷呈的中东铁路建筑文化大戏。曾经被划归"封禁之地"的黑、吉、辽及内蒙古东部地区出现了一条跨文化传播的文化线路。②

> 中东铁路建筑文化就是指凝结成中东铁路建筑及城镇聚落、呈现于中东铁路沿线建筑环境场所、隐含于建筑生成演变历史过程的各种与建筑相关的文化现象、文化过程、文化规律、文化内涵。中东铁路的建筑文化既是显性的，又是隐性的。人们可以从一栋富有浓郁俄罗斯民族风格的中东铁路建筑上看到这种文化，也可以从漫长的百年历史和丰富多变的文化传播过程中感受和理解这种文化。中东铁路建筑文化是一种文化现象，又是一种文化类型。说它是一种文化类型，是因为它代表了近代社会转型过程中特有的工业文明和移民文化交织的文化成果和独特风

---

① "文化线路"是近年来世界遗产领域中出现的一种新型的遗产类型。根据国际古迹遗址理事会 16 届大会通过的《关于文化线路的国际古迹遗址理事会宪章》（简称《文化线路宪章》）阐述，文化线路是指"任何交通线路，无论是陆路、水路、还是其他类型，拥有清晰的物理界限和自身所具有的特定活力和历史功能为特征，以服务于一个特定的明确界定的目的，且必须满足以下条件：首先，必须产生于并反映人类的相互往来和跨越较长历史时期的民族、国家、地区或大陆间的多维、持续、互惠的商品、思想、知识和价值观的相互交流；其次，必须在时间上促进受影响文化间的交流，使它们在物质和非物质遗产上都反映出来；最后，必须要集中在一个与其存在于历史联系和文化遗产相关联的动态系统中"。如丝绸之路、京杭大运河、蜀道等都属于这类遗产。

② 李国友：《文化线路视野下的中东铁路建筑文化解读》，哈尔滨工业大学博士学位论文，2013，第 3 页。

韵。同时，作为一种特殊而又具体的建筑文化，它具足了一般文化类型所共有的文化特征、文化结构、文化生态、文化伦理等多方面要素。而这些独特的文化要素和文化特质都最终体现在多元风格的建筑上。[①]

中东铁路建筑文化是伴随着中东铁路的出现而形成和发展起来的。19世纪末在中国东北出现的中东铁路，不但是世界范围内大规模工业革命的产物，更是作为肇始国的俄国和中国清政府乃至更多国家间利益制衡的产物。[②]

三 日本近代建筑文化的植入

从抗日战争开始到新中国建立以前，"关内"的建筑活动几乎处于停滞状态。而在伪满洲国控制范围内的东北地区，却有大量的城乡开发建设工程。这一时期是"日俄战争"后日本殖民者设立附属地以来，日本近代建筑文化全方位植入我国东北地区的历史时期。客观地说，日本近代建筑文化的植入，使得近代东北的建筑走向与欧美建筑流派及其发展脉络基本一致，一定程度上走在了中国近现代建筑发展的前列。

（一） 日本近代建筑文化的产生及其表现

近代日本是亚洲唯一没有受到西方列强野蛮侵略的国家。1868 年明治维新，日本在保留传统文化精神的同时，引进欧美国家先进的工业文明成果，一跃成为东方"列强"。

19 世纪中叶开始，随着外来文化的影响，特别是明治维新以后，日本建筑发展的走向同传统的学习原型——中国传统建筑体系渐行渐远，继而转向西方。历史地看，在日本的幕府时期就开始接受西方的工业技术。日本近代建筑的出现始于 1865 年。当时的幕府政府聘请荷兰人建造西方式的造船厂，于是出现了工厂建筑。这些建筑的大跨度三角形桁架取代传统举架式结构形式，标志着日本建筑已受到西方建筑文化的影响。在这之后，各种西方建筑

---

① 李国友：《文化线路视野下的中东铁路建筑文化解读》，哈尔滨工业大学博士学位论文，2013，第 17 页。

② 李国友：《文化线路视野下的中东铁路建筑文化解读》，哈尔滨工业大学博士学位论文，2013，第 37 页。

样式，如古典建筑、文艺复兴建筑、巴洛克式建筑、罗曼式建筑等相继出现。1900 年以后，引进了德国早期的现代建筑，但这些建筑规模和影响都很小。①

日本最早出现的西方建筑虽然是西方建筑师或工程师设计的，但都是日本工匠建造的。因此，有些建筑不免掺入了本土氛围，这一点同中国 19 世纪的建筑没什么区别。② 在接受西方建筑、聘请建筑师或工程师的同时当时的日本注意培养专门人才，1875 年，工部省开办的造家学科（后改为建筑工学科）为日本培养了第一代本土建筑师，如辰野金吾、片山东熊等人。

明治维新后，日本的工业革命更是得到新政府的大力推动。不过这一时期的日本在向西方技术文化学习的同时，"精神仍然是日本的，任何日本人都没有在繁荣的国度里产生过铲除深深扎根于日本历史上的神道教、佛教和儒教的精神根源的想法"③。明治维新导致日本的国家政治倾向西方，建筑随之也取法欧美。但学习的重点是西方古典或现代建筑的构图、形式、结构、构造、技术以及运营管理方式，而在建筑内部空间、功能组织等方面仍强调日本传统的精神内涵。如住宅，往往既有和室又有洋室。这种文化特征在后来伪满洲国"日系住宅"中得以延续。

研究表明，日本近代建筑具有源自西方的近代建筑文化和日本传统建筑文化的双重性格特征。有人认为，日本许多建筑师善于捕捉自己民族风格，善于把传统的文化融入新的建筑中，善于用本国固有的艺术糅合外来的东西，而在最后的成果中却看不出生搬硬套的痕迹。

在日本，对"近代建筑"的认知有一变化过程，这在编撰《日本近代建筑总览》中反映的尤为明显。《日本近代建筑总览》由日本建筑学会主编，1980 年（第一版）出版。书中对近代建筑的界定，是指幕府末年（1854 年）实施开国政策至第二次世界大战结束（1945 年）期间建造的"洋风建筑"。刚开始编撰《日本近代建筑总览》时，"近代建筑"专指现代主义风格（国际式）建筑。然而因此造成对幕府末年出现的殖民地建筑、西洋式工厂以及以西洋建筑为范式的建筑群没有一个明确的词汇，只好根据建造年代（1868~1912）称其为"明治洋风建筑"。后来，调查的建筑增加了大正时代（1912~1926）和昭和前（1926~1945）的洋风建筑，才改称

---

① 〔日〕藤森照信：《日本近代建筑史研究的历程》，王炳麟译，《世界建筑》1986 年第 6 期。
② 吴农、舒莹等：《解析日本当代建筑设计领先的原因》，《华中建筑》2015 年第 10 期。
③ 杨焕英编著《孔子思想在国外的传播与影响》，教育科学出版社，1987，第 184 页。

"近代建筑"。所以，（这时）日本的"近代建筑"一词反映了浓厚的近代化等于西洋化的基本观点。也因此成为后来为了修订《日本近代建筑总览》而开展的扩大调查中面临的新问题。即以往的"近代建筑"的定义不能涵盖近代时期建造的、以日本传统建筑为范本的"近代和风建筑"。在随后的调查中，将近代建筑定义为"近代时期建造的建筑"，并限定为 1840～1949 年期间建造的建筑。然而，日本学者西泽泰彦撰文指出，诸多的研究成果使得对"近代建筑"进行再定义时，用建造年代的上下限进行断代的做法已经没有意义，更重要的是传统建筑中所没有过的新样式、意匠、结构、材料、用途、功能、平面才是近代建筑的本质。近代建筑史研究的目的就是为近代建筑在建筑史中找到它们在历史框架中位置，通过分析建筑的这些要素，找到它们与以往建筑的不同之处，确定其革新之处。[①]

（二）日本近代建筑文化在东北的传播脉络

日本近代建筑文化作为一种现象，是 20 世纪初铁路修建后传播到东北地区的。先后出现过二次热潮。第一次是 1920～1932 年间，这是日本殖民者在东北建设的黄金时期，由于项目多，专业人才相对缺乏，设计人员成分相对复杂，但是专业人士活动频繁，交流沟通有效，尤其是新成立的专业社团和行业组织对专业人才进行培训和指导开始发挥作用。这一时期，日本人也开始在"南满洲"建立教育机构培养工业和建筑人才，大部分是日本人，也有少量的中国人。第二次是 1932 年伪满洲国成立到 1941 年太平洋战争爆发，这一时期基本上延续了之前的状况，伪满洲国时期专业社团和行业组织的活动由国家形成保障而兴盛发展，太平洋战争使日本在东北的所有活动陷入资金不足的困境，并随"二战"结束而结束。[②]

满铁、伪满洲国时期，从日本设计师的建筑活动来看，参加设计的专业社团和行业组织或人员大体可分为四类。不同类别组织、人员的建筑设计活动的范围与特点也各不相同。现按从事建筑设计活动的先后分别介绍。

1. 满铁建筑课及其设计活动

"南满洲"铁道建筑课（简称满铁建筑课）最早是满铁总务部土木课内

---

① 〔日〕西泽泰彦：《中日〈近代建筑总览〉的编撰与近代建筑史研究的理论和方法》，包慕萍译，《建筑学报》2012 年第 10 期。

② 吕海平：《双重权力体系制约下的沈阳近代建筑制度转型（1858～1945 年）》，东南大学博士学位论文，2012，第 180 页。

的一个"担当满铁之建筑营缮的单位"（1906 年 11 月设立）。1907 年 3 月起在大连开始设计活动，1908 年 12 月独立为"建筑课"，第一任课长是小野木孝治。"九一八"事变后，满铁建筑课的业务量急剧扩张。1945 年随着日本战败和满铁的消亡，满铁建筑课也解散。伪满洲国成立以后，满铁有 161 名职员出任伪满政府的各级别职员，这其中就包括满铁建筑课的部分职员，如第三任课长冈大路（1912～1925 年间任满铁建筑课课长）出任伪满国务院建筑局局长，相贺兼介（1925～1932 年间为满铁建筑课的负责人）成为伪满洲国中央政府办公建筑"官厅建筑"和宫廷建筑的探索者和主要设计者。

满铁建筑课既是民间企业，又有明显的"国家"性质的组织特性。建筑课主要负责铁路附属地的城市规划和建筑设计。日本学者西泽泰彦指出，"满铁建筑课是有组织的、典型的殖民地建筑家的团体"，就其规模而言，是当时日本民间从事建筑设计的一个"巨大的组织"。

这里仅介绍太田毅和市田菊治郎两位满铁建筑师，他们都是满铁建筑课设立之初（1906～1920）重要的建筑师。

太田毅（1876～1911）毕业于日本原东京帝国大学建筑学专业，是日本第一代现代建筑大师辰野金吾（1898～1903 年、1905～1917 年间两度出任日本建筑学会会长）的学生。曾任日本司法省建筑师、大藏省建筑局建筑师，1907 年身兼以上二职的太田毅就任满铁建筑师，1910 年返回日本，翌年病逝。"在满"时间仅三年，代表作品有，奉天驿（现为沈阳站）（见图 7－22）、横滨正金银行大连支店、大连大和旅馆等。

图 7－22　沈阳奉天驿旧址

奉天驿是太田毅和吉田宗太郎设计的，二人都毕业于日本东京帝国大学，都是辰野金吾①的学生，他们是辰野式风格的继承者。奉天驿就具有辰野式风格②的典型特征。这与他们的老师辰野金吾设计的日本东京站（见图7-23）一脉相承。奉天驿建成后，先后经历了1926年和1934年两次扩建，陆续建成四个候车室，建筑面积为6555平方米，是当时东北地区最为重要的客运中转车站2010~2013年间，沈阳站进行扩建改造时保留了原有的建筑形式风格。

图7-23　日本东京站现状

从建筑史的角度来讲，太田毅最大的贡献是首创了伪满时期大量性普通住宅的基本形态，尤其是他设计的大连近江町满铁社宅（1908年竣工）直接导致了伪满时期"日系住宅"建筑样式的形成。20世纪之前，我国东北地区的居住建筑还是以传统的民居形式为主。满铁开始运作后，住宅营造方式发生了质的变化，一栋栋具有现代意义的城市住宅陆续建成。从1910年起，满铁采用太田毅的设计方案，在附属地大批量开发建设标准化的住宅。这种住宅以低等级的、二至三层的混合结构住宅为主。它们不但体型规整、

① 辰野金吾（1854~1919），日本建筑学家。工学寮毕业后赴英国留学，回国后任东京帝国大学工科学部长。是日本国内最早设计"西洋式"建筑的代表人物，主要作品有东京站、日本银行总部等。

② 所谓辰野式风格，是指以辰野金吾为代表的日本建筑师设计的深受英国"安女王风格"影响的建筑形式。简单来说，其外观采用的是古典"横三纵五"构图，墙面由红砖砌筑，墙身上装饰若干水平带状白色线角，门窗也设白色框套；主入口居于建筑立面的中轴线；屋顶局部起尖顶或穹顶，等等。

外观简洁、少装饰，还具有施工方便、简单，投资少、经济等特点。

太田毅设计满铁社宅时受到过英国低层集合住宅的影响。现在看来，这类住宅基本属于俭朴的英国"安女王风格"。太田毅作为辰野金吾的学生，在奉天驿设计中所采用的"辰野式"手法，同样用在了满铁社宅上。

市田菊治郎（1880~1963）毕业于日本原东京帝国大学建筑学专业。毕业后市田菊治郎未在日本国内就职。1907年3月入职满铁，第二年任满铁技师，至1920年退休，1925年2月再次回满铁，担任满铁建筑课长（第二任课长），直到1931年。伪满洲国成立以后，市田菊治任伪满国务院总务厅顾问。其在满铁的代表作有长春大和旅馆、长春驿（长春火车站老楼，现已拆除）等。

满铁建筑课所设计的建筑样式不但受日本国内的影响，还受到欧美建筑的影响。日本学者越泽明认为，满铁在东北各地所建造的建筑多数采用的都是哥特式和文艺复兴式等欧洲古典样式，没有打算从政治表现的角度，通过建筑来体现独自的对华政策。这是满铁时期建筑设计与伪满洲国建筑机构的设计不同之处。

满铁时期，从事土木工程活动的还有土木课，如满铁附属地的街区规划基本上都是土木课负责规划设计的。另外，满铁还有一个机构在"新京国都建设计划"全过程中发挥了非常重要的作用，那就是"满铁经济调查会"。满铁经济调查会成立于1932年1月21日，该会成立后不久（同年3月29日）就开始制定长春的城市规划方案。

2. 伪满洲国建筑机构及其设计活动

1932年4月1日，伪满政府设置的"国都建设局"正式成立，该局直接隶属于国务总理大臣，代表"国家"直接负责"新京"的城市规划的制定与实施建设。成立之初的伪满国都建设局不属于政府行政机构（无官衔），同年9月伪满政府公布国都建设局的官衔，同时公布的还有同时期设立的"国都建设计划咨询委员会"。"国都规划建设"第一期工程（1932年3月~1937年12月）完成后，"新京"的建设工程交给新京特别市负责，该局于1938年初解散。1937年12月27日，新京特别市设立"临时国都建设局"，1941年2月，"国都规划建设"第二期工程完工后，"临时国都建设局"也被解散，其人员划归新京特别市公务处。在此期间，因"新京"建设的需要，伪满国务院总务厅需用处，增设了营缮科。

1935年11月，伪满国务院组建成立了"营缮需品局"，该局内设需品处、营缮处，营缮处具体负责对伪满洲国的土木工程设计、施工、监理进行统一管理、控制。这一时期的伪满洲国中央政府办公建筑"官厅建筑"等基本上都是由营缮需品局营缮处设计、建造的。1940 年 1 月，该营缮需品局拆分为建筑局、官需局。"国家"的基本建设开始由建筑局直接掌管。

伪满洲国建筑机构中从事建筑设计的重要人物有相贺兼介、牧野正巳等。他们都是伪满建筑的典型代表——"满洲式"① 建筑的主要设计人员。

相贺兼介（1889～1945），1907～1932 年在满铁建筑课任职，其间在东京高等工业学校建筑学科深造，并一度在大连横井建筑事务所及后来的小野木横井共同建筑事务所工作。该事务所的小野木孝治曾担任满铁建筑课第一任课长，横井谦介也是满铁建筑课创建初期的重要建筑师之一。伪满洲国成立后，相贺兼介历任伪满国都建设局技术处建筑课长（1932 年起），伪满国务院总务厅需用处营缮课长（1933 年起），伪满营缮需品局宫廷造营课长（1937 年起）。

相贺兼介是"满洲式"建筑样式的探索者。1932 年 5 月，相贺兼介就任伪满国都建设局技术处建筑课长后，就受命设计"新京特别市公署"（现已拆除，原址在中共长春市委办公大楼位置）与"满洲国首都警察厅"（现为长春市公安局办公用房）（见图 7 - 24）。这二栋建筑的设计引发了伪满洲国建筑机构中从事建筑设计的建筑师对伪满国都政府办公建筑如何体现"国都官衙建筑风格"的探索。

图 7 - 24 长春"满洲国首都警察厅"（第二厅舍）旧址
（主入口正上方的塔楼原为三层高）

---

① 关于"满洲式"，详见本部分"（四）'满洲式'建筑样式及其形式语言"中相关内容。

相贺兼介的作品还有：伪满皇宫同德殿（1935～1938）（见图7-25）、伪满司法部大楼（1935～1936）等。

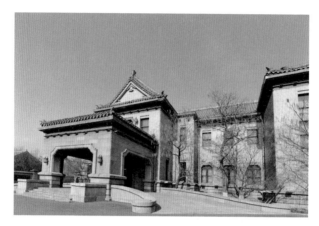

图7-25　长春伪满皇宫同德殿旧址主入口

牧野正巳（1903～1983），1927年毕业于东京大学建筑系。1928年留学法国，师承第一代现代主义建筑大师法国人勒·柯布西耶（出生在瑞士）。学成归国后，因其建筑理念无法适应日本国内的建筑设计环境，在观察了一段时间后，牧野正巳决意赴伪满洲国寻求发展，因为那里"存在大规模社会基础设施的建设需求，正是建筑学家的实验乐园"。1942年起，任新京特别市公务处建筑课长。1943年，应聘到伪北京大学艺术史系教书，讲授建筑史。1945年日本战败后，回到日本。坐落在长春市的伪满综合法衙旧址就是他设计的。

最具讽刺意味的是，在中国东北的建筑设计生涯中，牧野正巳屡屡使用在日本国内被自己所唾弃的"和风唐样"的折中建筑语言。牧野正巳死后，他的早年形象被搬上戏剧舞台，因为其在伪满洲国的建筑理念，一直被作为观念落后的海归建筑家讽刺着、嘲弄着。[①]

国都建设局和营缮需品局这两个部门早期的专业技术人员大部分来自满铁，后期设计任务主要依靠日本国内的建筑组织、建筑师等专业力量。

3. 日本国内建筑师及其设计活动

伪满时期，日本国内的一些建筑组织、建筑师，或因设计业务扩展的需

---

① 邵学成：《牧野正巳——在佛教遗迹碎片中负重前行的建筑学家》，国际古迹遗址理事会西安国际保护中心网站，http://www.silkroads.org.cn/portal.php? mod = view&aid = 5070，2017年3月8日。

要，或参加建筑设计竞赛，或受邀来到中国东北地区从事建筑设计工作。

日本国内的建筑师大多在欧美学习、工作过，具有一定的国际视野，所掌握的建筑理论，持有的设计思想都远高于在满铁建筑课和伪满洲国建筑机构从事建筑设计的日本人。他们的参与，客观上提高了"新京"等城市建筑设计的整体水平。日本著名建筑师前川国男就是参与鞍山"昭和制钢所悬赏入选图案"（1937）竞赛并获一等奖后，开始涉足东北地区建筑设计业务的。前川国男也是勒·柯布西耶的学生。1942年前川设计了沈阳"满洲飞机发动机工厂"，并在沈阳开设分所，有三位职员长驻沈阳直至日本投降。佐藤重夫、西田勇等人也曾在"昭和制钢所悬赏入选图案"获得过佳作奖。在东京开设"三桥四郎建筑事务所"的建筑师三桥四郎受日本外务省委托先后设计了吉林日本领事馆新馆、奉天总领事馆、长春领事馆和牛庄（营口）领事馆①。从事民间建筑设计的著名建筑师有远藤新、西村好时、坂仓准三以及中山克己、土浦龟城等。

远藤新和西村好时代表了日本建筑师对待伪满洲国建筑创作的两种截然不同的态度。

远藤新（1889～1951），第一代现代主义建筑大师美国人弗兰克·劳埃德·赖特的学生。1933年，远藤新第一次来到长春，设计了"新京国际饭店设计方案"，与此同时，接受伪满洲中央银行的邀请设计伪满洲中央银行俱乐部（现为长春宾馆2号楼）及银行职员住宅。与其他日本建筑师不同（如土浦龟城等人），"在满"期间，远藤新不断往返于我国东北地区和日本本土之间，在长春、沈阳、吉林、齐齐哈尔等地设计了大量作品。在设计伪满洲中央银行俱乐部时，远藤新应用赖特的"有机建筑"理论，秉承重视自然风格的建筑思想，试图通过设计本身体现中国传统文化，"打算以长城的一小片来建俱乐部"。该俱乐部建成后评价很高。它与同样是远藤设计的具有"草原式住宅"风格的伪满洲中央银行各级官员官邸，直接影响了后来的"新京"的官邸建筑形式（见图7-26）。

西村好时（1886～1961），日本国内著名的银行建筑设计大师。曾任日本著名的建筑企业清水组设计部的建筑师、第一银行建筑课长，日本建筑

---

① 吕海平：《双重权力体系制约下的沈阳近代建筑制度转型（1858～1945年）》，东南大学博士学位论文，2012，第174页。

图 7－26　长春伪满中央银行俱乐部旧址（局部）

士会会长。伪满洲中央银行总行的设计就是出自他手。

西村好时在日本国内担当过很长时间的日本旧第一银行的建筑课长，从事总行本店及 30 余座支店的设计工作。1931 年从旧第一银行退职后，成立西村建筑事务所。他是受伪满洲中央银行的委托设计总行本店来长春的。除设计了伪满洲中央银行总行外，在同一时期，西村好时还设计了台湾银行本店。在这两个银行的设计中，西村好时将日本国内银行盛行的古典主义建筑形式直接"拿来""引用"。这种"拿来主义"的做法是日本国内建筑师参与伪满洲国时期建筑设计时常用的手法。

坂仓准三（1901～1969），日本现代建筑的先驱之一，1923～1927 年在东京帝国大学文学部美学美术史学科美术史专业学习。曾任日本建筑家协会会长。1929 年留学法国，曾随第一代现代主义建筑大师勒·柯布西耶工作 8 年。是柯布西耶现代主义建筑理论在日本的主要倡导者。1936 年因创作了"巴黎万国博览会日本馆"而一举成名。1940 年成立坂仓准三建筑研究所（现坂仓建筑研究所）。

"新京"南湖住区规划方案是坂仓在战前唯一的重要作品。1939 年，他受伪满国都建设局的委托来到长春，完成了南湖住区规划的方案。这是一个将办公建筑、公寓楼、独栋住宅为一体的综合体规划方案。当时参与此设计的还有后来的日本现代主义建筑大师丹下健三。

坂仓的规划方案根本不符合"新京"城市规划的总体要求，如架空的高层公寓、住宅等，所以最终也仅仅是"方案"而已。难怪有人认为，坂仓本人似乎把"新京"当作了一个发挥自己设计想象力的试验场。这不仅是坂仓个人的事，在当时，很多年轻的日本建筑师、学生迫于就业的压力，被伪满洲国"宽容"的政策所吸引，陆续"渡海"来到长春等地，开始了建筑设计的"实践"，有许多人后来成为伪满建筑设计的主力。

战后，远藤新、西村好时、坂仓准三等三人入选"日本建筑家101系谱"。①

4. 关东军经理部及其设计活动

关东军司令部是日本驻扎在伪满洲国的最高统治机关，在伪满洲国政治、经济、文化各个方面都扮演着"核心"角色。日俄战争后，日本于1906年在旅顺设立关东都督府，内设陆军部和民政部。1919年，关东都督府被取消，以其民政部为基础设立关东厅，以其陆军部为基础组建关东军。组建后的关东军由日本陆军省管辖。"九一八"事变发生后的第二天，关东军司令部迁往沈阳。1932年伪满洲国成立，当年10月关东军司令部迁往长春。关东军司令部的内辖机构在它存在的20多年间也在不断变化，到1945年日本帝国主义投降时，关东军司令部下设五个部，即参谋部（下设四个课）、兵器部、经理部、医务部、兽医部。②

关东军经理部不仅负责关东军军事设施、民用建筑的建设工作，还控制着伪满洲国的建筑设计与监理等诸多事项，其权力远高于伪满国都建设局等管理机构。关东军经理部主持设计和监理的建筑没有受到伪满洲国的所谓"政治""气氛"的束缚，表现出更大的创作自由度。不同的建筑，根据使用功能的不同要求，在表现形式上各不相同，既有日本"帝冠式"风格的建筑，如位于长春的关东军司令部大楼（现为中共吉林省委办公大楼）（见图7-27）；又有现代主义风格的建筑，如位于长春的关东局大楼（现为吉林省人民政府办公大楼）等；也有欧洲城堡风格的建筑，如位于长春的关东军司令官官邸（现为吉林省松苑宾馆"一栋"）（见图7-28）等。

"新京"长春的城市规划和建设计划就是由关东军直接参与、决策的。

除以上介绍的组织或人员其外，在关东都督府民政部基础上成立的关东厅，以及日本在中国东北的领事馆也从事土木工程的建设活动。

---

① 〔日〕村松贞次郎：《日本近代建築史再考－虚構の崩壊》，新建築社，1977。

② 孙华：《伪满洲国的"太上皇"机关——日本关东军司令部》，长春档案信息资源网，http://www.ccda.gov.cn/ccda/，2005年4月20日。

图 7－27　长春日本关东军司令部旧址

图 7－28　长春关东军司令官官邸旧址

（三）伪满洲国时期的建筑类型及成因

伪满洲国时期是指 1932 年伪满洲国成立，到 1945 年伪满洲国覆灭，共 14 年的这一历史阶段。伪满洲国时期的建筑一般也就是指在这期间主要由日本设计机构或建筑师设计并建造在东北地域内的近代建筑。从文化类别上来说，也可以将满铁附属地的建筑和伪满洲国时期的各类建筑统称为伪满建筑。

总体来说，伪满洲国时期的建筑形态以"西化""集仿"为主，其形式基本上属于折中风格的现代建筑样式。这些主要从日本导入的建筑样式，其风格迎合了 20 世纪初西方发达国家的建筑潮流。

1. 伪满洲国时期建筑的主要类型及特点

伪满洲国时期，日本出于长期侵占东北地区的考虑，对东北区域内的城乡进行过全盘计划，导致东北各地的城市化进程显著加快，各主流城市建筑活动非常活跃。城市建筑从类型到形式都极为丰富，例如"新京"的城市建筑大体上可分为官厅与纪念性建筑、民间建筑、军事建筑与设施、工业与城市公共基础设施等四大类。现仅介绍前两者。

（1）官厅建筑与纪念性建筑。

官厅建筑与纪念性建筑是指伪满洲国时期，伪政府的军政办公建筑、皇宫建筑和"国家"纪念性建筑。在当时，伪政府的一些军政办公建筑是以"厅舍"来命名的。所谓"厅舍"一说源自日本，又称"官舍""官厅"，可以理解为中国传统意义上的"衙署建筑"，在这里我们统称之为"官厅建筑"。

在当地，提起"官厅建筑"未必会有更多的人知道，但说起"八大部"，人们就很熟悉了。在这里简单介绍一下相关情况。

伪满国务院是伪满洲国的最高行政中枢机关，在伪满洲国 14 年中，伪满国务院所辖各部经历过 5 次大的变化和调整，先后设有七个、八个、六个、七个和九个部等行政机构。中华人民共和国成立以后，当地的人们习惯按照伪满实行"帝制"前设置有"八个部"的情况，来统称伪满国务院及下辖各部建筑遗存。这就是"伪满'八大部'"建筑称谓，即"八大部"的出处。

目前在伪满国务院及下辖各部中有十处建筑旧址得以保存。保存完好的有四处，分别是伪满国务院旧址（现为吉林大学医学院基础医学部）、伪满司法部旧址（现为吉林大学新民校部）、伪满经济部旧址（现为吉林大学中日联谊医院二部）、伪满交通部旧址（现为吉林大学公共卫生防疫学院）；保存良好，中华人民共和国成立后主体建筑接层或内部空间改动较大的有四处，分别是伪满军事部（治安部）旧址（现为吉林大学第一医院 1 号楼）、伪满民生部（厚生部）旧址（现为吉林省石油化工设计研究院）、伪满国民勤劳部旧址（原长春税务学院校址）和伪满外交部旧址（现为太阳会馆）；原有建筑整体改动较大或重建的有二处，分别是伪满兴农部旧址（现为东北师范大学附属中学）、伪满文教部旧址（现为东北师范大学附属小学）。这些建筑遗存分布在不同的街区。其中伪满国民勤劳部旧址、伪满民生部（厚生部）位于大同大街；伪满兴农部旧址、伪满文教部旧址位于至圣大路；伪满外交部旧址位于兴亚街（今建设街）；其他都位于顺天大街。

以上这些就是长春市普通市民所说的"八大部"。需要特别指出的是，更多的人习惯把新民大街历史保护街区范围内的伪满国务院旧址、伪满军事部旧址、伪满司法部旧址、伪满经济部旧址、伪满交通部旧址，以及伪满综合法衙旧址（位于新民广场，现为空军第461医院）等官厅建筑，统称为"新民大街'八大部'"或"八大部"。当地政府部门、新闻媒体常常提及的新民大街"一院四部一衙"，也是指伪满国务院旧址、伪满军事部旧址、伪满司法部旧址、伪满经济部旧址、伪满交通部旧址和伪满综合法衙旧址。

由于伪满洲国的殖民地特征，官厅建筑的设计和建设水平最为突出。长春市新民大街"一院四部一衙"① 就是具有明确"政治"要求的、典型的官厅建筑群。

官厅建筑与纪念性建筑均是伪政府出资建设的，并由政府专门机构设计、审定和管理。设计者都是"在满"的且在伪政府专门机构任职的日本籍建筑师。这些建筑的设计创作，以"具有独自的满洲特色"，且"不留遗憾地发挥其作用"② 的政治要求为出发点，在文化、经济等多重因素的共同作用下，形成了一种与当时国际上流行的现代、折中风格有所区别的新样式——"满洲式"。按照当时《满洲建筑杂志》刊发的文章所说，实现了"日满完全结合"，"既能宣扬伪满洲国的新气象，又能让使用者有满足感，还能突出新建筑的优越性和进步性"。

为保证官厅建筑的设计风格及"政治"诉求，1933年3月，伪满国务院专门成立了由政府各方官员担任委员的"官衙建筑委员会"，负责审议和确定这类建筑的样式和设计风格取向。1934年，通过审查、确定的伪满国务院大楼设计方案，"基本决定了官厅建筑的风格"。

（2）民间建筑。

伪满洲国时期的民间建筑主要有公共建筑和居住建筑两大类民用建筑。

公共建筑的类型非常多，包括商业金融类建筑、娱乐建筑、教育建筑、医疗建筑和体育建筑等。其中，商业金融类建筑是数量最多的一种。

居住建筑从类型上主要分为官邸、公馆、独立式住宅等高级住宅，以及

---

① 为了表达的方便，作者按当地的习惯笼统地把位于长春市新民大街历史文化保护街区范围内的伪满国务院旧址、伪满军事部旧址、伪满司法部旧址、伪满经济部旧址、伪满交通部旧址和伪满综合法衙旧址，统称为"一院四部一衙"。

② 〔日〕佐藤诚：《国都建设计划の特色》，《满洲公论》昭和十三年，第十六卷第一号，第43页。

双联式住宅、联排式住宅（包括公寓和宿舍）等大量性的普通住宅两大类；从室内空间形态上来看，包括"日系住宅"和"满系住宅"两种；从层数来说，以一至三层的低层住宅为主。

民间建筑由于没有形式上的政治要求，所以，在日本国内和西方建筑潮流的影响下，建筑形式丰富多彩，呈现出前所未有的多元形态，但基本上是现代、折中风格的，有些甚至是日本国内同类建筑风格的"翻版"，例如，商业金融类建筑等。伪满洲国成立后，东北主流城市人口随之急剧增长，住宅建设量大幅提高。在当时的建设中，住宅建筑无论在用地规模，还是建设投资方面，都远远高于其他类型的建筑。

（3）中日传统样式的建筑。

除上述类型外，伪满洲国时期各城市还建有一些"传统"的宗教建筑、祭祀建筑等。它们既可以称为民间建筑，有些也可以说是纪念性建筑，但由于不是折中风格的现代建筑样式，而采用了中日传统建筑样式，所以在此单独加以介绍。当然，中国传统样式的民间居住建筑也多有建造。

第一类是中国传统样式的宗教建筑。例如，长春的新京护国般若寺就是当时采用中国传统佛教寺院建筑形式建造的。

新京护国般若寺最初建在长春市南关区西四马路。1922 年，本地佛教界迎请佛教天台宗倓虚大师来长春讲《金刚经》，随后创建寺院，取名般若寺。1931 年由于伪国都规划建设的需要，原寺院被拆除，迁到长春大街现址重建。1934 年将重建后寺庙更名为"护国般若寺"。

般若寺整个寺院占地面积约 1.4 万平方米，共有四进院落。主要建筑坐北朝南，沿南北纵向中轴线布置有山门、天王殿、大雄宝殿和西方三圣殿等主要建筑。该寺院有着鲜明的北方寺庙的建筑风格。山门采用一大二小的拱券式传统样式，歇山式屋顶。进入山门为第一进院落，左右为钟鼓楼，二者均二层高，歇山式屋顶。在院落西侧设一广场，现供奉观世音菩萨立像。雕像由汉白玉精雕而成，总高含基座为 12 米。弥勒殿（又名天王殿）位于第一进院落的中轴线上，面阔三间，前出檐廊后抱厦，硬山式屋顶。明间后部（即北侧）的抱厦通过歇山式屋顶与主体相连，墙体由青砖砌筑，磨砖对缝。第二进院落的中轴线上为大雄宝殿。大雄宝殿面阔五间，前抱厅后抱厦，主体为硬山式屋顶（见图 7 - 29），正脊居中设有一座七层宝塔。大雄宝殿在建造时仅有一简易的前檐廊，后来改建成了面阔五间的抱厅，并通过卷棚歇山式屋顶与主体相连接。该殿明间后部也连建有类似弥勒殿那样的抱厦，但屋顶是卷棚歇山式的，墙体由青砖砌筑，磨砖对缝。

图 7 - 29　长春新京护国般若寺大雄宝殿

大雄宝殿两侧有东西配殿及厢房，其中东配殿是伽蓝殿，西配殿是祖师殿。第三进院落的中轴线上是西方三圣殿（又称藏经楼）。该殿为砖混结构，高二层，一层为三圣殿，二层为藏经楼。南立面居中设有三开间檐廊，歇山式屋顶。其两侧为配殿及厢房，东配殿是观音殿，西配殿是地藏殿。西方三圣殿的后身即为后院，是般若寺的塔院和功德堂。塔院内现有三座塔幢。

第二类是日本传统样式的宗教建筑、祭祀建筑等。例如，坐落在长春的东本愿寺新京下院、日本神武殿等。

东本愿寺新京下院旧址位于长春市朝阳区北安路 735 号，原长春市第二实验中学院内（见图 7 - 30）。该寺始建于 1936 年 5 月，1937 年竣工。为日本佛教净土宗大谷派总院东本愿寺（位于日本京都市）的下院，是日本人在中国境内修建的规模最大的日本传统样式寺院建筑。新京下院坐西朝东，由正殿和配殿等附属建筑组成，建筑式样模仿京都总院建筑。正殿建筑面积 1590 平方米，地上一层，地下一层，主体为钢筋混凝土结构，局部仿木构架形式、作法，个别部分使用了木构装饰，屋顶为日本传统的歇山式（仿京都东本愿寺正殿的形式），屋面覆铜板瓦，屋脊及局部饰物包铜板。正殿北侧的配殿尺度很小，屋顶为木结构，覆灰黑色板瓦，主入口上部檐口有一组木挑檐，其造型呈弧形，雕刻精美。正殿与配殿通过连廊连接，并围成一内庭院。东本愿寺新京下院主体建筑建造质量高，与同时期、同类型建筑相比，其造型精美，做工上乘。

图 7 - 30　长春东本愿寺新京下院旧址

日本神武殿旧址位于长春市朝阳区东中华路与立信街交汇口东南角，吉林大学前卫校区北区（合校之前的吉林大学老校区）院内（见图 7 - 31）。是伪满时期"在满"的日本人为祭祀神武天皇而修建的。除祭祀活动外，还是日本人培养武士道精神的习武场所。20 世纪 50 年代起改称"鸣放宫"，并作为吉林大学礼堂使用，现在已弃置。神武殿总建筑面积约 5245 平方米，地上二层，地下一层，设有二层局部环廊。正立面朝向东南。钢筋混凝土结构，大殿采用钢屋架。

图 7 - 31　长春日本神武殿旧址

2. 伪满洲国时期的建筑及其设计成因

伪满洲国时期，东北各主流城市的城市建设和建筑之所以能够得以较快地发展，客观上分析，应该是政治、文化、经济等多重因素共同作用的结果。

（1）殖民政治的需要。

伪满洲国时期是中国近代历史最为特殊的一个阶段。日本殖民者为了全方位控制其殖民统治地区，利用了政治、经济、文化等一切可以利用的方式方法，在这种时代背景下建筑自然也就成为最直接的表现工具和手段。

日本建筑家佐藤武夫①认为，"统治性和计划性是该国自建国以来的一大特色。从而新的政治权感俨然增加，谈满洲建筑不能忘记其政治背景"。例如，伪满国都"新京"（长春）的《国都新京建设计划》就是典型的殖民政治的产物。《国都新京建设计划》是我国近代最早的都市型城市规划，考证其内容，不难发现这份规划体现了日本殖民者规定的"建国"理念与"首都"的政治需求。在规划的思想方针上，从"制订到实施规划"都是在关东军司令部的主导下完成的。在规划设计的技术层面上，承担规划设计的满铁经济调查会、伪国都建设局的管理者和设计师都为日本人。

关于伪满洲国时期建筑的"政治"功能，在日本学者的文章中不难找出答案，如佐藤武夫发表在1942年《满洲建筑杂志》的《在中国大陆的外国建筑和它们的政治表现》一文中说，"在那里（满洲）盖起的一系列主要建筑，都是以政治姿态出现的。表现是否得当，构思是否巧妙都另当别论，而笔者对于其政治意图的肯定却丝毫不犹疑的"；又如日本东京大学村松伸教授在《建筑史的殖民地主义与其后裔：从军建筑史家们的梦》中说到，"乍看之下，关于建筑史的研究好像是具科学中立性的学问，其实它非常受潜在的或是明显的政治意图所左右"。"他们（日本建筑师）实际无疑是跟随军事扩张的建筑史家"。

当时出现的"满洲式"建筑之所以得到关东军司令部"官方"认可，就是因为它们体现了"新国家"的"新形象"诉求。说明"满洲式"蕴含的"政治"因素，在影响建筑发展的诸多因素中成为首要的因素。殖民政治已成为伪满洲国时期建筑的最主要特征。

（2）殖民文化的渗透。

与殖民政治直接相关联的是殖民文化。可以说，伪满洲国时期的建筑尤其是官厅建筑与纪念性建筑就是日本殖民文化的产物。

殖民文化是伴随中东铁路的修筑逐渐渗透到东北地区的。日俄战争后，日本势力开始进入铁路沿线各城镇，特别是对满铁附属地多年的建设、经

---

① 佐藤武夫曾经在1957~1959年间，担任日本建筑学会会长。

营，这些地方及其辐射范围内区域不可避免地受到日本殖民文化的影响。"九一八"事变伪满洲国成立，日本殖民文化更是以绝对的压倒性攻势推动了东北地区大小城镇的社会结构发生变异。此时，作为城市空间形态构成主角的建筑物，在从古代建筑体系向近现代建筑体系的转型过程中，俨然成为日本殖民者对东北地区进行文化渗透的重要工具。

在殖民文化的传播过程中，日本建筑师"试图通过建筑样式的改变、建筑工艺和建筑材料的改良给东北地区带来近代化的改变，在这一过程中以建筑为推力来宣扬近代文明和日本文化"。通过松室重光[①]发表在《满洲建筑杂志》上的《满洲建筑界の革新》（1942）一文可以看出，"日本建筑从业者将他们所从事的行业认定为改造东北、弘扬先进文化的高尚行业"。"满洲的建筑"不但要体现日本文化所占有的主导地位，还要辅之以中国人易于接受的中国传统文化，"将在日本的光辉下以独立的姿态在建筑界发扬着新生面孔的新局面"。

（3）经济状况的影响。

伪满洲国时期的建筑设计与当时的社会经济发展水平、日本殖民者的经济政策有直接的关系，也就是日本人撰文所说的"受到满洲经济思想的发展与思想趣味的新变化"影响。伪满洲国时期，日本殖民者为了最大限度地攫取我国东北地区的资源，对包括建筑材料在内的工业原材料的使用实行严格的"统制"政策。

例如在"新京"长春，随着城市的快速膨胀性扩大，城市建设所需物质、资源的需求量急速增加。为了节约建筑材料以及弥补劳动力的不足，加快建设，这一时期的建筑设计，呈现出以"经济"为准则的标准化、工业化的发展态势。这时在西方已渐成气候的现代主义受到青睐，这是因为它所提倡的许多设计理念和原则，与伪满政府提出的低造价、省人工的建设要求不谋而合。到了伪满洲国后期，大量性城市住宅已采用了标准型的设计、建造方法。1940年4月，为了使住宅建设更加规范化，掌管"国家"基本建设的伪满建筑局颁布了《满洲国规格型住宅设计图集》。

（4）建筑思潮的影响。

20世纪二三十年代，各种建筑思潮在世界范围内可谓此消彼长。源自欧

---

① 松室重光，日本建筑师。1920年满洲建筑协会成立时，时为关东厅民政部土木课课长的松室重光出任会长。

美的诸如折中主义、现代主义以及日本国内的民族主义等建筑流派、思潮或运动，都影响了伪满洲国时期建筑发展走向。考察伪满洲国时期的建筑实例，可以看出这些影响贯穿了伪满洲国时期建筑设计的整个脉络。

几乎与此同时，在北京、上海、南京等大城市，民族主义思潮风起云涌。在外来文化和传统文化的碰撞下，催生了一种极具时代特征的、以"大屋顶"为表象的"民族形式"建筑。这场运动也波及了东北地区。伪满洲国成立后，"新满洲、新国家、新形象"等政治要求，以及"满洲的气氛"等文化观念，作为日本殖民统治的精神鸦片，需要有一个刺激源，刚好国内的民族主义思潮就具有这样的功效，故而，伪满洲国时期的建筑自然迎合中国国内的"民族形式"。

在上述诸因素的共同影响下，由日本人主导的伪满洲国时期的建筑设计，除接受了外来建筑文化外，还吸收了本土传统文化。这类建筑通常以西方古典的比例、构图或现代建筑外观形式、空间等组织立体形象，并采用新结构、材料、技术工艺等来设计建造，同时试图以传统构件及空间形态来昭示文化，从而形成与其他风格样式有所区别的建筑。换言之，这一时期建筑实际上就是一种新的折中、集仿样式。

（5）建筑技术的革新。

伪满洲国时期，通过日本引进的新技术、新结构、新材料等，在建筑中得到广泛应用和实践。当时比较先进的钢筋混凝土结构体系已开始使用，钢制屋架和钢结构体系也已经出现。同时，先进的施工工艺和施工机械设备等被广泛采用。在《满洲建筑杂志》有文评价："建筑是建立在现代科学进步和机械文明发达之上的，建筑材料与形式的变化大都影响其发展。"

随着技术的革新，现代化的室内设备、设施系统如取暖、通风、照明以及电梯等，开始出现在公共建筑中。较高级别建筑中安装有简单的空调系统。在新京等大城市室内水洗厕所已开始采用并逐渐得到了普及。水磨石制品在被广泛使用在楼地面、楼梯、墙裙等处。在严寒地区，建筑门窗均为两层构造做法。

（6）专业协会和专业期刊的导向作用。

伪满建筑设计在发展演变过程中，满洲建筑协会及其会刊发挥了尤为重要的作用。

"满洲建筑协会"于1920年11月在大连成立，该协会成立的目的是吸取世界先进的建筑理论和技术，为"满洲"的建筑发展而努力。首任会长是关东厅民政部土木课课长松室重光，当时的会员主要是南满洲铁道株式会社（简称"满铁"）等各方面的建筑师、技术人员等。

《满洲建筑杂志》是"满洲建筑协会"的会刊。1921 年 3 月满洲建筑协会发行《满洲建筑协会杂志》（月刊），1934 年改名为《满洲建筑杂志》。

《满洲建筑杂志》是联系从业者、宣扬新建筑理念、推广建筑文化的重要宣传工具，是研究近代东北地区城市建设、建筑材料以及建筑文化的重要依据。同时，《满洲建筑杂志》也成为日本在东北地区的殖民侵略工具，是我们研究日本在近代中国东北活动的重要史料。[1] 该杂志作为当时权威的专业期刊，刊发的文章既涉及我国东北地区建筑的历史、设计、施工等，又涉及日本建筑和西方建筑等。具体内容包括建筑历史、建筑工艺、建筑格局、建筑功能、建筑推介等方面。[2] 当然，其他建筑类期刊也同样发挥了重要作用。

（7）设计人员的背景。

这一时期参与建筑设计的各类专业社团和行业组织绝大多数由日本人组成，主要建筑师大都是接受西方建筑教育或受其影响的日本"渡海建筑家"[3]。在当时，很多年轻的日本建筑师被伪满洲国"宽容"的政策所吸引，陆续来到伪满洲国的"新京"长春等地。作为"渡海建筑家"，他们成为当时建筑设计的主力军。

从大的方面来讲，"渡海"的建筑师分为两类，一类是受雇于伪满政府建筑机构的建筑师或任职于满铁等企业的职业建筑师，他们定居在伪满洲国，建筑业务范围也仅局限在中国东北地区，他们就是一般意义上的"渡海建筑家"，也就是所谓的"在满"建筑师；另一类是日本本土的建筑师，或受邀请设计某个建筑，或因业务的拓展在一定的时间段内来到伪满洲国从事建筑设计活动，他们虽然是"在日"建筑师，但也可称为"渡海建筑家"。这些建筑师的设计，或将设计理念与伪满洲国的政治企图、殖民文化、经济状态等进行结合，或将日本流行的源于西方的各类建筑样式照搬到"新京"

---

① 刘威：《浅析 1920 年代的〈满洲建筑杂志〉》，《长春师范学院学报》（人文社会科学版）2013 年第 9 期。

② 刘威：《伪满建国初期的建筑文化变迁——以〈满洲建筑杂志〉为中心》，《史学集刊》2011 年第 6 期。

③ 第二次世界大战结束后，日本把从其本土漂洋过海进入中国东北的专业技术人员称为"渡海建筑家"。

等地。

（四）"满洲式"建筑样式及其形式语言

伪满洲国时期，在"新京"长春的官厅建筑与纪念性建筑设计中，还产生过一种特殊的折中主义，这就是被《满洲建筑杂志》称为"满洲式"的建筑样式。简单地说，这种样式就是既有中国传统"大屋顶"形式，又有日本传统建筑构件、细部作法，同时掺杂西方折中主义建筑特征的建筑样式。例如，长春市新民大街"一院四部一衙"建筑群就是典型的"满洲式"，沈阳市也有少量的"满洲式"探索初期的建筑，如满铁铁道总局本馆（现为沈阳铁路局办公楼）、奉天铁道总局舍（现为辽宁省人民政府办公用房）、奉天警察署（现为沈阳市公安局办公用房），及奉天市政公署（现为沈阳市人民政府办公大楼）等。

1. "满洲式"建筑样式的由来

"满洲式"建筑是伪满洲国时期唯一由伪政府出资建设的建筑物。这类建筑从设计、建造到管理先后由伪国都建设局、伪满营缮需品局（后改组为建筑局）等政府专门机构负责。最早探讨"国都"政府办公建筑形式的，是时任伪国都建设局建筑课长的日本人相贺兼介。伪满"建国"伊始，"政府"办公场所极为紧缺，各职能部门大多租借用现有的建筑物。尽快建设所需的办公建筑是伪政府的当务之急。作为伪国都建设局建筑课长的相贺兼介受命设计"厅舍"（即"官厅建筑"）。仓促之间，相贺并未将日本国内流行的建筑样式照搬到长春（在当时，民间建筑特别是商业金融类建筑仿照或"照搬"日本国内同类风格的建筑是常见的一种现象），而是"夜以继日"地设计创作了两套建筑方案[1]，这就是"第一厅舍"和"第二厅舍"。二者都对日本国内源于西方的主流建筑风格进行了折中，平面是一样的，立面采用了对称式构图，但建筑外观被设计成了不同的形式、风格。"第一厅舍"更多的体现了简洁的"现代主义"风格，而"第二厅舍"则在此构架基础上，通过主体塔楼、附属塔楼覆盖的中国传统的四角攒尖顶屋顶等来体现"满洲的特色"。1932年7月，"第一厅舍"和"第二厅舍"先后在大同广场开工建设，1933年10月和1934年6月陆续竣工。

---

① 〔日〕相贺兼介：《建国前后的回忆》，《满洲建筑杂志》1942年第22卷第10号，引自〔日〕越泽明《伪满洲国首都规划》，欧硕译，社会科学文献出版社，2011，第172页。

"第一厅舍"和"第二厅舍"的落成，催生了"满洲式"建筑样式。就建筑形态而言，二座风格截然不同的"官厅建筑"能同时出现在城市主轴的核心广场，足以说明"满洲式"建筑从一开始就并未刻意模仿如何一种建筑样式，或以之为"模板"。分析表明，"第一厅舍"的现代风格由于缺乏"满洲特色"，在随后的官厅建筑设计作品中没能得到延续，倒是在民间建筑中或多或少的能看到其影子。而"第二厅舍"由于添加了中国元素和传统符号，从而得到了"政府"各方的认可。

相贺兼介作为"满洲式"建筑的探索者和主要设计者，也参与了第五厅舍（伪满国务院大楼）的设计竞标，但他的方案由于有较多的日本元素，如明显的类似日本名古屋城堡或兵库县姬路城天守阁主塔楼那种错落有致的日本传统形态，导致他提供的方案未被采用（后来该方案经修改后，成为伪满司法部大楼实施方案）。而伪满国务院大楼实施方案的设计者石井达郎，作为接受过西方建筑学教育的年轻建筑师，他的方案巧妙地将东西方不同时期的建筑语汇加以折中，在形式上既借鉴了日本国会议事堂的体型以及关东军司令部大楼的局部形象，又融合了中国传统"大屋顶"形式和檐口构造做法，这些都符合"新国家""新形象"的要求。今天看来，伪满国务院大楼确实满足了"满洲式"的全部诉求。随后伪政府在新京建造了一批这类的建筑物，重要的有伪满交通部（今吉林大学公共卫生防疫学院办公楼）、伪满综合法衙和建国忠灵庙（空军航空大学校园内，已废弃）等。

"满洲式"的概念就是这时出现的。在当时的专业书刊、文献中，开始把以"国家"形象的姿态出现的，满足"新满洲""新国家""新形象"要求的官厅建筑和纪念性建筑统称为"满洲式"。例如，伪满交通部所谓的"新兴满洲式"，就是《满洲建筑杂志》提出的。[①]

在长春，"满洲式"建筑除了"一院四部一衙"外，重要的还有人民大街沿线的伪满洲国首都警察厅旧址、伪满民生部旧址（现为吉林省石油化工设计研究院）、伪满建国忠灵庙旧址，以及自由大路上的伪满兴农部和文教部旧址（均已改建，分别由东北师范大学附属中学、小学使用）等。它们一直是所在街区、地段的标志性建筑。

2. "满洲式"建筑的形式语言

"满洲式"不是一种建筑流派。长春市内"满洲式"的设计始于1932

---

① 详见《满洲建筑杂志》（1938）第18卷第2号第49页，"第8厅舍（交通部）新筑工事概要"中关于"栋式"的介绍。

年 5 月相贺兼介的"第一厅舍""第二厅舍",终至 1936 年牧野正巳设计的伪满综合法衙、伪满国务院建筑局负责设计的建国忠灵庙,前后只有 4 年的时间。

通过研究可以看出,以新民大街"一院四部一衙"为代表的"满洲式"具有两个基本特点。从建筑形象来看,"满洲式"其实就是以西方现代、折中主义建筑为框架,覆盖中国传统样式"大屋顶",个别为日本"和式屋顶",并把东西方传统构件、细部作法杂糅成一体的近代建筑。从建筑性格来看,"满洲式"具有将政治、文化、功能和时代相结合的特点。这种建筑样式是日本军国主义武力侵略、殖民统治我国东北地区的产物,具有"威严""庄重"的政治表现;同时,它是为伪政权"日、朝、满、蒙、汉""五族协和"意图服务的,具有明显的笼络人心、奴化国民的文化特征,是一种典型的近代殖民地建筑。

考证这些同称为"满洲式"的建筑,会发现它们之间虽然缺乏成熟、系统的形式特征,但有一些形式语言是相通的,而且较明显。

"满洲式"建筑的正立面的构图普遍采用东方传统或西方古典建筑的对称形式。其中,主入口必须位于中轴线的中心,出于构图的需要,底层一般布置高为一或多层的门廊,为方便汽车直达主入口,门廊左右两侧设对称的车道。顶层最上方设有二到三层高的覆盖有中国式"大屋顶"或日本"和式屋顶"的方形主体塔楼,或中心体量升起并在其上方覆盖"人字形"双坡屋顶。为突出主体塔楼,在建筑物左右两侧端部设附属塔楼与之相呼应。高耸的主体塔楼或局部升起的大屋顶是这种建筑最显著的形象特征。

"满洲式"建筑的建筑体量通常采用"横三纵五"的设计手法。从建筑外观看,"横三"是指建筑物在水平方向被分割为三部分:一层(勒脚)部分为石板饰面,中间各层用外墙瓷砖装饰,顶层及檐下为涂料饰面。"纵五"是指建筑物在竖直方向被划分成五个体块:主入口所在的中心体量向外凸出,其左右为平整的、排列着竖向窄窗的墙身部分,而墙身两侧端部体量也外凸并在一层设次要入口,即使没有"外凸"也要通高(从一层到女儿墙)布置装饰性构件(如伪满交通部设有仿垂花门造型的窗套等),用以区别墙身部分。

"满洲式"建筑外观及其装饰构件的色彩非常适合北方寒冷地区。外墙饰面基本为咖啡色、赭石色、深褐或深紫褐色瓷砖与浅米黄、灰白色石材相结合。屋顶和檐部设琉璃瓦,多使用中暖偏重的色调,如伪满国务院屋顶及檐部为烟棕色琉璃瓦，伪满军事部、伪满司法部屋顶及檐部选用的是绿色琉璃瓦，综合法衙正中塔式楼顶及檐部则采用了深褐色琉璃瓦，另外，同色调的折中风格的宝顶、垂脊兽饰和瓦当滴水等细部构件，使其特征更加明显。

3. "满洲式"建筑的典型代表——新民大街"一院四部一衙"建筑群

长春市新民大街原名顺天大街，建成于 1933 年，是日本殖民者为当时的伪满洲国"新京"规划建设的"中央大道"，其位于城市纵向主干道大同大街的西南部，二者同为南北走向。新民大街长 1446 米、宽 54.4 米，居中规划有一条宽 16 米的散步道，左右两侧为单向车道，是"新京"最宽的城市干道。作为伪帝宫（未建成。今长春市文化广场"地质宫"所在位置）中轴线向南的延伸，新民大街所在区域为"国都"的中央行政中心，"一院四部一衙"就位于这里。

（1）伪满国务院旧址（"第五厅舍"）。

伪满国务院旧址位于新民大街 126 号，隔街与伪满军事部旧址相对，北靠文化广场，现为吉林大学基础医学院（见图 7-32）。

图 7-32　长春伪满国务院旧址

该建筑占地面积为 50600 平方米，建筑面积为 20085 平方米，钢筋混凝土框架结构。1934 年 7 月 19 日动工，1936 年 11 月 20 日竣工。1937 年交付使用。该建筑的主体平面呈"山"字形，地上四层，半地下室一层。正门朝西，三层高的入口门廊有 4 根塔司干柱式，两侧用方柱收边，使塔楼在构图上更加稳定。中间塔楼为六层，高度达 44.8 米，其塔楼顶部采用重檐四角攒尖顶，下部是大面积的实墙，四面各配 4 根塔司干柱式，为了使上部较小的塔楼同下部大尺寸的基座有较好的过渡,设计者使用了 4 个巨大的实体墩台来解决。墩台之下设计了四根巨大的望柱,既丰富了局部的细节,又很好地解决了"观礼台"的功能。屋面铺烟棕色琉璃瓦,外墙咖啡色瓷砖与浅色石材结合贴面。瓦的颜色、宝顶的细部造型以及垂脊上的兽饰都与日本国内的相似。建筑两翼与塔楼顶部一样,采用中国传统四角攒尖顶和重檐四角攒尖顶,曲线的屋顶及总体造型是中国风格的。

设计中恰如其分地运用折中主义的手法,将中国传统的攒尖四坡顶与西方古典柱式结合在一起,同时借鉴日本国会议事堂的设计,对中间主体塔楼的形象作了相当的模仿,这迎合了伪政府里中日要员的心理,表现出殖民征服的政治意图。关东军司令部办公大楼对它的设计也有过很大的影响。伪满国务院在伪满建筑中占有最重要的位置,是当时伪满政府办公建筑中面积最大,当时长春最高的建筑。

(2) 伪满司法部旧址("第六厅舍")。

伪满司法部旧址位于新民大街 828 号,与伪满国务院旧址同在新民大街东侧,隔街和伪经济部相对,现为吉林大学新民校部(见图 7 - 33)。

图 7 - 33 长春伪满司法部旧址

该建筑占地面积为 16900 平方米,建筑面积 5200 平方米,砖混结构,局部内框架。建于 1935 年,1936 年交付使用。

该建筑平面呈十字形,正门朝西,地上三层,地下一层,正中建有六层塔楼。塔楼日本味十足。主楼一层为拱形窗,二、三层为方窗。入口门廊采用双柱式设计,中部主体部分高出主体 1/3,用白瓷砖贴面,其他墙面用赫石色瓷砖贴面。屋顶使用日本国内常用的绿色琉璃瓦。

　　该方案最初是设计者用来参加伪国务院大楼设计竞选的，后经过修改移作伪司法部的设计方案。

　　（3）伪满综合法衙旧址。

　　伪满综合法衙称中央法衙、新京法院合同厅舍，旧址位于新民广场东侧与自由大路西端交汇处，自由大路108号，是新民大街历史保护街区内伪满政府办公建筑中最南端的一个，现为空军第四六一医院门诊楼（见图7-34）。

图7-34　长春伪满综合法衙旧址

　　该建筑占地面积为104000平方米，建筑面积为14800平方米，钢筋混凝土框架结构。1936年6月动工，1938年竣工。

　　该建筑地上三层，正中主体塔楼五层，半地下室一层。该建筑通体充满曲线，中间高起部分采用弧形实墙体，顶部为四角重檐攒尖顶。巨大的门廊上开有玻璃采光顶，内部有四层高的中庭，四周设回廊，上部开有玻璃采光顶。女儿墙部位采用深褐色的琉璃瓦作檐口，外墙用薄砖贴面。外墙采用咖啡色面砖，而且在曲线处的面砖都加工成弧形。室内楼梯、扶手及墙裙都采用米黄色水磨石贴面，使用至今，仍平整光洁如新。

　　该建筑在探索新建筑形式的道路上向前迈了一大步，很好地体现了广场建筑的特征。整个建筑为避免广场和两侧交通干道环境的干扰，将建筑临街面都作成单廊的形式，并设以很窄小的钢窗采光，致使许多室内房间采光效果不好。

　　（4）伪满交通部旧址（"第八厅舍"）。

　　伪满交通部旧址位于新民大街1163号，现为吉林大学公共卫生防疫学院。

该建筑占地面积为 18464 平方米，建筑面积为 8056 平方米，钢筋混凝土框架结构。1936 年 8 月 18 日动工，1937 年 12 月 10 日竣工（见图 7 – 35）。

图 7 – 35　长春伪满交通部旧址

该建筑平面呈长方形，主体为三层，局部四层，半地下室一层，建筑最高点距地 27 米。在主体坡屋顶边缘雕有花纹，四层楼窗顶装有半坡檐做点缀，其下有四条突出墙面的装饰柱。建筑两翼端部设有凸出的窗套和阳台并用类似垂花门的造型装饰。深紫褐色的琉璃面砖衬托着黄灰色的琉璃装饰构件顶，女儿墙的檐部设有小的垛口，并有石材的压顶。入口门廊灯座下，台阶两侧有抱鼓石，建筑下部贴浅色石材。整个建筑造型生动，外墙的琉璃装饰繁杂，细部做工精致。

（5）伪满军事部旧址（"第九厅舍"）。

伪满军事部先后称为军政部、治安部，旧址位于新民大街 71 号，隔新民大街与东侧的伪满国务院旧址相对，现为吉林大学第一医院 1 号楼（见图 7 – 36）。

该建筑占地面积为 53850 平方米，建筑面积为 10169 平方米（未含附属用房），钢筋混凝土框架结构。1936 年 8 月 31 日动工，1938 年 10 月 31 日竣工。

该建筑地上主体四层，转角处局部五层，地下一层。建筑主体后退距离与伪满国务院一齐，但在总体布置上却没有像伪满国务院及顺天大街两侧的其他建筑那样采用对称式的布局形式，而是把平面做成三角形，在转角部位设置主入口，并朝向丁字路口。主入口雨棚上部栏板有尺度巨大的望柱，五层突出部分做成硬山式两坡顶的形式，其建筑体量及外墙装饰材料的质感和

图 7-36 长春伪满军事部旧址

色彩都与伪满国务院相同，其室内门厅处设有二层的通厅，四周回廊的柱头上有硕大的斗拱造型。

1970 年整体接建一层，将五层突出部分的硬山式两坡顶旋转 45 度后改为歇山式屋顶，屋顶及檐口的琉璃瓦改成绿色，并后加尺度巨大的装饰浮雕图案。

（6）伪满经济部旧址（"第十厅舍"）。

伪满经济部旧址位于新民大街 829 号，伪满军事部旧址与伪满交通部旧址之间，现为吉林大学中日联谊医院二部（见图 7-37）。

图 7-37 长春伪满经济部旧址

该建筑占地面积为 29778 平方米，建筑面积为 10254 平方米，钢筋混凝土结构。1937 年 7 月 17 日动工，1939 年 7 月 31 日竣工。

该建筑平面为长方形，地上四层，局部五层，两翼为三层，半地下室一层。

这座当时被称作"东洋趣味的近代式"的建筑，两侧外墙是深褐色面砖，中间贴灰白色石材，中间高起部分设有两坡屋顶，其他部分较少装饰，是当时顺天大街两侧形式和外部装饰都最简单的建筑。

伪满洲国时期，"一院四部一衙"仅为日本殖民统治服务了十来年。伪满洲国垮台后，随着其使用功能的彻底改变，这些建筑物已为我们服务了半个多世纪，且一直发挥着建筑本体的作用。目前除伪满综合法衙旧址为空军第四六一医院的门诊楼外，其他四座建筑都由吉林大学的教学和医疗单位使用。

东北光复后，在国民党统治长春期间，新民大街已有的建筑物遭到不同程度的损坏。1948年长春解放后，这些建筑物都由白求恩医科大学与北方大学医学院合编的华北医科大学（后改为中国人民解放军第一军医大学）接管；接管后，将损坏的部分进行了修缮。

中华人民共和国成立以后，长春市政府及有关部门出于爱国主义教育和文物保护两方面的目的，对"一院四部一衙"遗存很重视，采取措施并制定保护办法，使这些遗存得以整体保护。2013年，它们被国务院核定并公布为第七批全国重点文物保护单位。

2010年，新民大街被吉林省人民政府批准为省级历史文化街区，2012年，该历史文化街区被评选为第四批"中国历史文化名街"。这是长春市乃至吉林省的首条"中国历史文化名街"。可以说，新民大街历史文化街区是长春市历史建筑文化遗产最集中，价值最大和特色最突出的区域。它记载着长春近代城市发展的历史，不仅是展示伪满时期近代建筑的典型地段，而且是体现长春市城市风貌的标志性街区。

目前新民大街"一院四部一衙"建筑群的外观及其环境保存良好，从建筑外观来看，只有沿新民大街西侧的伪满军事部、伪满经济部的建筑主体部分被改动或搭建。近年来"一院四部一衙"基本上都进行了不同程度的修缮，2017年刚刚全面修缮了伪满国务院旧址、伪满司法部旧址，虽然整体上遵循了"修旧如旧"的基本原则，但修缮技术、工艺与材料是否得当，有待观望。另外，修缮过程中一些造型细部及线角略有异动。

4. "满洲式"与"帝冠式""兴亚式"的关系

目前，对"满洲式"还有两种提法，分别是"帝冠式"和"兴亚式"。

不同的称谓，反映出人们对这种建筑样式所持的不同态度。

首先，关于"帝冠式"的称谓。"满洲式"建筑在产生、发展的进程中受过"帝冠式"建筑思潮的影响。"帝冠式"建筑是 20 世纪初期日本国内"帝冠运动"的产物，是一种以日本民族风格的"大屋顶"为典型特征的，"和洋折中"的现代建筑样式，又称"帝冠拼合式"。伴随着军国主义的兴起，"帝冠式"建筑开始成为日本政府类建筑的一种重要形式。代表作有神奈川县市政厅（小尾嘉郎/神奈川县内务部，1926 年设计，1928 年竣工）、名古屋市政厅（平林金吾/名古屋市建筑课，1930 年设计，1933 年竣工）、爱知县市政厅（西村好时、渡边仁/爱知县总务部营缮课，1931 年设计，1938 年竣工）、军人会馆（川元良一，1930 年设计，1934 年竣工）和东京帝室博物馆本馆（渡边仁，1931 年设计，1937 年竣工）等（见图 7-38）。

伪满洲国成立伊始，在当时的政治目的及要求下，官厅建筑和纪念性建筑被认定应是"国家"形象的标志。如何设计是当时来自日本的建筑师们要解决的"课题"。这一时期，日本"帝冠式"建筑的倡导者、神奈川县市政厅设计顾问佐野利器[1]，神奈川县市政厅主持建造者（监理）桑原英治[2]及参与该项目设计投标的相贺兼介等人来到"新京"，参与建设决策或发挥重要作用。同时，负责官厅建筑设计、施工的伪满营缮需品局（后改组为建筑局）中的官员和技术人员都是日本人，这些人大多都与佐野利器有较深的渊源或为其学生[3]，如笠原敏郎（先后任伪满营缮需品局局长、伪满建筑局局长）、桑原英治、石井达郎（佐野利器的学生，伪满国务院的设计者）、奥田勇、葛冈正男等，他们对佐野提出的官厅建筑要以"满洲的气氛"为设计准则的建议给予了积极的回应。

虽然日本国内"帝冠论争"初期和达到高潮时，在中国被日本所占据的区域内的建筑活动没有跟风或应合的现象[4]，但在日本的民族主义语境下形成的"帝冠式"，成为宗主国"文化传播"的道具当无异议。从建筑形态上来看，它们都是东方式坡屋顶和现代建筑的结合体，二者有许多"相似"之

---

① 佐野利器，日本著名建筑家。1929~1939 年间，曾三度出任日本建筑学会会长。1932 年，受日本关东军委托出任伪满"国都建设局"专家咨询委员会委员。
② 伪满洲国成立以后，桑原英治先后在伪满营缮需品局营缮处、伪满建筑局工务处担任要职。
③ 〔日〕越泽明：《伪满洲国首都规划》，欧硕译，社会科学文献出版社，2011，第 178 页。
④ 李之吉：《"满洲式"建筑解析》，载张复合主编《中国近代建筑研究与保护》三，清华大学出版社，2004，第 30 页。

日本神奈川县市政厅

日本名古屋市政厅

日本东京帝室博物馆

日本东京军人会馆

日本爱知县市政厅

图 7－38　日本"帝冠式"建筑实例

处。然而，"帝冠式"源于古老华夏文明的"日本民族风格的大屋顶"，即使在殖民地的人们心理上并不排斥，但这里不是日本国内，"帝冠式"是不能完成"满洲气氛"的营造。而 20 世纪 20 年代中期，我国国内兴起的"中国固有之形式"设计思潮，也引起了"在满"日本建筑师的关注，这种以"大屋顶"为特征的潮流，符合伪满洲国提出的"新满洲、新国家、新形象"的政治要求及"满洲的气氛"的文化观念，于是乎中国传统样式的

"大屋顶"以及建筑构件、细部作法就被"借用"到"满洲式"建筑之中。这一"借用",也使得"满洲式"建筑脱离了"帝冠式"的框框。

其次,关于"兴亚式"的称谓。"满洲式"建筑与"兴亚式"都是日本军国主义在"海外"进行殖民统治的产物。但从其附加的政治属性来看,二者的本质是不同的,"满洲式"建筑是"为满洲的政治服务"的,而"兴亚式"则是日本建筑设计界附和"大东亚共荣圈"的一种建筑活动或政治诉求。从时间的角度来考量,"兴亚式"的出现晚于"满洲式"。"大东亚共荣圈"战略构想和政治口号源于1938年11月日本政府发表的《大东亚新秩序》宣言,1940年8月才被明确提出,最重要的是,没等它真正发展起来,日本就已战败投降。而"满洲式"建筑的设计建造时间均在这之前(长春市内的"满洲式"建筑设计时间,是在1932~1936年间)。

在建筑形式上,所谓的"兴亚式"没有提出任何明确的要求。在日本近代建筑历史上,重要的"兴亚式"建筑活动仅是日本建筑学会举办的二个设计竞赛,一个是1942年9月的"大东亚纪念营造计划"设计竞赛;一个是1943年10月的"曼谷日本文化会馆"的设计竞赛。这两个竞赛的首奖获得者丹下健三[①],在方案中都采用了日本传统形式,其中"大东亚纪念营造计划"是以伊势神宫等日本神社为蓝本设计的"巨大而精细的宗教复合体"纪念碑[②]。它们仅仅停留在基于"大东亚共荣圈"构想的"纸面"探索的阶段。

另外,关于"兴亚式"和"帝冠式"的关系。"兴亚式"不同于"帝冠式",这从丹下健三参加上述两个设计竞赛时的心路历程即可明了,"从感情上(丹下健三)十分讨厌当时的'帝冠式',所以采用了伊势的造型,这只能说是当时政治条件下现代建筑的'畸形儿'"。[③] 而今天有人把"帝冠式"和"兴亚式"当作一回事,导致同一座建筑往往今天被称为"帝冠式",明

---

① 丹下健三(1913年9月4日~2005年3月22日),日本著名建筑师,普利兹克建筑奖获得者。丹下健三出生于日本大阪,1938年毕业于东京大学建筑系,毕业后进入前川国男建筑事务所。1946年,在东京大学建筑系任教。1959年,受美国麻省理工学院邀请作建筑系客座教授。1961年,创建丹下健三城市·建筑设计研究所。1980年,获日本文化艺术界的最高奖——日本文化勋章。丹下健三就是通过这两个竞赛而为当时日本建筑界熟知,后来成为国际著名建筑设计大师。

② 〔日〕藤冈洋保:《20世纪30年代到40年代日本建筑中关于"传统"的想法与实践——通过现代建筑的滤镜转译日本建筑传统》,李一纯译,《时代建筑》2014年第1期。

③ 马国馨:《丹下健三》,中国建筑工业出版社,1989,第6页。

天可能又被叫作"兴亚式",就很不科学了。

综上所述,"满洲式"建筑样式不但受到过"帝冠式"的影响,还与"兴亚式"有一定的联系。但从建筑史学的角度来看,如果将它归入"帝冠式"范畴中,就将伪满洲国的建筑历史与当时的日本画了等号。同样,如果将它与"兴亚式"混为一谈,势必导致建筑时空关系的混乱。

需要指出的是,伪满洲国时期当事的建筑师和"官方"对"一院四部一衙"这类建筑的介绍,从未见有"帝冠式"或"兴亚式"的称谓或类似的表述。如伪满综合法衙的设计者牧野正巳撰文称,该建筑"大部分采用了汉式配置,南北中心线对称,正面呈矩形,主要的建筑物面南而立"。[①] 又如,对最后一座"满洲式"的代表作——伪满建国忠灵庙进行介绍时,伪满国务院建筑局也仅称其为"具有东洋基调的满洲独特的新样式"。[②] 所以,我们认为还是以当时已经明确提出的"满洲式"来称呼"一院四部一衙"这些历史建筑遗存,最为客观、恰当,而无须以当代的语境和政治态度命名之。

中华人民共和国成立后,"满洲式"建筑遗存特别是新民大街"一院四部一衙",对长春市的建筑设计创作仍有着不容忽视的影响。一方面,在新民大街历史文化街区,经过60多年的保护与建设,街区空间形态和建筑风貌一直受到伪满洲国时期总体规划与建筑布局的制约。20世纪50年代后新建的功能各异的建筑物,大多注意在形式、体量、色彩上与原有历史状况保持了"协调"。另一方面,在一些与"历史"无关的街区也出现了一些模仿或借鉴伪满国务院、司法部等"满洲式"外观构图和屋顶形式的建筑物。这种现象始于改革开放初期,从统计数据来看,这些建筑多为政府行政办公类建筑。模仿或借鉴的目的就每个项目而言,无外乎是,要么认为"满洲式"建筑样式具有长春历史文化特色,在当今建筑设计千篇一律的现状下可以"标新立异";要么认为"满洲式"建筑"威严""庄重"的性格特征能满足某些类型建筑所追求的"高大上"。

今后,这种模仿或借鉴的现象是否还会继续,是有关方面需要关注与思考的。但无论如何,"一院四部一衙"这类"满洲式"建筑不应是我们从事

---

① 〔日〕牧野正巳:《满洲国法衙厅舍设计要项》,《满洲建筑杂志》1938年第18卷第6号,第2页。

② 详见《满洲建筑杂志》(1941年)第21卷第1号第33页,"建国忠灵庙造营工事概要"中关于"样株"的介绍。

建筑创作的"原型"。

（五）标准化"日系住宅"及其特色分析

伪满洲国成立以后的 14 年间，随着殖民经济的入侵，日本殖民统治者不断进行城市扩张和城市建设。一时间，东北各主要城市的建设速度大幅度加快，其中有相当大的一部分是居住区的开发。随着人口的大幅度增加，各主要城市的住宅建设速度无法适应迁往东北地区的、急剧增长的各类移民对住宅的需求，从而导致住房紧张的情况在愈演愈烈，到了 1939 年房屋供不应求的情况更为严重。因此，日本军国主义为巩固其殖民统治，通过伪政府采取各种办法，大规模的开发建设了配套齐全的近代住宅。在国际上新思想和新理论的影响下，殖民者将这些源于西方的近代住宅样式引进后又加以改良，一方面把日本传统的居住空间模式沿袭过来，另一方面结合东北地区的地理气候条件，打造形成了一种具有地域特征的近代城市住宅样式。

为了加快住宅的建设速度，投资方和设计方采取了一系列相应的措施加以解决。

以长春市为中心的东北地区近代标准化住宅虽然不是中国近代住宅的重要组成部分，但因其在当时城市规划中的作用，使之与其他建筑类型一同构成了 20 世纪三四十年代东北地区现代化城市的最初机理。除政治色彩浓厚的官厅建筑与纪念性建筑外，这一时期的住宅建设状况更能真实地反映当时社会的政治经济情况以及各阶层百姓的生活水平状态。同时，因其为了满足大规模建设而采取标准化、工业化的设计建造形式所产生的极具时代特征的建筑外观形象，极大地丰富了东北地区各大城市的城市空间形态。目前在长春、大连等地尚存有一定规模、数量的标准化住宅。

1. 满铁社宅

日俄战争结束后，日本军国主义通过满铁（南满洲铁道株式会社）开始推行其殖民政策，1906～1932 年满铁在铁路沿线经营其所谓的附属地，从而使得相关的城镇在国内较早的走上了近现代化建设的道路。

满铁成立后，为给从日本本土来的移民以及当地工人提供住所，在其附属地集中建设了大量的社员（职工）住宅和宿舍。普通住宅采用了标准型的设计。为了避免标准化的硬性规定影响住宅的适用性，同等级的标准型住宅又根据不同家庭的人口结构分为不同的型号。不同型号的住宅，居住面积大致相同，仅平面格局不同，以适应不同的家庭人口需求。同类型的住宅间根据组合需要与环境特征，灵活组织院落，以期达到群体、组团的多样化。可以说，"满铁社宅"建设对中国东北地区日本统治区的住宅保持一定的水平产生了影响。

早期的满铁社宅以"和式"木结构的住宅为主，但由于其围护结构壁薄、保暖性差，不适应东北地区，因此，保温防寒成为居住建筑首要任务。在经过研究探讨后，日本人参考满族住宅和俄罗斯住宅，重新建造了移民住宅，即用砖或石头盖房，室内设有壁炉、火炉、火炕、铺上榻榻米起卧。其后满铁社宅大多为砖木结构形式。到了20世纪30年代，钢筋混凝土在伪满的各类建筑中得到了广泛的应用。此时，住宅的基本结构组成包括：砖墙承重体系，钢筋混凝土梁板，木屋架。除外墙与楼梯间墙为红砖砌筑的承重墙体外，户内所有内墙均为只起分隔、围护作用的仿日本传统的"木构"式样。室内都是以"和式"空间为主的。

满铁在附属地大批量开发建设标准化的混合结构住宅，其设计受到20世纪初英国低层集体住宅的影响。大连近江町住宅是包括日本在内的第一栋低层集体住宅。

随着现代主义建筑的发展，它提倡的适应大量化、工业化建造的设计原则，在满铁低等级住宅及后来的伪满时期的标准型住宅上得到相当的应用。伪满洲国成立后，满铁住宅的建造方式被广泛接受。为达到加快建设速度，节约造价，建造经济、适用的住宅的目的，普通住宅从类型到构件，广泛使用了定型化的标准设计和生产方式。

伪满洲国时期的"日系住宅"肇始于满铁社宅。

2. "日系住宅"和"规格型住宅"

伪满洲国时期的居住建筑从类型上来分，主要包括官邸、公馆、独立式住宅等高级住宅和双联式住宅、联排式住宅（公寓和宿舍）等大量性的普通住宅两大类。

根据住宅的使用对象及规模不同，当时的住宅类型标准由高到低为独立式住宅，并联式住宅，连排式集合住宅，宿舍或公寓式住宅。住宅层数以一、二层为主，极个别的公寓和宿舍为三层。

这一时期，在政治、经济双重作用下，日本殖民者将我国东北地区各殖民城市的大量性普通住宅被分成"日系住宅"和"满系住宅"两大类。所谓"日系住宅"，是指为殖民者及相关日伪人员居住服务的，以"和室"空间为室内主要特征，裹挟在当时的折中、集仿建筑思潮之中的，具有现代主义建筑风格的低、多层城市住宅。而"满系住宅"是指具有中国传统室内空间特征的低层住宅。其中为日本人服务的"日系住宅"无论是规模，还是质量都远高于为中国人服务的"满系住宅"。

"日系住宅"由日本建筑师设计，力图为"在满日本人"创造一个"理想的家园"。各类住宅的层数多以一至三层为主。低密度、低高度的建筑物之间出于满足通风、日照和防噪的考虑都划定有较大的院落，形成具有"别墅"特征的庭院式住宅。在长春，这种庭院式住宅是伪满时期住宅建设的主流，应视为设计者追求的以日本传统文化为目标及迎合霍华德"田园城市"思潮的结果。这个"结果"，直接影响了长春市的基本格局。新中国成立后，人们用"宽马路，四排树，圆广场，小别墅"来概括长春市的城市特征，足以印证当年住宅建设的规模和重要。

为了节约建筑材料、弥补劳动力的不足，当时广泛采用了定型的标准图设计，以减少设计周期和工作量，加快建设速度。本文所说的"规格型住宅"就是这种住宅的一种类型。

"规格型"一词源自日语，即"标准型"的意思。所谓"规格型住宅"，是指"因建设而紧急需要的"，"可实现国民健全生活水平的最小限度的"，从建筑类型到建筑构件都采用标准化设计。伪满建筑局于1941年4月正式出版发行了《满洲国规格型住宅设计图集》，并力图使它成为伪满时期"日系住宅"建设的"模板"。

从建筑历史的角度来看，建设标准化住宅是解决当时住房不足、建材紧缺等社会问题的一个快速且行之有效的途径；从建筑类型的角度来看，强调经济性、实用性的标准化住宅是伪满时期最富有特色的建筑类型之一。新中国成立以后20世纪七八十年代，东北地区设计建造的许多经济型多层住宅的样式仍是这类标准化住宅的延续或改进。

3. "日系住宅"特色分析

以"日系住宅"为代表的伪满洲国时期的住宅具有明显的时代性、合理性和舒适性的特征。为了"新国家""新形象"及实现"国民健康居住"的需要，住宅建设重视绿化、卫生、采光、防寒、保温、防震、防火、防空等方面的要求，且已形成规则。

近年来，我们对长春市现存的标准化中小户型"日系住宅"进行了系统的调研。认为它们基本上能代表伪满洲国时期此类"日系住宅"设计的基本特点。现从室内空间、建筑形态、外部环境，以及节能保温、卫生条件、防火疏散等六个方面介绍其独特之处。

（1）室内空间。

调查发现，"日系住宅"的室内都是以"和室"空间为主的，即使是内廊式宿舍，也有其神韵，而且住宅等级越高，"和式"形态的呈现程度也就越完整。

在这些住宅的内部，构成"和式"空间的要素，如柱、长押，襖、障子，鸭居、敷居，踏踏米等构件、设施一应俱全；在较高等级的住宅（如满电舍宅）中，床间、床柱这些反映"和室"文化的精神所在的空间、构件更是得到原汁原味的设计使用。居室地面都是在木地板上铺设榻榻米，一般为4.5帖（叠）、6帖（叠）、8帖（叠）三种规格。为配合席地而居的生活习惯，朝向阳面的主要居室均设计有矮窗台，有些还在室外相应处设挑台，为避免遮挡视线，挑台仅靠通透的铁艺栏杆围合，其造型也为新艺术风格的形式，从而使自然景色能够很好地融入室内。这种室内外通透的设计，是伪满洲国时期"日系住宅"的基本特点。

（2）建筑形态。

伪满洲国时期，除高级住宅外，大量性的普通住宅的建设采用低造价、重功能、省人工的模式。这一时期，住宅建筑设计的主力是接受西方建筑教育或受其影响的日本"渡海建筑师"，他们在不断的创作探索中，较好地将住宅设计理念与伪满洲国的政治企图、经济状态进行了结合。

标准化的中小户型"日系住宅"，其外观均由坡屋顶、屋身和毛石勒脚三部分组成，平面布局和主要立面构图都是对称的，设计的总体风格俭朴、层次分明。建筑外装饰一般为清水红砖墙或水泥砂浆麻灰饰面层，有些在重点部位（如主入口处）粘贴外墙饰面砖。坡屋顶铺红或灰机瓦，檐口部位略有出挑。常设有短外廊、楼梯间阳台（或小露台）、扶墙烟囱、外凸楼梯间，以及少量的水泥线脚、窗套装饰等，从而丰富了建筑造型、空间形象（见图7-39）。

在当时，标准化"日系住宅"常为开敞式入口或楼梯间，似有"与当地严寒的气候极不适应"的嫌疑，但1932年代之前的"满铁"如此，伪满洲国成立以后如此，到了1941年，带有"国标"性质的《满洲国规格型住宅设计图集》确定的所有二层住宅也如此。虽然之前满铁社宅做过适合性改造，并于1928年（昭和三年）左右确定了标准化的丙、丁类住宅平面图（包括南入式、北入式），但开敞式入口保留了。这就不得不引起我们的思

图 7 - 39　长春市同志街与清华路交汇处 "电电舍宅" 现状

考。如果从设计者的角度来分析，开敞式入口既能满足二层住户对自然、庭园的愿望，让居于二层的住户也感受到类似一层的生活乐趣，又有较好的通风、采光条件，且易于防火、防空疏散，那么，所谓的 "不适应气候的设计" 之说就值得商榷了，在我们看来，这一现象起码还应从当时 "日系住宅" 设计理念及包含的日本传统文化之影响等深层次方面加以探究（见图 7 - 40）。

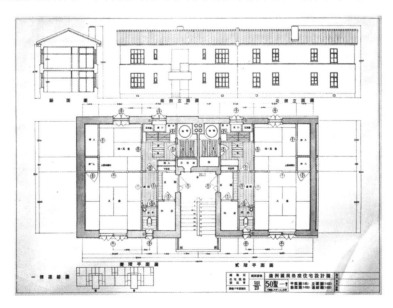

图 7 - 40　《满洲国规格型住宅设计图集》"50 型" 二层住宅的
平、立、剖面图及单元组合图

（3）外部环境。

伪满洲国时期的"日系住宅"，在设计、建造中都力图为"在满日本人"创造一个"理想的家园"。低密度的、一至二层住宅，在技术层面具有新结构、新工艺所创造的合理性和舒适性，在形象上又较为接近"在满日本人"心目中所期望的日本传统居住建筑形态，同时，注重引入日本传统庭院空间。正如当时《满洲建筑杂志》有文章所说的，"满洲的都市的住宅同日本本土的住宅相比，也有了漂亮的庭院，……原因就是满洲为日本人移住"。从而使居住者（日本人）对住宅、庭院空间及环境有较强的认同感和归属感。例如，为了使来自日本的"移民"更具有"乡土观念"，包括住宅区在内的整个城市大力植树造林，一方面改造了城市景观，另一方面"使都市的绿化彻底涵养、建立乡土精神"，从而为殖民统治的"长治久安、精诚团结"服务。这种外部环境的营造，是构成长春市"花园式城市"的重要因素。

"日系住宅"的密度虽然很低，但这样的设计能使各户尽量贴近地面，既符合日本传统居住建筑亲近庭院、自然的文化内涵，更符合"根植""新国家"的政治企图。另外，低密度的低层住宅符合防震、防火、防空等安全要求，例如，在伪满"新京"，建筑高度除有特殊规定的，"限定高度不能超过20米，以防止出现欧美等国几十层的摩天大楼因为保养、保安以及天灾地变出现的问题，将危害降到最小"。

（4）节能与保温。

由于平面布局紧凑，外墙凹凸变化不大，因而建筑体型系数较小，加之窗墙比约为0.2，且不同方位的外墙体厚度不同，所以伪满时期的"日系住宅"的建筑能耗还是较低的。

"日系住宅"是为日本"移民"服务的，所以起居均在"榻榻米"上进行。为解决冬季室内地面温度低，给坐卧带来的不适，一方面采用架空木地板来隔绝冷湿空气，另一方面，借鉴东北民居火炕的供暖原理，在一层地面下设置供暖地沟，以达到冬暖夏凉的效果。为防止潮湿气体上侵，在构造上也采取了一些措施：一层地面的木龙骨通常架设在独立设置的砖垛之上，同时，在勒脚部位的外墙上设通气孔，用以排除阴湿、防止地板霉变（新中国成立以后，这些通气孔都被封堵，破坏了木地板、木龙骨等的性能稳定）；另外，木屋架作为标准型日系住宅屋面的常规做法，虽然在结构、防火防灾方面存在一些问题，但其作为坡屋顶的屋面构造形式与钢筋混凝土结构相比，更利于冬季保温。一般情况下，屋架下还设有木板条抹灰吊顶，其上为木龙骨的木板隔层，也有在吊顶上设石灰、木屑混合的保温隔气层的。

（5）卫生条件。

"日系住宅"非常注重室内卫生条件，特别是空气的质量。在建筑设计上尽量缩小进深以争取日照，通常主房间朝南，进深相对较大，开窗尺寸也大，次要房间朝北，进深和开窗尺寸都很小，这样的设计易于采光，形成南侧的正压风流。同时，通过构造来保证通风换气也是其常用的手法。各主要房间均有排送风系统，为防止灰尘和冬季冷风渗入，室外排送风口设有防尘帽，用于地板通风防潮的风口还设有防鼠装置。厕所、浴室也都为自然采光、通风，即使等级较低的住宅（如电电舍宅），其厕所也尽可能地采用间接方式解决采光通风问题，如在楼梯间开窗等。等级较高的住宅（如满电舍宅），厕所已实现了"干湿分离"，为改善室内空间视觉效果、防漏、降噪音，二层各户设置"下沉式浴室"，这种浴室通常采用"双层楼板"设计。玄关地面的标高低于室内其他房间，入户口设双层平开门，为防烟气倒灌室外烟囱高出屋脊。

伪满洲国时期，长春市的住宅建设中最具革命性意义的进步是，全城区实现了室内水洗厕所，这在亚洲是第一个。而日本城市在 20 世纪 60 年代以后才普及水洗厕所。[①]

（6）防火疏散。

开敞式入口或楼梯间是我们调查的"日系住宅"的常规设计，这样的设计贯穿了"满铁"、伪满洲国时期住宅建设的始终，是值得我们深入研究的。虽然每栋楼或单元里仅有四户人家，套型面积也并不大，但不论是一层还是二层，各户大都设有二个不同方向的出入口，除功能不同（生活、服务）外，从防灾、减灾（包括防火、防空）的角度来分析，这种设计方式配合开敞式入口或楼梯间是非常有利于疏散的。因为 1923 年关东大地震引发的火灾造成了巨大的人员、财产损失，从此之后，日本的建筑设计都非常注重"疏散"要求。

4. 政治和经济因素对伪满时期住宅建设的制约

殖民背景下进行的伪满洲国时期住宅建设，是在政治和经济的双重作用下产生、发展和演变的。

伪满洲国时期住宅建设具有明显的殖民特征。在伪满政府出台的《住宅

---

① 〔日〕越泽明：《伪满洲国首都规划》，欧硕译，社会科学文献出版社，2011，第 126 页。

建设对策纲要》（1940年10月13日）中提出，要在三年内建设20万户的住宅，主要是满足机关、团体的居住需求，特别是以亟待解决的日系官吏、职员有家属者的住宅为重点。伪满洲国的住宅政策充分体现了其殖民特征，对中国人有明显的歧视，这也体现在"新京"规划与建设当中。

为了满足殖民统治的需求，为日本人服务的"日系住宅"无论是规模，还是质量都远高于为中国人服务的"满系住宅"，且等级分明，例如在伪满首都"新京"，"日系住宅"有六个等级，建筑面积分别为100、86、68、45、38、25平方米，而"满系住宅"仅有三个等级，建筑面积分别为38、25、20平方米等。

伪满洲国时期住宅建设还具有较高的工业化程度。伪满时期日本殖民者为了最大限度地攫取我国东北地区的资源，采取了经济统制政策，对工业部门实行"一业一社"制，即每个行业都成立一个由日本投资者和伪满政府共同出资的"特殊会社"，即垄断性的公司。由伪满政府和日本合资组建的"满洲房产株式会社"，就是基本建设领域的"特殊会社"。该会社对伪满时期的房地产开发起到了"引领"作用。

为了在低造价、省人工的情况下，尽快解决因城市化进程加快，住宅的需求量大幅度增加的问题，在住宅建设中，大量性的普通住宅从类型到构件，广泛使用了定型化的标准设计。《满洲国规格型住宅设计图集》就是这一政策的产物。

四 民族主义建筑思潮的发展

民族主义建筑思潮是推动近代中国建筑发展的一个重要环节。它是在中国民族文化与心理推动下产生、发展的。

19世纪末，西方近现代建筑潮流已经进入到中国大陆，主要有新艺术风格、古典主义、折中主义等风格样式。到20世纪初，这些建筑风格样式已然成为主流形式开始流行，同时，中国"民族形式"的建筑运动也逐渐呈现出活跃的态势。齐康先生在《中国建筑文化研究文库》总序里写到，在当时特定的历史条件和文化背景下，（近代中国建筑）很自然的形成了近代五种建筑形态的特征：早期现代建筑和殖民样式建筑；外国建筑师出于对中国传统建筑文化的尊重，探索、设计的中式建筑，以及中国建筑师对传统的传承与创新；中国建筑师创作的早期现代建筑；民国建筑（业主兴趣＋洋式＋中式＝混杂）；地方乡土建筑。[①]

（一）东北民族工商业的兴起与近现代建筑

铁路开通后，东北地区生产生活方式和社会结构发生的巨大变革，极大地拉动了东北经济的增长。中东铁路南满支线及后来的奉海、吉海铁路等全面通车，使得东北地区形成基本覆盖全境的铁路网，并率先步入了近现代化的快车道。

随着中东铁路的修筑，新艺术风格、古典主义、折中主义、巴洛克风格及装饰艺术运动风格等西方近现代建筑思潮纷纷进入东北地区。一时间，东北各大城市成了俄国、日本建筑师们的"试验场"。在西方近现代建筑思潮和建筑文化的冲击下，民族资本不可避免地受到了影响。最为典型的案例就是集中建造在当时的哈尔滨傅家甸地区的"中华巴洛克"建筑群。同样的情况在沈阳也有出现。

面对西方近现代建筑思潮的冲击，中国的建筑师们也进行了诸多探讨。沈阳作为奉系军阀张作霖在东北的执政中心，近现代建筑文化的发展演变与哈尔滨、大连、长春等地一样，充满了传统与外来文化的碰撞与融合。典型案例有沈阳张氏帅府建筑群。所谓张氏帅府是指张作霖、张学良父子主政东北的官署及宅邸。从 1914 年至 1933 年的二十年间，张氏帅府共建设了中院、东院和西院三路。其中，中院是最早建造的，采用的是传统的三进四合院格局；东院原为花园，后陆续增建了"小青楼"（见图 7-41）和"大青

小青楼正面　　　　　　　　　　小青楼背面

图 7-41　沈阳张氏帅府东院小青楼

---

① 高介华：《中国建筑文化研究文库》，湖北教育出版社，2002，总序第 16 页。

楼"（见图7－42），其中小青楼建于1916年，该建筑独具特色，其正面是中国传统的二层楼样式，面阔五间，前出檐廊，硬山式屋顶，背面则是近代建筑形式。大青楼建于1922年，为"西式建筑"；西院是张学良于1929年建造的一组大型建筑群（见图7－43），称张氏帅府西院红楼群，又称少帅府，现为辽宁省文化厅用房。

图7－42　沈阳张氏帅府东院大青楼

图7－43　沈阳张氏帅府西院红楼群1号楼

张氏帅府西院红楼群由时任天津基泰工程司建筑师的杨廷宝①先生设计。

---

①　杨廷宝（1901～1982）。中国建筑学家、建筑教育学家，中国近现代建筑设计开拓者之一。1955年当选中国科学院技术科学部委员。曾任中国建筑学会理事长、国际建筑师协会副主席。

除红楼群外，杨廷宝先生在沈阳还设计有，京奉铁路沈阳总站（1928年，现为沈阳铁路局办公楼）、东北大学校园（1929～1930年，现由辽宁省政府使用）等，这些建筑的设计多有模仿新艺术风格等西方近现代建筑样式。

长春大马路商埠地的建设，从一个侧面反映了东北民族工商业的发展局面所带来的近现代建筑运动的基本情况。

日俄战争后，清政府不但承认了沙皇俄国"转让"给日本在中国东北的有关权益，还开放了辽阳、铁岭、长春、吉林、哈尔滨、满洲里等16个城市。1907年1月14日（光绪三十二年十二月初一日），长春开埠。由于原来的长春老城在铁路附属地的不断冲击下，呈现出衰败的迹象。1909年（宣统元年），吉林西路兵备道①颜世清②道员，在七马路开设商埠局，制定长春开埠办法，开始落实长春商埠地的开发。商埠地位于满铁长春附属地和长春老城区之间，用地范围约400公顷。长春商埠地借鉴满铁附属地的规划，修建了南关至七马路间的街路，共16条马路、34条街巷。据统计，当时有商号1488个，银行、钱庄88家，医院、茶馆、戏园62处。到1922年，已有8500户，人口增至54000人。

商埠地的建设，彻底改变了长春仅有传统手工业的历史。在政策的扶持下，民族工商业得以快速崛起，到20世纪20年代，已成为长春市当时的城市经济、商贸活动的缩影。这一时期，西方近现代建筑文化已经开始融入本土的传统建筑之中。吉长道尹公署建筑群就是长春商埠地内具有中西"杂糅"风格的近现代建筑典型代表。

长春开埠后，包括当时的头道沟和二道沟一带都在开埠区内，筹建中的吉长铁路长春车站的站址最初也选定在头道沟北岸，但日本人抢先在头道沟北岸收购土地，修建了满铁长春驿（今长春车站址）及其铁路附属地，并继续购买土地向头道沟南岸延伸。为此，颜世清以"地点适宜外交"为名，决定将吉长道尹公署建在长春城北门外通往满铁附属地的头道沟南沿上，以期顶住满铁附属地的向南扩张。这在后来许多日本人写的资料里都表述得很

---

① 吉林西路兵备道始设于1908年，在清政府在长春的最高军政机关。1909年9月25日，改称"吉林分巡西南路兵备道"，其后又多次更名。

② 颜世清（1873～1929），字韵伯，号瓢叟，广东连平人，进士出身，原为直隶候补道，曾任直隶洋务局会办。光绪三十四年（1908）调东北，于吉林省候差，仍为候补道。宣统元年（1909）正月充吉长铁路局会办，二月任吉长咨议局筹办处提理，兼管吉长铁路局，三月接任吉林西路兵备道道员，先为试署，次年六月上谕被补授署理。

清楚。[①]

吉长道尹公署，俗称"道台衙门"，该公署始建于 1909 年，次年完成主体建筑并开始使用，之后仍有续建。吉长道尹公署是颜世清主持修建的。也有人推测主持设计者是吉林西路兵备道首任道员杜学瀛（实际上并未到任，上任者为陈希贤）。故，陈希贤是到任的吉林西路兵备道首任道员），而具体的设计者目前未有考证。

吉长道尹公署旧址位于长春市南关区亚泰大街 669 号，是一个集办公、接待、官邸与卫队营房其及他附属用房等在内的庞大官署建筑群。整个院落现占地面积约 1.1 万平方米（其中约有 3000 平方米为某房地产开发公司使用），建筑面积约 2500 平方米。现存建筑物均为砖木结构，采用青砖作为承重和围护砌体，由水泥砂浆砌筑，木屋架直接搭置在承重砖墙上。有清水外墙处均采用水泥砂浆勾缝。砖拱券初为圆拱，后期基本上被改为平券形式。

吉长道尹公署院落主轴线为东西向，沿东西主轴，从东往西依次保存有正门房、大堂、二堂等 3 栋建筑，它们均坐西朝东。据介绍，所谓的"大堂""二堂"等是后人对这些建筑的称呼。

正门房坐西朝东，由凸出的门楼和配房组成（见图 7-44）。门楼为穿堂式，面阔三间，高 12 米。明间为穿堂式大门，门内侧左右开次间门。门楼屋顶为双坡顶，东西两侧的山面为门楼造型。门楼左右两侧现有对称设置的单层配房，面阔各三间，平屋顶设女儿墙。西式门楼正面（东立面）由墙身、檐部、山花三大部分构成。墙身分为三段，居中为穿堂门洞，两侧次间墙外各有 1 对圆形倚柱和 1 颗方形壁柱，二者之间的墙开椭圆拱顶窗。倚柱、壁柱均设高大的方形砖砌柱基，其上为柱，均有柱础、柱身、柱头。檐部占比略大，檐口挑出。门楼正面顶部中间部位的山花由中间弧顶部分和 2 颗直通到顶的方形壁柱构成，与下部的门洞同宽，中央开半圆形窗。弧形山花左右两侧为女儿墙，通过矮方形壁柱转角，南北侧的造型与之相同。门楼背面（西立面）较正面简洁许多，整体造型呈传统牌楼形态，共设 4 颗同高方壁柱，壁柱上部造型与正立面的矮方形壁柱基本一样。明间顶部为半圆形山花，居中设一圆窗，其下为一组浮雕，最下面为矩形门洞。左右两侧次间墙设墙芯。整个门楼除开窗墙身外，均为水泥砂浆抹面、造型。

中国古代传统的官署建筑有坐北朝南，大门南开的规制，但吉长道尹公

---

① 孙彦平：《吉长道尹公署旧址沿革与研究》，《溥仪研究》2014 年第 4 期。

图 7 − 44　长春吉长道尹公署正门房（本照片
是在目前整修改造之前拍照的）

署的正门却设置在东侧。究其原因，我们认为，更多地应是受到院落所在街
路的制约。

　　吉长道尹公署的大堂坐西朝东，平面呈长方形，四面明柱外廊，廊深
约 2.4 米（见图 7 − 45）。大堂主入口设在东侧居中部位，为凸出的穿堂式
门楼形式，面阔三间。屋顶为四坡式，木屋架，设女儿墙，檐沟排水。高
大的门楼具有当时流行的折中主义风格的典型特征。正立面（东面）由
柱、檐部、山花三大部分构成。门楼门洞两侧两组为双柱，外边转角三
柱，侧面与围廊交汇处设单柱。砖柱由柱础、柱身和柱头三部分组成。檐
部分上下两部分，但占比很大。最上方为三角形山花，与下部双柱的门洞
同宽，居中设有五个券拱承托。各部分造型均为水泥砂浆抹面。大堂与二
堂之间传统样式的连廊（现已拆除）连接。二堂除没有主入口门楼，且较
大堂略低外，二者形制基本相同。在大堂、二堂的北侧长官官邸三栋。现
仅存有一栋（称为"侧堂"）。侧堂坐北朝南，样式与大堂、二堂相似。
研究表明，吉长道尹公署的大堂、二堂及侧堂是我国最北部为数不多的近
代围廊式建筑的实例。

图 7 – 45　长春吉长道尹公署大堂

伪满洲国成立后，吉长道尹公署曾经在短暂的一段时间内成为伪执政府，是溥仪"就职典礼"和最初居住、办公的地方，也是伪满洲国的国务院、参议府、外交部、法制局、交涉署等行政机关最早的办公地点。伪行政机关陆续迁走后，1935 年至 1936 年间，伪首都宪兵团在此驻扎。20 世纪 40 年代左右，其部分建筑还曾经作过伪满"王道书院"。抗战胜利后，这里为国民党新一军炮团驻地。1948 年长春解放后，这里先后由东北电信修配厂、长春电话设备厂等单位使用。2002 年长春市政府出资 3000 多万元进行了修复建设①。现由长春市方志馆使用。

（二）"中国固有之形式"

北伐战争后的 1928 ~ 1937 年间，民族主义思潮风起云涌。在外来文化和传统文化的碰撞下，催生了一种极具时代特征的"民族形式"的建筑样式，即"中国固有之形式"。② 这种以民族自尊自强心理为背景的"民族形式"，大致分为两大类，即传统复兴式和新民族形式。这些建筑的普遍特点是：在建筑技术方面，采用钢筋混凝土结构体系与各类新型材料及施工工艺

---

① 孙彦平：《吉长道尹公署旧址沿革与研究》，《溥仪研究》2014 年第 4 期。

② "中国固有之形式"是南京《首都计划》明确提出的。《首都计划》是南京中华民国国民政府在民国十八年（1929）所编写的建设首都南京的计划大纲。1929 年 12 月，《首都计划》由国民政府正式公布。当时以南京为核心的政府和公共建筑开始采用这种形式。

建造；在建筑艺术方面，通过中国传统建筑"大屋顶"及柱梁额枋雕饰与斗拱等构件表达民族特色。

1. 传统复兴式

"传统复兴式"建筑在表达传统性和民族性方面，具体有二种处理方式。

一种是仿中国古代宫殿建筑式样的。20 世纪 20 年代，许多重要的政府和公共建筑开始以中国古代宫殿建筑为蓝本进行设计，形成所谓的传统复兴式建筑。可以看作一种复古主义建筑思潮。这类建筑的台基、屋身、屋顶等部分的比例，以中国古代宫殿建筑外观关系为标准，其中，屋身部分的墙面采用檐柱额枋的构架式构图，屋顶为庑殿式、歇山式等形式的"大屋顶"。传统的造型构件和装饰细部悉数保留。比较典型的案例是国立北平图书馆（现为国家图书馆分馆）。

另一种是以"西洋建筑的形制"加入中国式"大屋顶"等附加部件而形成的"混合"式样。这种形式摆脱中国古典建筑形态的束缚，强调功能空间对形态构建的作用。建筑外观虽然仍由台基、屋身、屋顶构成，但建筑体形已经属于西方近现代样式的，为此，有人认为这是中国传统体系建筑的"洋化"，属于当时流行的折中主义建筑的范畴。屋身部分的墙面以砖砌筑并根据使用功能开设门窗，门窗洞口一般设装饰构件，或窗间墙设中西结合的壁柱。常有柱梁额枋雕饰与斗拱等构件。屋顶仍覆以"大屋顶"或局部以平顶相配合。例如，旧上海特别市政府大楼（现在上海体育学院校园内）、国立中央研究院建筑群（现中国科学院南京分院所在地）、辅仁大学建筑群（现在北京师范大学校园内）、国立武汉大学建筑群（现在武汉大学校园内）、燕京大学建筑群（现在北京大学校园内）、南京金陵女子大学建筑群（现在南京师范大学校园内）及协和医学院等。

"传统复兴式"建筑既有中国建筑师设计的，也有一些是外国人设计的。这些建筑代表了当时"中国固有之形式"的设计潮流，最为优秀的作品是中国近代杰出的建筑师吕彦直①设计的南京中山陵。

南京中山陵位于南京市东郊钟山风景名胜区内，是中国人自己设计的第

---

① 吕彦直（1894~1929），被称作中国"近现代建筑的奠基人"。1911 年考入清华学堂留美预备部。1913 年公费赴美国康奈尔大学学习，先攻读电气专业，后改学建筑专业。毕业前后，曾作为美国建筑师亨利·墨菲（1877~1954）的助手，参加金陵女子大学和燕京大学规划、设计。1921 年回国后寓居上海。后在上海开设彦记建筑事务所。他设计、监造的南京中山陵和主持设计的广州中山纪念堂，是中国近代建筑中融汇东西方建筑技术与艺术的代表作。

一座国家级现代纪念性建筑，也是公认的中国近代建筑的第一个成功之作。1925年3月12日，孙中山先生在北京逝世。是年5月，"总理丧事筹备委员会"向海内外悬奖征集中山陵的建筑设计方案，规定"须采用中国古式而含有特殊与纪念性质者，或根据中国建筑精神特创新格亦可"。吕彦直提交的设计方案因"完全根据中国古代建筑精神"，而获得首奖并定为实施方案。吕彦直以"木铎警世"为构思，吸收了明、清陵园建筑总体布局的特点，设计出一组平面为钟形的建筑群。单体建筑虽然采用现代结构，但外观形式是传统的，在建筑造型和细部手法上借鉴了西方古典建筑并予以革新。吕彦直在中山陵建设计竞赛中的突出表现，不仅标志着中国第一代建筑师登上历史舞台，而且也开"中国人设计'中国古式'于现代建筑之先河"。梁思成先生是这样评价中山陵的，"虽西式成分较重，然实为近代国人设计以古代式样应用于新建筑之嚆矢，适足以象征我民族复兴之始也"。

在东北，虽然"传统复兴式"建筑思潮的发展远无法与"关内"各主要城市如北京、南京、上海等地的规模与程度相比，但也受到冲击，也产生了一些值得肯定的建筑作品。沈阳市少年儿童图书馆大抵上就是这类建筑。

沈阳市少年儿童图书馆坐落在沈阳市沈河区朝阳街131号（见图7-46）。该图书馆使用的是"满铁奉天公所"旧址。2017年春，沈阳市少年儿童图书馆搬迁新馆后，该处馆舍停用。

图7-46　沈阳市少年儿童图书馆

满铁奉天公所是满铁在奉天设立的分支机构。表面上是满铁在沈阳老城区的旅馆兼办公处，实际上是一个为侵华服务的特殊机构。1907年，满铁奉天公所先是利用位于此处的景佑宫作为驻所，1924年在景佑宫原址上设计建造了现在我们看到的建筑物。1945 年后，满铁奉天公所旧址曾先后为沈阳市立图书馆、沈阳市图书馆使用。①

现存的满铁奉天公所旧址始建于 1923 年，次年竣工，由日本人设计并施工。整个院落占地面积 4100 平方米，建筑面积为 3000 平方米，建筑规模为二层，钢筋混凝土结构。院落沿东西方向形成中轴线，通过大门即进入第一进院落，其后为主体建筑。院落正门南北两侧各设有耳房（四角攒尖顶）。主体建筑坐东朝西，平面呈口字形，中间为天井，形成类似中国传统合院布局的形态。主体建筑东西两翼为二层（主楼，歇山屋顶，绿脊黄琉璃瓦屋面），南北两侧为一层，单侧拱券外廊，屋顶设露台（1963 年改建时，将之接为二层）。建筑主入口沿中轴线设在西翼主楼的居中处，为穿堂式。主体建筑的后面（东侧）为后院。

满铁奉天公所之所以采用了中国式的"传统复兴式"建筑风格，有猜测认为，当时中国民间反日情绪高涨，日本人这么做就是为了尽量缓和这种情绪。这话是有一定道理的，在建造之初，为保证满铁奉天公所建筑的中国传统风格特征，满铁聘请了对中国古代建筑有研究的荒木清三②为建筑顾问（另一说，荒木清三为建筑设计者）。

吉林市的"吉林东洋医院"也是日本人设计的具有"传统复兴式"建筑风格的近代建筑（见图 7 - 47）。

吉林东洋医院由日本医学士石桥三郎于 1914 年创办。最初的院址位于当时的吉林市二道码头胡同（今吉林市船营区和龙街），1923 年迁至当时的南大路（今吉林市重庆街 41 号），1931 年后改称为"吉林满铁医院"。1948 年吉林市解放后，改为"吉林铁路中心医院"，1980 年吉林铁路运输法院、检察院迁入，1999 年 6 月拆除。该建筑平面为 X 形，砖混结构，建筑面积约为 5760 平方米。建筑主体为三层，位于外延伸斜翼的交叉中心，高 19.8 米，平面为八角形，一至二层平面外廊相同，第三层缩小为塔楼，二层外露

① 资料来源：沈阳市文物局立"满铁奉天公所旧址"文物牌。
② 荒木清三（？~1933），1902 年毕业于日本的工手学校（是日本当时培养技师助手的专门学校），1909~1912 年，受京师大学堂分科大学工程处技师真水英夫的推荐，担任帮手，协助真水英夫本人工作，负责建筑制图。后长期居留北京。1930 年加入中国营造学社，任校理，1932 年退出。1933 年在中国东北去世。荒木清三曾于 1931 年在北平市购得 277 件样式雷图档（现存 53 件）及 1656 件崇陵工程等相关文档。这批资料现存于日本东京大学东洋文化研究所。

图 7-47　吉林东洋医院旧址

部分覆盖坡屋顶，八条斜脊设有脊兽，绿色琉璃瓦屋面。塔楼为八角攒尖顶。从形态上看，类似中国传统的八角重檐攒尖式楼阁。四个斜翼均为一层，平面为长方形，平屋顶，除与主体结合部外，其他三面出挑半坡檐。该建筑檐下设有装饰性的斗栱等传统木构建筑构件，墙面开竖向长方形窗，有窗套，主体一至二层的窗套相连为一体。开窗与细部线角似有"和式"建筑的感觉。该建筑曾经是当时的吉林市内最坚固、气派、设施完善的建筑物。

2. 新民族形式

新民族形式的建筑亦称"传统主义新建筑"，与"传统复兴式"建筑在外观上模仿中国古代宫殿建筑等不同，这种建筑的平面组合、空间体量、构图造型等都与西方现代建筑保持一致，只是在局部，如檐口、门窗、入口等部位使用了一些中国古代建筑部件细部、装饰构件和图案纹样等作为建筑构图符号，体现民族特色。故而有人认为这是一种以装饰主义为特征的传统主义。代表作品有，吉林大学①教学楼（现在东北电力大学校园内）、北京交通银行、南京国民政府外交部大楼（现为江苏省人大常委会办公楼）、南京国民大会堂（现为南京人民大会堂）等。

吉林大学教学楼旧址位于吉林市船营区长春路 169 号，东北电力大学校园内。该旧址因建筑外墙均为石材砌筑，故称"石头楼"或"石楼"。关于石头楼，《吉林风物志》中记载："1929 年，吉林省督军张作相要办吉林大

---

① 这里所说的"吉林大学"，是指民国时期的吉林省立大学，伪满洲国时期曾经更名为国立高等师范学校。

学，请了梁思成①等人设计，在当时吉林市西郊八百垅开工建校，1931 年 7 月校舍竣工，共建完 3 座办公楼（即石头楼），1 座学生宿舍楼，1 栋实验楼和 19 栋教工宿舍等。

石头楼始建于 1929 年，1931 年建成。三栋楼呈"品"字形布置，包括北侧的主楼、呈对称布局的东楼（现为东北电力大学研究生部）和西楼（现为东北电力大学体育学院）二座配楼。

"石头楼"主楼坐北朝南，平面呈 T 字形（见图 7 - 48）。主体二层，半地下一层，建筑面积 3383 平方米。南侧主入口前设有二十多级的大台阶，通过台阶直接进到二层（底层为半地下室）。主楼正立面中轴对称，采用"三段式"构图。主入口居中设置在中间凸出部分，这部分的屋顶为平屋顶形式，上方女儿墙正面设计成传统的正脊样式，两侧端部有石雕的正吻造型。主楼正面中间凸出部分与左右两侧墙面衔接处通过圆弧过渡，屋顶采用退台式回收的方式与两侧南北向坡屋顶巧妙地结合在一起。主入口对应的建筑主体（即主楼北端）高于主入口所在的部位，呈南北向，屋顶为东西向的坡屋顶。坡屋顶采用檐沟排水。主楼外墙面以灰色"蘑菇石"花岗岩砌筑饰面，左右两侧部分的下层窗上皮与上层窗下皮用光面的灰白色花岗岩砌筑，

图 7 - 48 吉林大学"石头楼"主楼旧址

---

① 梁思成（1901～1972）中国著名建筑史学家、建筑师、城市规划师和教育家。曾任中国科学院哲学社会科学学部委员。中国古代建筑历史与理论的开拓者和奠基者。1929 年，受张作相之邀设计吉林大学教学楼时，梁思成先生担任东北大学建筑系主任、教授。

上下二层窗间墙芯用若干块长方形的向外略微凸出的弧形石材饰面。屋顶檐口包括主楼南北山墙均采用光滑面的灰白色石材做一圈水平线脚，并向内倒四十五度角。整体建筑凸凹明显，给人以厚重的感觉。

位于主楼前的东西配楼采用对称形式布置，平面均为长方形，建筑面积各3018平方米（见图7-49）。主体部分地上三层，两侧部分地上两层，半地下一层。配楼正立面中轴对称，也采用了"三段式"构图。主入口居中设置在中间稍凸出部分，上方女儿墙正面与主楼一样，也设计成传统的正脊样式，两端也有与主楼基本一样的石雕正吻造型。这部分的墙面主要用灰色"蘑菇石"花岗岩砌筑饰面，为了突出主入口，在大面积粗糙的蘑菇石墙面上，采用"浮雕"的形式，居中设计有两层高的长方形呈现中西合璧特征的"门"造型，并以光滑石材的砌筑。在这一整体造型中重点突出了主入口的门洞。门洞两侧各有一棵八边形的壁柱。另外，主入口外台阶两侧各立有一棵近一层高的八边形装饰柱式，柱头上面有抽象的莲花图案，别具特点。左右两侧的建筑墙面被横向分割成三部分。下部（半地下室）用"蘑菇石"花岗岩砌筑，中间（地上一层窗下皮与二层窗上皮之间）用平滑的花岗岩饰面，窗间墙上设通高壁柱，柱头上有简洁纹样的装饰。上部（从地上二层的窗口上皮到女儿墙压顶）为檐部，用上下两条水平线封边，与壁柱柱头对应处装饰有柱头科斗栱浮雕，在二组柱头科斗栱之间的平身科斗拱浮雕采用了唐代"人字栱"造型。这种"三段式"的细部处理，对比强烈。

图7-49 吉林大学"石头楼"东楼旧址

"中国固有之形式"的兴起和发展，显示了中国传统建筑文化在当时所具有的强大生命力。这种在民族主义背景下产生的以"大屋顶"为表象的

"民族形式"，虽然在抗日战争时期受到极大冲击，基本处于停滞状态，但并未结束。抗战胜利后，特别是 20 世纪 50 ~ 60 年代，这种形式在中国大陆及台湾地区都得到了发展。在大陆，1958 年开始设计建设的"国庆工程"，"社会主义的内容""民族的形式"得到充分的展示。例如，长春市著名的"地质宫"就是外来文化与传统文化相结合的"时代"产物（见图 7 – 50）。

图 7 – 50　长春"地质宫"

由苏联援建的中国第一汽车制造厂（长春）在厂房设计中，采用当时苏联工业建筑常用的布局形式，局部点缀具有中国特色的亭子造型；由华东建筑设计院王华彬先生主持设计的厂前生活区采用半封闭的街坊式规划布局，单体建筑也采用当时盛行的民族形式。这种大规模地采用民族形式进行设计和建造的情况在我国工业建筑和民用建筑中是非常罕见的。

五　东北近代建筑文化特征

东北近现代建筑文化的演进与国际社会的发展趋势是基本同步的。一方面，不论是建筑文化的发展、转型，还是文化类型、艺术风格，都走在了同时期中国其他地区的前列；另一方面，不论是建筑技术和材料，还是设计理念、艺术审美等都对东北当代建筑文化的发展产生过直接而深远的影响。

近代以来，虽然东北地区建筑文化发展的总趋势与"关内"一致，不过却有其独特之处，一是工业文明的产生，二是殖民文化的植入。二者相辅相成。可以说，东北地区的近现代建筑多是外国殖民者对东北殖民化的产物。但是任何事物都有两方面，如果站在人类文明的角度来看，在殖民文化氛围中产生的近现代建筑又是工业文明的产物，从社会进步的意义上来考量，它是对中国传统农业文明的革新，是东北地区步入近现代社会的标志。

（一） 以资源为支撑的工业文化

在近现代化的进程中，东北地区的营口、大连、沈阳、长春、哈尔滨等城市最早接受西方建筑文化的洗礼。源自西方工业革命的近代工业文明是通过武力强加给东北地区的。为此东北地区付出了大量木材、矿藏等资源和劳动力成本。

1860年后，清政府取消了对东北的封禁政策。在清政府发展实业的奖励措施的实施下，传统手工业如油坊业、烧锅业、制粉业、纺织业、砖瓦业等行业，逐渐由传统的家庭手工业作坊迈向近现代工业的行列。但总体上来说，当时东北的工业发展仍处在较为落后的状态中。

随着营口开港，东北地区的传统文化开始受到近代西方文化的强烈冲击。这一时期最具历史意义的是，以军事工业为标志的民族工矿业开始兴起。为抵御外来侵略，清政府在辽东半岛开始了海防建设。旅顺作为海军基地，雇佣洋人，依照洋法，使用辽东民力物力，建造了黄金山炮台、军港、船坞、拦海大坝、弹药库，设立了鱼雷学堂、水雷学堂、管轮学堂、鱼雷局、陆军军械局、煤场、医院、电信局等；在营口也建造了海防炮台。这是西方建筑理念和军事文化在辽宁的初步引进。① 光绪七年（1881），清政府在吉林省城（今吉林市）设立"吉林机器局"。吉林机器局是洋务运动期间清政府在东北修建的第一个军火工厂，"对于吉林乃至东北地区的工业近代化产生了深远的影响"，"同时对于吉林和东北的商品流通和商业发展起到了积极的促进作用"。"吉林机器局的成立，标志着吉林近代工业的产生，同时也是东北地区近代工业的发端"。② 之后，大连的开放及中东铁路的建设加快了东北地区近现代化的进程，以及近代城市的产生与发展。

20世纪初期，东北的经济发展处在一个黄金时期，不仅日本和俄罗斯资本投入的加速了东北地区的工业化，从关内源源不断前来东北"闯关东"的山东，热河，直隶农民也为东北提供了大量的劳动力和民间资本。日俄战争之后，俄国和日本在东北地区划了各自的势力范围，工业文明首先对其势力范围的经济结构和生活方式产生影响。一些工业化的特征也日益明显，最显著的是铁路的发展和其路网的延伸。

---

① 谷长春主编《中国地域文化通览　吉林卷》，中华书局，2013，第176页。
② 谷长春主编《中国地域文化通览　吉林卷》，中华书局，2013，第176、216页。

　　随着中东铁路的开工建设，俄国、日本先后在铁路沿线建设了"中东铁路附属地"和"南满铁路附属地"。作为应对措施，清政府在各大城市开发建设了大小不一的"商埠地"。"开埠"直接导致城市数量的增加，同时使得城市结构发生了变化，城市面貌及管理方式也发生变化。这一时期，东北地区人口特别是城市的人口急剧膨胀，随着各种人口的大量迁入，东北地区的近代城市化发展进程加快，土地得到大面积开发。各地的建筑活动开始活跃。张作霖执政后，以奉天（沈阳）为核心大力发展民族工业，建立了轻工业和小型军事工业的工业体系，重工业也已初具规模。早期的轻工业主要集中在铁路沿线和大城市一带。而军事工业则是在第一次直奉战争奉军大败后，张作霖决定扩军，并且修建生产轻武器和小型重武器的兵工厂后开始起步，并且在"九一八"事变之前就形成了相对完备的军事工业基础，不仅仅可以供应奉军的军需，还可以出售给关内的军阀。为了摆脱日、俄的控制，奉系政府大力发展东北地区的支线铁路，如沈阳到海城的奉海铁路，吉林到海城的吉海铁路等。

　　工业文明导致东北地区城市建设的运营模式发生了根本转型，尤其是土地经营模式的根本变化，为近代建筑文化的产生、发展起到了至关重要的作用。吕海平在《双重权力体系制约下的沈阳近代建筑制度转型（1858～1945年）》文中，对沈阳市的相关情况有过专门论述[①]：

　　　　土地商品化促使本土城市从封建城市向近代城市转型。东北本土近代化最早可以追溯到清末政府开始对满人占有的旗地进行放文和重新分配，这使得东北的可耕种土地分配到了新的移民手中，保障了东北移民的持续增加和内需的持续增长。在城墙围合的城市中，由于商品经济不发达，城市内的土地只是在私人间少量买卖，城市中用地类型比较单一，土地没有商品化。清末开辟商埠地、划分附属地、奉系政府开辟新市区、兴办东北大学，开始由政府把原有私地、荒地、耕地收为国有再根据需要转换土地使用性质。土地使用性质的变更刺激了城市的建设和经济的发展，例如商埠地成为中外商民的乐土，附属地上迅速建起了近代化城市和工厂，新市区也极大地丰富了原有中国人生活的城区形态，

---

　　①　吕海平：《双重权力体系制约下的沈阳近代建筑制度转型（1858～1945年）》，东南大学博士学位论文，2012，第265、266页。

并打破城墙的围合，使本土城市从封闭的防御式城市形态转型进入到以铁路和公共交通为核心的开放式城市形态。更有意义的是，中国人城区中开始建设公园绿地和公园，公共用地的划分和增加是城市近代化的重要指标，虽然面积不大，但是意义重大。

长期以来，官方营造技术具有"国家"标准，基本以宋《营造法式》和清工部《工程做法则例》为主，民间建造技艺则以师徒口口相传的方式维系。至近代，受到欧美、日本近代工程技术标准的影响，如沙俄铁路修筑时土地勘测、测平放样所采用的近代测量仪器和技术，日本满铁在附属地建设的近代建材工厂，满洲作为半殖民地资本主义国家对其倾销的廉价建材（如洋灰即水泥、洋钉即钉子等），使得木结构的传统营造技术标准被逐步替代，这一过程淘汰了整个传统营造业。中国人通过到洋行当学徒、到官办技术学校、大学等等途径学习西方近代工程技术，并应用到近代城市建设中。

城市建筑工程服务、管理、监督的方式发生根本性变化。例如，沈阳近代在建设上的政府机构为商埠局和奉天市政公所这两个主要机构。奉天市政公所实施的建筑技术人注册制度就是对设计者的监督和管理，以保证设计服务的质量。通过在机构中设置建筑处和"建筑技师"这个职位，来形成建设管理和满足建筑市场的诸项服务。在建设管理中，倡导建设项目申报制、合同制、招标制等制度化的体系管理。当然在注重人情和道德，不注重契约和职责的中国文化传统影响下，实施过程难免带有对现实环境的妥协性和两面性。

传统工匠向建筑技术人的职业转型。随着传统营造业的衰落，工匠数量逐渐减少。通过学习近代工程知识，部分工匠转型为建筑技术人（政府注册）。建筑技术人的组成除了工匠转型之外，大部分由完成学校专业学习的知识分子来组成。

上述关于沈阳相关情况的论述，在东北地区具有一定的代表性，长春从满铁附属地到"新京"建设基本上与沈阳一样。

从建筑设计的角度分析，近代西方的工业文化对东北近现代建筑文化的影响，主要是通过新技术、新材料实现的，并由此带来了新的建筑形态与文化特征。

（二） 以地缘政治为背景的殖民文化

通观东北近代历史，东西方列强的入侵客观上刺激了东北地区近代化的产生。可以说，东北地区近代化是由水路、铁路等交通业以及近代工业而引发的。

从 19 世纪末到 20 世纪 40 年代，东北近现代建筑文化的发展演变与地缘政治相关联。历史上，中国在东北亚地缘政治中占有绝对的主动权和地缘影响力，到了清末，由于内部极度衰弱，在与西方文明的对抗中全面落败，这种影响力也随之逐渐弱化。中国东北的形势和东北亚的形势密紧相连。从地缘关系上看，朝鲜半岛与日本，近代之前基本上属于持续千年的中华文化圈的范畴，它们都不可避免地受到过以中原汉文化为主的中国古代文化的深度辐射。朝鲜半岛的地理位置与中国核心区陆海相连，关系紧密，对中国国家安全所具有的极端重要性。历史上与中国长期处于"宗主—藩属"模式。日本作为最东部的岛国，在 20 世纪上半叶较长的一段历史时期内，曾经成为东亚的主导者。近代以来，中俄关系、中日关系一直是东北亚地缘政治的关键问题所在。

殖民文化是随着营口等口岸的开港、中东铁路的修筑逐渐渗入东北地区的。大连是继营口之后东北地区最早对外开埠的城市。大连的城市开发建设是东北地区近现代建筑文化发端之一。大连虽然先后为俄国、日本两个国家殖民统治，但殖民者"为了自身利益的需要"，对城市进行了具有明确理念的城市规划设计。

1904 年，经由中国段的西伯利亚铁路全线通车。随着俄国势力的入侵，以哈尔滨为核心的黑龙江受到前所未有的域外文化的冲击，一时间，俄国文化特别是民间风俗已逐步渗透到黑龙江社会生活的方方面面。在租界、附属地"西方样式"建筑拔地而起。这些建筑的类型、结构、材料、设备和施工技术都是前所未有的。所有这些一直影响着哈尔滨等地近现代建筑文化的发展脉络。

日俄战争后，随着日本势力的进入，特别是满铁在铁路附属地范围内几十年的建设、经营，铁路沿线大小不一的城镇不可避免地受到日本殖民文化的影响。

"九一八"事变后，东北全境沦陷。日本殖民政治、文化成为影响近现代东北建筑文化发展的强势因素。伴随着伪满洲国的成立，殖民文化更是以压倒性的强大攻势推动以长春为核心的东北各城市的社会发生了"质"的改变。这时作为城市象征的建筑物，已完成体系的转型，俨然成为日本殖民者对长春乃至东北地区进行文化渗透的重要手段，或者说，伪满时期的建筑是殖民文化的产物。在长春甚至出现了一种绝无仅有的政治性建筑——"满洲式"建筑。

作为日本军国主义侵略我国东北，对东北人民进行殖民统治的大本营，长春是唯一一个保留着伪满时期殖民文化"历史原真性"的"都城型"城市。长春市是我国近现代史上很特殊的一个城市，从中东铁路时期的"宽城子沙俄铁路附属地"到东北沦陷时期伪满洲国的"首都"，殖民文化一直发挥着重要作用。可以说殖民文化是 20 世纪上半叶长春文化的重要来源之一。这种殖民文化有着明显的日本、欧洲文化糅杂，兼顾中国传统文化的时代特色，直接影响了长春的城市发展演变，形成了其独特的建筑风貌。今天我们把这一历史阶段内的殖民文化，从爱国主义教育的角度称之为"警示文化"。当我们开展警示教育的时候，下面一段话对于理解长春城市建设的这段历史及其价值会有所帮助。

带有明显的殖民地色彩的"新京"城市规划、建设，成为反映长春作为伪满"首都"的政治、社会、经济和文化生态等不同侧面的历史见证。尤其是那些含有殖民色彩的建筑区域及主要建筑旧址都得以较为完好地留存，已成为长春城市文化不可分割的组成部分，也使得长春文化遗产的保护和利用有一定的独特性。这部分具有警示作用的文化遗产，可以说是长春独一无二的、具有全球意义的警示性文化遗产资源。保护、利用这部分文化遗产，对于固化日本军国主义的侵华历史，揭露日本军国主义侵华的真相，具有重要的"唯一性"历史价值和"警示性"现实意义。

结　语

　　东北建筑文化是东北地域文化的重要组成部分、承载标志和具体表现形式，是东北地区不同历史时期经济、政治、文化、科技诸条件的综合产物，是自然科学与人文科学的完美结合。东北建筑文化由东北地域内各个历史时期的建筑文化构成，是我国建筑文化不可或缺的重要组成部分。总体上来说，东北建筑文化是指在东北地域范围内产生、引进及演变的建筑文化，主要由东北古代建筑文化、近现代建筑文化和当代建筑文化集合而成。

　　东北传统建筑文化主要是指生活在东北地区的各族人民共同创造的具有显著地域和民族特征的、优秀的东北古代建筑文化。它在形成和发展过程中受到自然地理环境、社会人文因素的共同影响。在众多的影响因素中，自然地理环境、中原主流文化以及人口迁徙和民风民俗等，对它的影响尤为重要。除此之外，近代以来具有传统形态表象的建筑文化仍然持续不断地在东北的土地上发展着，它们也属于东北传统建筑文化的一部分。

　　东北地区传统建筑类型丰富，主要有木构建筑、砖石结构建筑以及生土建筑等。传统建筑遗存主要分为两大类。一类是古代城市的遗址、遗存等，一类是包括礼制建筑、宗教建筑、宫殿建筑、居住建筑等在内各种功能的建筑，其中以居住建筑、宗教建筑的保有量大，且形式与内涵丰富。民居是居住建筑的最主要类型，不仅能反映特定时期不同人们（民族或地域）的生存状态和生活习俗，还能反映这一时期社会形态等信息。东北传统民居具有浓郁的地方特色，特别是满族、汉族、朝鲜族、蒙古族等民族的民居更是具有明显的民族和地域特征。宗教建筑主要有佛教寺院、佛塔、道教宫观、伊斯兰教清真寺等类型。它们在供奉神明、整体布局、建筑类型、建筑装饰、庭院处理等方面既有共同之处，又都有着自己独特的特点和风格。

　　需要强调的是，东北地区的地理环境虽然总体特征比较接近，但由于地域内部气候的差异、地理位置的不同，导致东北传统建筑文化的形成和发展存在不少地方性差异，这使得东北各地的建筑形态也略有不同。

近现代建筑文化是东北建筑文化的重要组成部分，具有独特的国际性特征。它的演进与国际社会的发展趋势是基本同步的，其不论是建筑文化的发展、转型还是建筑文化类型、建筑艺术风格，在当时都走在了中国其他地区的前列。

近代以来，西方建筑文化是随着天主教传教士的传教进入近代中国的。其中天主教是最早传入东北地区的，并先后在营口、沈阳和吉林市设立主教府，统理东北地区的教务。除天主教外，在东北地区传播的西方宗教还有新教、东正教以及犹太教等。

在近现代化的进程中，营口、大连、沈阳、长春、哈尔滨等城市虽然最早接受西方建筑文化的洗礼，但大都笼罩在殖民化的阴影下。中东铁路的通车，彻底改变了东北地区与外界的交通联系，各类移民源源不断地迁移而来，从而使铁路两侧的村镇迅速向城市化迈进。哈尔滨作为中东铁路的枢纽城市，最早受到西方尤其是俄罗斯文化的熏陶。西方建筑文化进入东北地区后，不论是其设计理念、艺术审美，还是其应用的建筑技术、新型材料等，都对东北地区的建筑文化发展产生了直接而深远的影响。这时的近现代建筑既有新古典主义、新艺术运动、哥特复兴式及折中主义风格的建筑，也有早期现代主义风格的建筑。从抗日战争开始到新中国建立以前，在伪满洲国控制范围内的东北地区，有着大量的城乡开发建设工程。这一时期是日本近代建筑文化全方位植入我国东北地区的历史时期。从建筑历史的角度来看，日本近代建筑文化的广泛传播，使得东北近现代建筑与欧美建筑流派及其发展脉络基本一致。伪满洲国时期的建筑设计在政治、文化、经济等多重因素的共同作用下，不是对西方、日本建筑及其文化的简单复制和引入，而是将这些外来建筑文化和当时的殖民政治要求进行了"融合"，从而使伪满建筑形成了与本土、日本国内和西方建筑风格、样式有所区别的"集仿"特征。从官厅建筑到居住建筑，都表现出这种东西方文化的融合。

总体来说，近现代建筑文化的多元化发展，使得东北建筑文化发生了根本性的变化。这一时期在东北土地上建造的各种风格样式的建筑，客观上促进了东北地区近现代建筑文化的发展，也为当代建筑特别是新中国成立初期的建筑奠定了基础。

综上所述，不论是东北传统建筑文化，还是东北近现代建筑文化，它们的发展演变都是在东北地域范围内发生的，是不同民族、不同文化交流和融合的过程与结果。总体来说，东北建筑文化充分体现了我国北方寒冷地区的地域文化特点，是东北地域文化系统中积淀着独特人文历史的一种文化类型与样式。这种文化是在继承了中国建筑文化成果的基础之上，与时俱进，不断向前发展的。

主要参考文献

林声、彭定安主编《中国地域文化通览　辽宁卷》，袁行霈、陈进玉总主编《中国地域文化通览》，中华书局，2013。

谷长春主编《中国地域文化通览　吉林卷》，袁行霈、陈进玉总主编《中国地域文化通览》，中华书局，2013。

宋彦忱主编《中国地域文化通览　黑龙江卷》，袁行霈、陈进玉总主编《中国地域文化通览》，中华书局，2013。

李联盟主编《中国地域文化通览　内蒙古卷》，袁行霈、陈进玉总主编《中国地域文化通览》，中华书局，2013。

曲晓范：《近代东北城市的历史变迁》，东北师范大学出版社，2001。

佟冬：《中国东北史》，吉林文史出版社，1998。

赵虹光：《渤海上京城考古》，科学出版社，2012。

魏存成：《渤海考古》，文物出版社，2008。

金旭东：《丸都山城2001－2003年集安丸都山城调查试掘报告》，文物出版社，2004。

魏存成：《高句丽遗迹》，文物出版社，2002。

朱国忱、金太顺等：《渤海故都》，黑龙江人民出版社，1996。

金毓黻：《辽海丛书》（第四册），辽沈书社，1984。

陈伯超、刘思铎、沈欣荣、哈静：《沈阳近代建筑史》，中国建筑工业出版社，2016。

刘大平、王岩：《哈尔滨新艺术建筑》，哈尔滨工业大学出版社，2016。

傅熹年：《社会人文因素对中国古代建筑形成和发展的影响》，中国建筑工业出版社，2015。

陈伯超、刘大平、李之吉、朴玉顺主编《辽宁　吉林　黑龙江古建筑》

（上、下册），中国建筑工业出版社，2015。

王鹤、吕海平：《近代沈阳城市形态研究》，中国建筑工业出版社，2015。

周立军、陈伯超、张成龙、孙清军、金虹：《东北民居》，中国建筑工业出版
社，2009。

于维联、李之吉、戚勇：《长春近代建筑》，长春出版社，2001。

王绍周：《中国民族建筑》第 3 卷，江苏科学技术出版社，1999。

张驭寰：《吉林民居》，中国建筑工业出版社，1985。

李国友：《文化线路视野下的中东铁路建筑文化解读》，哈尔滨工业大学博士
学位论文，2013。

吕海平：《双重权力体系制约下的沈阳近代建筑制度转型（1858～1945 年）》，
东南大学博士学位论文，2012。

刘威：《长春近代城市建筑文化研究》，吉林大学博士学位论文，2012。

金正镐：《东北地区传统民居与居住文化研究——以满族、朝鲜族、汉族民
居为中心》，中央民族大学博士学位论文，2004。

图片来源

图 1 - 1 好太王碑局部，张俊峰摄影

图 1 - 2 好太王碑碑亭，张俊峰摄影

图 1 - 3 义县奉国寺大雄殿，岳远志摄影

图 1 - 4 五台山南禅寺大殿，张俊峰摄影

图 1 - 5 日本奈良唐招提寺，全景网授权使用（订单号：3dcce99ba5a1
4ed18fc7726ee68b2768）

图 1 - 6 太原晋祠圣母殿，张俊峰摄影

图 2 - 1 抬梁式木构架示意图，刘媛美绘制

图 2 - 2 穿斗式木构架示意图，刘媛美绘制

图 2 - 3 九门口长城，全景网授权使用（订单号：3dcce99ba5a14ed18fc
7726ee68b2768）

图 2 - 4 渤海国石构遗存——石灯幢，张智昊摄影

图 2 - 5 面阔、进深、廊深示意图，张俊峰绘制

图 2 - 6 中国古代常见屋顶形式，张俊峰、李凯、岳远志、尹鑫彤摄影

图 2 - 7 清式和玺及旋子彩画中的几种外檐枋心彩画，吉林建筑文化研
究基地收藏

图 3 - 1 五女山山城远眺，张俊峰摄影

图 3 - 2 五女山山城石构城墙，张俊峰摄影

图 3 - 3 五女山山城城门遗址，张俊峰摄影

图 3 - 4 俯视丸都山城遗址，张俊峰摄影

图 3 - 5 丸都山城南瓮门遗址，张俊峰摄影

图 3 - 6　国内城城墙遗址，张俊峰摄影

图 3 - 7　国内城西城墙北段发现的石砌排水涵洞，张俊峰摄影

图 3 - 8　渤海上京城宫城一至四殿遗址，张智昊摄影

图 3 - 9　从渤海上京城宫城四殿址远眺五殿遗址，张智昊摄影

图 3 - 10　渤海上京城宫城二殿东廊庑址（从北向南看。右侧远处为一殿址，近处为二殿址局部），李凯摄影

图 3 - 11　金上京城遗址局部，张智昊摄影

图 3 - 12　沈阳故宫鸟瞰，全景网授权使用（订单号：3dcce99ba5a14ed18fc7726ee68b2768）

图 3 - 13　沈阳故宫东路的十王亭与大政殿（远处居中为大政殿），全景网授权使用（订单号：3dcce99ba5a14ed18fc7726ee68b2768）

图 3 - 14　沈阳故宫中路大内宫阙的崇政殿，全景网授权使用（订单号：3dcce99ba5a14ed18fc7726ee68b2768）

图 3 - 15　沈阳故宫中路大内宫阙的凤凰楼，岳远志摄影

图 3 - 16　沈阳故宫中路大内宫阙的清宁宫，全景网授权使用（订单号：3dcce99ba5a14ed18fc7726ee68b2768）

图 3 - 17　沈阳故宫中路东所"东宫"的颐和殿，岳远志摄影

图 3 - 18　沈阳故宫中路西所"西宫"的敬典阁，岳远志摄影

图 3 - 19　沈阳故宫西路的戏台，尹鑫彤摄影

图 3 - 20　沈阳故宫西路的明二暗三层文溯阁，尹鑫彤摄影

图 3 - 21　兴城古城的瓮城（局部）与箭楼，张俊峰摄影

图 3 - 22　兴城文庙院落，张俊峰摄影

图 3 - 23　兴城古城内的祖大寿旌功牌坊，张俊峰摄影

图 3 - 24　远眺"桓仁老城"，张俊峰摄影

图 4 - 1　北镇庙的五间六柱五楼式石牌坊（后面为仪门），李凯摄影

图 4 - 2　北镇庙神马殿，李凯摄影

图 4 - 3　北镇庙御香殿，李凯摄影

图 4 - 4　北镇庙正殿，岳远志摄影

图 4 - 5　沈阳太庙正门，赵禹丞摄影

图 4 - 6　吉林文庙鸟瞰，王烟雨摄影

图 4 - 7　吉林文庙大成殿，王烟雨摄影

图 7 - 47　吉林东洋医院旧址，伪满洲国时期的照片

图 7 - 48　吉林大学"石头楼"主楼旧址，陈宇夫摄影

图 7 - 49　吉林大学"石头楼"东楼旧址，陈宇夫摄影

图 7 - 50　长春"地质宫"，张俊峰摄影

后　记

　　《东北建筑文化》一书是吉林省社会科学院发起、主持编写的《东北文化丛书》的组成部分。按照丛书的总体定位，本书兼顾学术性、知识性与可读性，力求雅俗共赏。

　　本书是在现场调研、资料收集和吸取他人研究成果的基础上，对东北古代和近现代建筑文化进行的专题研究。主要对东北地区建筑历史与文化源流、东北传统建筑体系与文化特征、东北地区古代城邑遗址及遗存现状、东北传统礼制建筑的主要类型、东北传统宗教建筑的演变及其特点、东北传统居住建筑的分类及其营造、东北近现代建筑文化的多元化发展及其文化特征七个方面的内容，以专题的形式进行了分析、总结与探讨。文中介绍的建筑单体、组或群落以及城邑，是作者在历次现场调查的基础上通过筛选收录的，它们大多是保存较好且具有较高可视性的文物或历史建筑。但客观地说，它们更多的是作为本书相关内容的佐证材料而收录的，尚不能全面揭示东北境内现有的古代和近现代建筑遗存的全貌。

　　本书在写作过程中得到了丛书主编吉林省社会科学院邵汉明院长刘信君副院长，副主编黄松筠所长的指点、把关。吉林师范大学王亚民教授提出了不少建议并被本书采纳。本书稿还按照审稿专家东北师范大学曲晓范教授的意见进行过修改。

　　吉林建筑大学建筑与规划学院金日学老师结合自己的研究成果提供了朝鲜族民居中的咸境道、平安道型的文字内容，韦宝畏老师提供了许多传统民居、风水理论等方面的资料；吉林建筑文化研究基地王峤博士提供了唐、宋辽金、元时期和儒释道历史与建筑文化以及风水等方面资料，郎朗博士收集整理了西方宗教建筑和东北地区"世界遗产"等相关资料。王峤、郎朗在书稿修改阶段也发挥了一定作用。

作者的部分硕士研究生参与了本书的资料整理、现场调查及后期测绘图绘制等工作。李凯、张智昊、岳远志同学扫描整理了部分参考资料。林玉聪等同学早在 2013 年就参与过吉林省相关项目的调查；李凯、曹佳佳、岳远志、尹鑫彤同学参与了辽宁省相关项目的调查；李凯、张志昊、曹佳佳、岳远志、尹鑫彤、刘媛美同学参与了黑龙江省相关项目的调查。尹鑫彤、刘媛美同学修改、绘制了部分建筑测绘图或构造详图（由于书稿的结构限制，大部分未收录）。

本书共选用了 152 幅（组）照片。这些照片大部分是作者本人和学生李凯、张志昊、曹佳佳、岳远志、尹鑫彤等人为本书专门拍摄的。另一部分是作者近年来主持调研吉林省相关项目时，参与调研活动的吉林建筑大学建筑与规划学院陈宇夫老师及特邀摄影师王烟雨先生拍摄的，本书在使用这些照片时已征得他们的同意。除以上来源外，吉林建筑大学建筑与规划学院金日学老师友情提供了其本人拍摄的朝鲜族传统民居的实例照片；吉林建筑文化研究基地郎朗博士为本书专门拍摄了沈阳清真南寺的照片；大连理工大学 2017 级博士研究生王腾同学为本书专门拍摄了大连市有关实例的照片；沈阳城市建设学院 2013 级本科生赵禹丞同学为本书专门拍摄了沈阳市个别实例的照片；吉林建筑大学建筑与规划学院 2015 级硕士研究生刘馨阳同学友情提供了由其本人拍摄的瑞应寺照片。另外，本书还使用了全景网授权的 10 幅照片，汇图网授权的 3 幅照片。

除照片外，本书收录了作者本人和学生刘媛美、尹鑫彤绘制的 4 幅专业图样，吉林建筑大学吉林建筑文化研究基地收藏的伪满洲国"国都建设计划图" 1 幅、《满洲国规格型住宅设计图集》中的"50 型"二层住宅的平、立、剖面图及单元组合图一页，以及人民美术出版社 1955 年出版的《中国建筑彩画图案》中清式和玺及旋子彩画中的外檐枋心彩画 4 幅。

经过近两年的努力，《东北建筑文化》书稿算是完成了。在此感谢给作者提供机会的吉林省社会科学院邵汉明院长、刘信君副院长、黄松筠所长；感谢吉林师范大学王亚民教授；感谢我的同事韦宝畏、王峤、郎朗、陈宇夫、金日学；感谢我的学生们；感谢为本书的写作提供过帮助的所有人。

特别感谢对书稿进行审阅并提出宝贵意见的东北师范大学曲晓范教授。同时，向引用或参考了其研究成果的专家学者们致敬。

最后想说的是，写作《东北建筑文化》的最大动力是希望在传播优秀的东北建筑文化方面发挥自己的些许特长。

　　由于作者的学识水平有限，书中难免有错漏之处，肯请专家学者和读者批评指正！

张俊峰

2018 年 4 月 28 日于吉林建筑大学逸夫教学馆

图书在版编目（CIP）数据

　　东北建筑文化 / 张俊峰著. －－ 北京：社会科学文
献出版社，2018.9
　　（东北文化丛书）
　　ISBN 978 - 7 - 5201 - 3406 - 4

　　Ⅰ. ①东… 　Ⅱ. ①张… 　Ⅲ. ①建筑文化 - 研究 - 东北
地区 　Ⅳ. ①TU - 092.93

　　中国版本图书馆 CIP 数据核字（2018）第 203160 号

东北文化丛书
东北建筑文化

著　　者 / 张俊峰

出 版 人 / 谢寿光
项目统筹 / 宋月华　韩莹莹
责任编辑 / 范　迎

出　　版 / 社会科学文献出版社·人文分社（010）59367215
　　　　　　地址：北京市北三环中路甲 29 号院华龙大厦　邮编：100029
　　　　　　网址：www. ssap. com. cn
发　　行 / 市场营销中心（010）59367081　59367018
印　　装 / 三河市东方印刷有限公司

规　　格 / 开　本：787mm × 1092mm　1/16
　　　　　　印　张：23.25　字　数：402 千字
版　　次 / 2018 年 9 月第 1 版　2018 年 9 月第 1 次印刷
书　　号 / ISBN 978 - 7 - 5201 - 3406 - 4
定　　价 / 198.00 元

本书如有印装质量问题，请与读者服务中心（010 - 59367028）联系